工程财务系列教材

建筑构造与施工

主　编　李先君　李炳宏
副主编　汪　辉　杨伟华

中国建筑工业出版社

图书在版编目（CIP）数据

建筑构造与施工/李先君，李炳宏主编. —北京：中国建筑工业出版社，2017.6
工程财务系列教材
ISBN 978-7-112-20784-8

Ⅰ．①建… Ⅱ．①李… ②李… Ⅲ．①建筑构造-教材②建筑施工-教材 Ⅳ．①TU22②TU7

中国版本图书馆 CIP 数据核字（2017）第 108830 号

建筑构造与施工是建设管理从业人员必须具备的基础知识和专业素养。本书由建筑构造和建筑工程施工技术两个板块构成，内容包括建筑材料，建筑构造概述，地基与基础，墙与柱，楼地面，斜向构件与悬挑构件，屋顶，建筑装饰装修工程，土石方工程施工技术，地基处理、边坡支护与桩基础工程施工技术，建筑工程主体结构施工技术，建筑装饰装修工程施工技术，建筑工程防水工程施工技术。

本书可作为高等学校工程管理、工程造价、建筑经济、环境工程等专业的基础课教材，也可供建筑施工、设计、房地产开发、物业管理等工程技术人员参考，还可作为建造师、监理工程师、造价工程师等注册执业资格考试培训的参考用书。

责任编辑：于　莉　田启铭
责任设计：李志立
责任校对：李美娜　关　健

工程财务系列教材
建筑构造与施工
主　编　李先君　李炳宏
副主编　汪　辉　杨伟华
*
中国建筑工业出版社出版、发行（北京海淀三里河路 9 号）
各地新华书店、建筑书店经销
霸州市顺浩图文科技发展有限公司制版
北京富生印刷厂印刷
*
开本：787×1092 毫米　1/16　印张：18¼　字数：441 千字
2017 年 6 月第一版　2017 年 6 月第一次印刷
定价：**49.00 元**
ISBN 978-7-112-20784-8
（30445）

前　　言

随着我国国民经济的快速发展和科学技术水平的提高，特别是大型、特大型工程的兴建，我国工程建设总量不仅超过了历史上各个阶段，在全球范围也是其他国家所不可比拟的。同时，建设领域正在将"节能环保"贯彻于各个环节，绿色建筑、智能建筑已大量涌现，可持续发展理念的践行为建设领域展示了广阔的前景。国家经济建设日新月异地发展，促进了建筑技术的空前发展，也对工程建设管理人员提出了更新、更高的要求。然而，由于快节奏的发展和繁复化的知识与人才培养模式同人才知识结构需求之间产生了冲突，为使读者在有限的时间内掌握相对系统全面的基础知识，提高必需、够用的操作技能，成为复合型、应用型的专门人才，本书将建筑构造和建筑工程施工技术两个板块的知识进行了精心的剪裁和有机的整合。

本书融入了最新的规范和标准，理论完善，知识系统，内容翔实。本书可作为高等学校工程管理、工程造价、建筑经济、环境工程等专业的基础课教材，也可供建筑施工、设计、房地产开发、物业管理等工程技术人员参考，还可作为建造师、监理工程师、造价工程师等注册执业资格考试培训的参考用书。

本书由李先君、李炳宏任主编，汪辉、杨伟华任副主编，具体编写分工为：第1章汪辉，第2、6章李炳宏，第3、10章李良，第4、11章周聿，第5、9章杨伟华，第7、8、12章陈志，第13章李先君。

由于编者水平有限，书中疏漏与错误之处在所难免，敬请同仁及读者批评指正。

目　　录

第1章 建筑材料

建筑材料是指建筑工程中使用的各种材料及其制品，它是建筑工程的物质基础。

建筑材料可按不同原则进行分类。根据材料来源，可分为天然材料和人造材料；根据其功能，可分为结构材料、装饰材料、防水材料、绝热材料等。目前，通常根据组成物质的种类及化学成分，将建筑材料分为无机材料、有机材料和复合材料三大类，各大类又可进行更细的分类，见表1-1。

建筑材料的分类 表1-1

无机材料	金属材料	黑色金属	钢、铁、不锈钢等
		有色金属	铝、铜等及其合金
	非金属材料	天然石材	砂、石及石材制品等
		烧土制品	砖、瓦、玻璃、陶瓷等
		胶凝材料	石灰、石膏、水泥、水玻璃等
		混凝土及硅酸盐制品	混凝土、砂浆及硅酸盐制品
有机材料	植物材料		木材、竹材等
	沥青材料		石油沥青、煤沥青、沥青制品
	高分子材料		塑料、涂料、胶粘剂、合成橡胶等
复合材料	无机非金属材料与有机材料复合		玻璃纤维增强塑料、聚合物水泥混凝土、沥青混合料等
	金属材料与无机非金属材料复合		钢纤维增强混凝土等
	金属材料与有机材料复合		轻质金属夹芯板

1.1 材料的基本性质

所谓材料的基本性质，是指工程选材时通常所要求的，或者在评价材料时首先要考虑到的最根本的性质。它包括：物理、化学、耐久性等性质。

1.1.1 材料的物理性质

1. 与质量有关的性质

材料单位体积的质量是评定材料性质的重要物理指标之一。而材料的体积一般分为自然状态下的体积与绝对密实状态下的体积。所谓绝对密实状态下的体积，是指不包括材料内部孔隙的固体物质的实体积；所谓自然状态下的体积，是指包括材料实体积和内部孔隙的外观几何形状的体积。对于结构完全密实的材料，如钢铁、玻璃等，其自然状态下的体积与绝对密实状态下的体积相等。

（1）密度

密度是指材料在绝对密实状态下单位体积的质量。

$$\rho=\frac{m}{V} \tag{1-1}$$

式中　ρ——材料的密度，g/cm^3；

　　　m——材料在绝对密实状态下的质量，g；

　　　V——材料在绝对密实状态下的体积，cm^3。

测定含孔材料绝对密实体积的简单方法，是将该材料磨成细粉，干燥后用排液法测得的粉末体积，即为绝对密实体积。由于磨得越细，内部孔隙消除得越完全，测得的体积也就越精确，因此，一般要求细粉的粒径至少小于 0.20mm。

（2）表观密度

表观密度是指材料在自然状态下单位体积的质量。

$$\rho_0=\frac{m}{V_0} \tag{1-2}$$

式中　ρ_0——材料的表观密度，g/cm^3 或 kg/m^3；

　　　m——材料在自然状态下的质量，g 或 kg；

　　　V_0——材料在自然状态下的体积，cm^3 或 m^3。

（3）堆积密度

堆积密度是指散粒材料在自然堆积状态下单位体积的质量。

$$\rho_0'=\frac{m}{V_0'} \tag{1-3}$$

式中　ρ_0'——散粒材料的堆积密度，kg/m^3；

　　　m——散粒材料的质量，kg；

　　　V_0'——散粒材料的自然堆积体积，m^3。

散粒材料的堆积体积，除包括材料的密实体积外，还包括材料内部的孔隙体积和外部颗粒间的空隙体积。测量方法一般是将自然状态下的散粒材料装满一定容积的容器，容器的体积即为散粒材料的堆积体积。

常用建筑材料的三种密度见表1-2。

常用建筑材料的三种密度　　　　　　　　　　表 1-2

材料名称	密度（g/cm^3）	表观密度（kg/m^3）	堆积密度（kg/m^3）
钢	7.85		
铝	2.80		
花岗岩	2.70～3.00	2500～2900	
石灰石	2.40～2.60	1600～2400	1400～1700（碎石）
砂	2.50～2.60		1450～1650
黏土	2.50～2.70		1600～1800
水泥	2.80～3.10		
烧结普通砖	2.60～2.70	1600～1900	
烧结多孔砖	2.60～2.70	900～1450	
普通混凝土		1950～2500	
红松木		400～500	
泡沫塑料		20～50	

2. 与构造有关的性质

（1）密实度与孔隙率

密实度指材料体积内被固体物质所充实的程度。它用材料的密实体积与其总体积的百分比表示。

$$D=\frac{V}{V_0}=100\%\qquad\qquad(1\text{-}4)$$

式中　D——材料的密实度，%。

孔隙率为材料内部孔隙体积与总体积的百分比。

$$P=\frac{V_0-V}{V_0}\times100\%\qquad\qquad(1\text{-}5)$$

式中　P——材料的孔隙率，%。

材料的密实度与孔隙率从两个不同的侧面反映了材料的不同性质，在数值上两者之和为1。工程上常用它们来表示材料的致密程度。材料密实度越大，则强度越高，吸水率越小，导热性越强。材料中孔隙特征对其性能影响也很显著，孔隙是否封闭及其粗细状况，均是材料构造的重要特征。材料的许多重要性质，如强度、吸水性、保温性、吸声性等，不仅与孔隙的大小有关，而且与孔隙本身的构造特征也有很大的关系。

（2）填充率与空隙率

填充率是指散粒材料堆积体积中被颗粒体积填充程度的百分比。

$$D'=\frac{V_0}{V_0'}\times100\%\qquad\qquad(1\text{-}6)$$

空隙率是指散粒材料颗粒间的空隙体积与堆积体积的百分比。

$$P'=\frac{V_0'-V_0}{V_0'}\times100\%\qquad\qquad(1\text{-}7)$$

填充率与空隙率在数值上两者之和亦为1，两者的大小反映了散粒材料的填充程度，在涉及混凝土和所用砂石的一些计算中填充率（空隙率）也很重要。

3. 与水有关的性质

（1）亲水性与憎水性

当固体材料与水接触时，由于水分与材料表面之间的相互作用不同，会产生如图 1-1 所示的两种情况。图中在材料、水和空气的三相交叉点处沿水滴表面作切线，此切

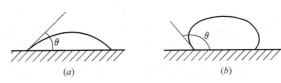

图 1-1　材料的润湿角
（a）亲水性材料；（b）憎水性材料

线与材料和水接触面的夹角 θ 称为润湿角。一般认为，当 $\theta\leqslant90°$ 时，材料能被水润湿而表现出亲水性，这种材料称为亲水性材料；当 $\theta>90°$ 时，材料不能被水润湿而表现出憎水性，这种材料称为憎水性材料。由此可知，润湿角越小，材料的亲水性就越强，越易被水润湿，当 $\theta=0$ 时，表示该材料完全被水润湿。

大多数建筑材料，如砖、木、混凝土等均属于亲水性材料；而沥青、石蜡等则属于憎水性材料。

（2）吸水性与吸湿性

吸水性是指材料在水中吸收水分且能将水分存留一段时间的性质。吸水性以吸水率表

示，可分为质量吸水率和体积吸水率两种。

质量吸水率是指材料吸收水分的质量与材料烘干后质量的百分比。

$$W_m = \frac{m_1 - m}{m} \times 100\%$$ (1-8)

式中 m——材料在干燥状态下的质量，g；

m_1——材料在含水状态下的质量，g。

体积吸水率是指材料吸收水分的体积与材料烘干后体积的百分比。

$$W_v = \frac{m_1 - m}{V_0} \times \frac{1}{\rho_w} \times 100\%$$ (1-9)

式中 ρ_w——水在常温下的密度 $\rho_w = 1g/cm^3$。

在上述两种吸水率中，质量吸水率的应用较为广泛。但对某些轻质材料，如泡沫塑料、软木、海绵、加气混凝土等，由于材料本身具有很多开口或连通的微细孔隙，其吸水后的质量往往比烘干后的质量大若干倍，计算出的质量吸水率将超过100%，在这种情况下用体积吸水率表示它们的吸水性显得更为合理（在100%以内）。

吸湿性是指材料在潮湿空气中吸收水分的能力，它用含水率表示。

含水率是指材料吸收空气中水分的质量与材料烘干至恒重时的质量的百分比，亦称之为湿度。

$$W = \frac{m_2 - m}{m} \times 100\%$$ (1-10)

式中 m_2——材料吸湿状态下的质量，g。

含水率的表达式与质量吸水率的表达式非常相似，因为它们都是以质量之比表示材料吸收水分的性质。区别在于二者所处的环境条件不同：前者在水中，后者在空气中。

材料的吸湿性对施工的影响较大。例如：木材由于吸收或蒸发水分，往往会出现翘曲、产生裂纹等缺陷；又如：石灰、水泥等，因吸湿性较强，容易造成材料失效，从而导致经济损失，故应重视吸湿性对材料性质的影响。

（3）耐水性

耐水性是指材料在吸水饱和状态下，抵抗水的破坏作用而保持强度的能力。常以软化系数表示。

软化系数是指材料在吸水饱和状态下的极限抗压强度与在干燥状态下的极限抗压强度之比。

$$K_r = \frac{f_b}{f_g}$$ (1-11)

式中 f_b——材料在吸水饱和状态下的极限抗压强度，MPa；

f_g——材料在干燥状态下的极限抗压强度，MPa。

软化系数的数值大小，说明材料吸水后强度降低的程度。其数值一般在0～1之间。数值越小，说明材料的耐水性越差，吸水后强度下降得越多。因而在工程设计中，特别是在潮湿的环境中，软化系数是选择材料的重要依据之一。

（4）抗冻性

抗冻性是指材料在吸水饱和状态下，抵抗冻结和融化循环交替作用的能力。

水从冻结到融化的一个周期称为一次冻融循环。

4

冰冻对材料的破坏作用比较严重，由于材料微小孔隙中的水分，在冻结时体积膨胀，约增大9％，对孔壁产生巨大的压力，致使孔隙开裂；材料产生裂缝。

抗冻等级是以材料所能承受的冻融循环次数来划分的。抗冻等级是衡量材料抗冻性的重要指标。抗冻等级的选择，要根据建筑物的等级、所处的环境及气候条件等确定。

（5）抗渗性

抗渗性是指材料在液体（水、油、酒精等）压力作用下抵抗液体渗透的性质。用渗透系数或抗渗等级表示。

渗透系数是指单位时间内材料在单位水头作用下，通过单位面积及厚度的渗透水量。

抗渗等级是指材料抵抗渗透时所能承受的最大水压力。

屋面覆盖材料、防水材料、地下建筑物、水工建筑物等，必须考虑抗渗性。

4. 与温度有关的性质

（1）导热性

导热性是指材料本身所具有的传导热量的性质。用导热系数表示。

$$\lambda = \frac{Q \cdot D}{\Delta t \cdot Z \cdot A} \tag{1-12}$$

式中 Q——传导热量，J；

　　D——材料厚度，m；

　　Δt——材料两侧温度差，K；

　　Z——传导时间，s；

　　A——材料传热面积，m²；

　　λ——导热系数〔W/(m·K)〕。

（2）热变形性

材料的热变形性是指材料在温度变化时的尺寸变化，常用线膨胀系数表示。

材料由于温度上升（或下降）1℃所引起的线度增长（或缩短）与它在0℃时的线度之比，称为线膨胀系数。

$$\alpha = \frac{\Delta L}{L \cdot \Delta t} \tag{1-13}$$

式中 α——线膨胀系数，1/K；

　　L——材料原来的长度，mm；

　　ΔL——材料的线变形量，mm；

　　Δt——材料在升、降温前后的温度差，K。

线膨胀系数是计算因温度变化而引起的构件变形和内部温度应力的重要常数。

（3）耐火性和耐熔性

材料在遇火时，能经受高温作用而不破坏、不严重降低强度的性质，称为耐火性。

材料在较长时间的高温作用下不熔化，并能承受一定荷载的性能，称为耐熔性。

1.1.2　材料的力学性质

材料的力学性质是指材料在外力作用下有关强度和变形的性质。材料在使用时，会受到各种外力的作用，而每种材料能够承受的外力大小，因作用方式的不同而存在很大的差异。

1. 材料的强度与比强度

材料的强度是指材料在外力作用下的极限抵抗能力。材料的强度可分为抗拉强度、抗压强度、抗弯强度和抗剪强度四种。

材料的比强度是指材料强度与表观密度的比值。比强度是衡量材料轻质高强性能的重要指标。在现代材料的应用中，除了应具有较高的强度外，还应具有较低的表观密度。在跨度大、高度高的结构中尤其需要这样的材料。

2. 弹性与塑性

材料在外力作用下产生变形，当外力撤去之后，变形能完全消失的性质称为弹性。材料的这种可恢复的变形称为弹性变形或暂时变形，属可逆变形，其数值大小与外力成正比，这时的比例系数称为材料的弹性模量，如图 1-2 (a) 所示。当外力撤去之后，材料仍保留一部分残余变形且不产生裂缝的性质称为塑性。这部分残余变形称为塑性变形或永久变形，属不可逆变形，如图 1-2 (b) 所示。

实际上，完全的弹性材料是不存在的。许多材料在受力不大时，仅产生弹性变形，可视为弹性材料，当受力超过一定限度后，便出现塑性变形，如建筑钢材。另外，有的材料在受力一开始，弹性变形和塑性变形便同时发生，当外力撤去之后，弹性变形可以恢复 (ab)，而塑性变形 (Ob) 不会消失 (见图 1-2 (c))，这类材料称为弹塑性材料，如常见的混凝土材料。

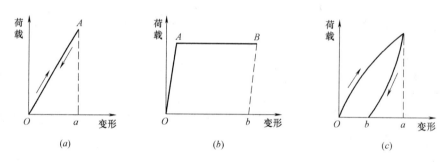

图 1-2 材料的变形曲线

(a) 弹性变形；(b) 塑性变形；(c) 弹塑性变形

弹性模量是衡量材料抵抗变形能力的一个指标。其值越大，材料越不易变形，即刚度好。弹性模量是结构设计时的主要参数。常用建筑钢材的弹性模量约为 2.1×10^5 MPa；普通混凝土的弹性模量是一个变值，一般约为 2.0×10^4 MPa。

材料的弹性模量与强度之间没有固定的关系。钢材的弹性模量不受强度变化的影响；混凝土的弹性模量，在相同的温度和湿度条件下，一般强度高者其弹性模量大，二者关系密切，但并不呈线性关系。

3. 脆性与韧性

脆性是指材料受到外力作用达到一定限度后，突然产生破坏，而在破坏前没有明显的塑性变形征兆的性质。具有这种性质的材料称为脆性材料，如玻璃、石材、混凝土、砖、铸铁等。脆性材料的抗压强度往往高出抗拉强度的很多倍，其抗拉能力较弱，抵抗冲击、震动荷载的能力也很弱。故工程上脆性材料主要用于承受压力。

韧性是指材料受到冲击、震动荷载作用时，能吸收较大的能量，同时产生较大的变形而不被破坏的性质。具有这种性质的材料称为韧性材料，如钢材、木材等。

4. 硬度与耐磨性

硬度是材料抵抗较硬物质刻划或压入的能力。测定硬度的常用方法有刻划法和压入法两种。

耐磨性是指材料抵抗磨损的能力。耐磨性用耐磨率表示。

建筑物中的地面、踏步面层，必须使用硬度和耐磨性较好的材料。

1.2　建筑钢材

钢材是最重要的建筑材料之一。建筑钢材包括各类钢结构用的型钢、钢板和钢筋混凝土中用的各种钢筋和钢丝等。钢材在建筑工程中的使用相当广泛，除了用于钢筋混凝土、建筑钢结构之外，还大量用作门窗和建筑五金等。

1.2.1　钢的生产、成分与分类

1. 钢的生产方法

（1）冶炼

生铁的冶炼是把铁矿石内氧化铁还原成生铁的过程（含碳量2％～6％）；而钢的冶炼是把生铁中的杂质进行氧化，把含碳量降低到2％以下，使磷、硫等其他杂质减少到某一程度的过程。

在炼钢的过程中，由于采用的熔炼设备和方法不同，除掉杂质的程度也不同，因此所得的钢材质量有很大的区别，在建筑工程中的用途也不同。目前，国内建筑用钢主要采用氧气转炉法和平炉法冶炼。

（2）钢的脱氧和铸锭

由于在钢的冶炼过程中，必须提供充足的氧来保证杂质元素的氧化并除去，因此冶炼后的钢液中的一部分铁被氧化成FeO，钢的质量下降。在浇铸钢锭以前，还要进行脱氧处理。钢的脱氧处理通常是在冶炼钢炉内或盛钢桶中，加入少量的锰铁、硅铁或铝块等脱氧剂，使之与钢中残留的FeO反应，将铁还原。根据脱氧程度的不同，钢可分为沸腾钢、镇静钢、半镇静钢和特殊镇静钢4种。

沸腾钢仅加入锰铁进行脱氧，脱氧不完全，这种钢在铸锭时，有大量的一氧化碳气体逸出，钢液呈沸腾状，故称为沸腾钢，代号为"F"。沸腾钢塑性好，利于冲压。但组织不够致密，成分不均匀，硫、磷等杂质偏析较严重。所谓成分偏析，是在钢锭冷却时，有害杂质向凝固较迟的部分聚集，造成化学成分在钢锭中分布不均匀的现象。其中尤以硫、磷的偏析最严重。这种成分偏析将显著增大冷脆性和时效敏感性，降低钢的质量。但因其成本低、产量高，故被广泛用于一般建筑工程。

镇静钢采用锰铁、硅铁和铝锭等作为脱氧剂，脱氧完全，这种钢液在铸锭时能平静地充满锭模并冷却凝固，故称为镇静钢，代号为"Z"。镇静钢组织致密，成分均匀，偏析程度少，性能稳定，质量好。适用于承受冲击荷载或其他重要的结构工程。

半镇静钢的脱氧程度介于沸腾钢和镇静钢之间，代号为"b"，其性能与质量也介于两者之间。

特殊镇静钢是比镇静钢脱氧程度更充分的钢，代号为"TZ"。特殊镇静钢的质量最好，适用于特别重要的结构工程。

（3）钢的热加工

钢的热加工是指将钢坯加热至塑性状态（900～1200℃），以辗轧或锻造（锻击或静压）的方法进行的变形加工。建筑钢材主要是经过热轧制成各种型材以满足供应的要求。热加工可以使钢内部的大部分气孔焊合，疏松的组织密实，并使粗晶粒细化，钢材质量提高。因此钢材质量随加工次数增加而提高。如厚度或直径较小的钢材，与用同种钢坯轧制成的厚型或直径较大的钢材相比，其致密性和均匀性都要好一些。

2. 钢的化学成分

钢中主要化学元素为铁，在碳素钢中除含有碳、硅、锰元素外，还含有少量磷、硫、氧、氮、氢等有害元素，在合金钢中还含有钛、钒、铜、铬、镍等合金元素。这些元素虽然含量少，但对钢材性能的影响却很大。

3. 钢的分类

钢材按照化学成分不同分为碳素钢和合金钢两种。碳素钢为含碳量小于 2.11% 的铁碳合金，通常其含碳量为 0.02%～2.06%。除铁、碳之外还含有少量的硅、锰和微量的硫、磷、氢、氧、氮等元素。碳素钢按含碳（C）量多少又可分为低碳钢（C<0.25%）、中碳钢（C=0.25%～0.60%）、高碳钢（C>0.60%）。根据硫（S）、磷（P）杂质含量的多少，又可分为普通碳素钢（S≤0.055%，P≤0.045%）、优质碳素钢（S≤0.040%，P≤0.040%）、高级优质碳素钢（S≤0.030%，P≤0.035%）。合金钢是在炼钢过程中，为改善钢材的性能，加入一定量的合金元素而制得的钢种。常用合金元素有硅、锰、钛、钒、铌、铬等。按合金元素总含量不同，合金钢可分为：低合金钢，合金元素总含量小于5%；中合金钢，合金元素总含量为 5%～10%；高合金钢，合金元素总含量大于 10%。低碳钢和低合金钢为应用于建筑工程中的主要钢种。

钢材按用途不同可分为结构钢、工具钢、特殊钢和专用钢。结构钢主要用于建筑结构及机械零件，一般为低、中碳钢。工具钢主要用于各种刀具、量具及模具等工具，一般为高碳钢。特殊钢具有特殊的物理、化学及机械性能，如不锈钢、耐热钢、耐酸钢、耐磨钢等。专用钢是满足特殊的使用环境条件或使用荷载的专用钢材，如桥梁专用钢等。

1.2.2 钢材的技术性质

1. 钢材的力学性能

钢材的力学性能包括弹性、塑性、强度、冲击韧性、硬度与疲劳强度等。

（1）钢材的弹性、塑性和强度

抗拉性能是建筑钢材最重要的技术性质，下面通过低碳钢受拉时的应力-应变曲线说明钢材的弹性、塑性和强度的概念。低碳钢（软钢）受拉时，钢材的应力-应变曲线可分为四个阶段，分别为弹性阶段、屈服阶段、强化阶段、颈缩阶段（见图1-3）。

弹性阶段（OA 段）：OA 是一条直线，此阶段中，如果撤去外力，试件的变形能够完全恢复，此种性质称为弹性，此变形为弹性变形。此阶段最高点 A 点所对应的应力称为弹性极限（σ_P）。

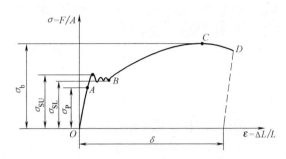

图 1-3　低碳钢受拉时的应力-应变曲线

屈服阶段（AB 段）：当应力超过弹性极限后，应变的增长比应力快，此时，除产生弹性变形外，还产生塑性变形。当应力达到 $B_上$ 后，塑性变形急剧增加，应力－应变曲线出现一个小平台，这种现象称为屈服。这一阶段称为屈服阶段。这时相应的应力称为屈服极限（σ_S）或屈服强度。如果应力在屈服阶段出现波动，则应区分上屈服点（σ_{SU}）和下屈服点（σ_{SL}）。通常采用下屈服点作为钢材的屈服强度。中碳钢和高碳钢没有明显的屈服现象，名义屈服强度可用 0.2% 残余变形所对应的应力值 $\sigma_{0.2}$ 表示。钢材的屈服强度是衡量结构的承载能力和确定强度设计值的重要指标。

强化阶段（BC 段）：当应力超过屈服极限后，钢材抵抗外力的能力又重新提高。C 点是此阶段的最高点，在此点试件中的名义应力达到最大值，C 点的名义应力称为材料的强度极限或抗拉强度，用 σ_b 表示。钢材的抗拉强度是衡量钢材抵抗拉断的性能指标。

颈缩阶段（CD 段）：当试件应力超过 C 点后，钢材抵抗变形的能力明显下降，在试件某处产生较大的变形，该断面将显著缩小，产生颈缩现象，最后断裂。钢材的塑性是在外力作用下产生永久变形时抵抗断裂的能力，其大小通常用拉伸断裂时的伸长率表示。

（2）冲击韧性

冲击韧性是钢材抵抗冲击荷载的能力，简称韧性。通常采用 V 形缺口试件，在摆锤一次撞击下进行弯曲冲击试验。

（3）硬度

硬度是指钢材抵抗硬物压入表面的能力。通过硬度的测试可以评估钢材的力学性能，判定钢材材质的均匀性或热处理后的效果。

（4）疲劳强度

钢构件承受重复或交变荷载作用时，可能在远低于屈服强度的应力作用下突然发生断裂，这种断裂现象称为疲劳破坏。研究表明，金属的疲劳破坏经历了疲劳裂纹的萌生、缓慢发展及最后迅速断裂三个过程。疲劳破坏的过程虽然是缓慢的，但断裂却是突发性的，事先并无明显的塑性变形，故危险性较大，往往造成灾难性事故。为了提高材料的疲劳强度，必须消除上述各种不良因素。

在确定材料的疲劳强度时，我国现行的设计规范是以应力循环次数 $N=2\times10^6$ 的疲劳曲线作为确定疲劳强度的取值依据。

2. 钢材的工艺性能

建筑钢材在使用之前，多数需要进行一定形式的加工处理。良好的工艺性能可以保证钢材能够顺利地通过各种处理而无损于制品的质量。在建筑工程中最常遇到冷弯和焊接两个工艺性能。

冷弯性能是钢材在常温条件下，承受弯曲变形的能力。冷弯性能是揭示钢材缺陷的一种重要工艺性能。在建筑工程中，经常要把钢筋、钢板等材料弯曲成要求的形状，冷弯性能就是模拟钢材加工而确定的。

在建筑工程中，钢材之间的连接方式以焊接方式为主。因此，钢材应具有良好的焊接性能。钢材焊接后必须取样进行焊接质量检验，一般包括拉伸试验和冷弯试验等，要求试验时试件的断裂不能发生在焊接处。

1.2.3 改善钢材性质的方法

1. 热处理

钢材的热处理有退火、正火、淬火、回火等形式。

2. 冷加工

建筑钢材除了通过热加工制成各种型材外，有时还通过冷加工制成各种型材或直接加工成零件。这种冷加工包括冷拉、冷拔、冷轧、冷扭、刻痕、冲压等。

1.2.4 常用建筑钢材

建筑钢材分为钢结构用钢、混凝土结构用钢及其他用钢三大类。

1. 钢结构用钢

我国钢结构采用的钢材品种主要为热轧型钢、冷弯薄壁型钢、热（冷）轧钢板和钢管等。

（1）热轧型钢

常用的热轧型钢有角钢、L型钢、工字钢、槽钢和H型钢，如图1-4所示。

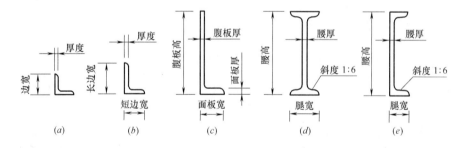

图1-4　热轧型钢截面示意图
(*a*) 等边角钢；(*b*) 不等边角钢；(*c*) L型钢；(*d*) 工字钢；(*e*) 槽钢

角钢分为等边角钢和不等边角钢两种。等边角钢的规格用边宽×边宽×厚度的毫米数表示，如∟ 100×100×10 为边宽 100mm、厚度 10mm 的等边角钢。不等边角钢的规格用长边宽×短边宽×厚度的毫米数表示，如∟ 100×80×8 为长边宽 100mm、短边宽 80mm、厚度 8mm 的不等边角钢。

L型钢的外形类似于不等边角钢，其主要区别是两边的厚度不等。规格表示方法为"腹板高×面板宽×腹板厚×面板厚（单位为 mm）"，如 1250×90×9×13。

普通工字钢的规格可用腰高（单位为 cm）来表示，也可用"腰高×腿宽×腰厚（单位为 mm）"表示，如 30 号表示腰高为 300mm 的工字钢。

热轧普通槽钢以腰高的厘米数编号，也可用"腰高×腿宽×腰厚（单位为 mm）"表示，规格从 5~40 号有 30 种。槽钢主要用作承受横向弯曲的梁和承受轴向力的杆件。

（2）钢管

钢管可分为热轧无缝钢管和焊接钢管两类，无缝钢管以优质碳素结构钢或低合金高强度结构钢为原材料，采用热轧或冷拔无缝方法制造；焊接钢管由钢板卷焊而成。焊接钢管又分为直缝焊钢管和螺旋焊钢管两种。

（3）钢板

建筑钢结构使用的钢板，按轧制方式可分为热轧钢板和冷轧钢板两类，其种类视厚度的不同，有薄板、厚板、特厚板和扁钢（带钢）之分。

2. 混凝土结构用钢

按照生产方式的不同，钢筋混凝土结构用钢可分为热轧钢筋、热处理钢筋、冷轧带肋钢筋、预应力混凝土用钢丝和钢绞线等多种。

（1）热轧钢筋

根据其表面特征的不同，热轧钢筋分为光圆钢筋和带肋钢筋。带肋钢筋有月牙肋钢筋和等高肋钢筋等，如图 1-5 所示。

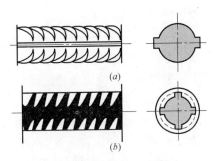

图 1-5 带肋钢筋
（a）月牙肋钢筋；（b）等高肋钢筋

热轧光圆钢筋的力学性能和工艺性能应符合表 1-3 的规定。

热轧光圆钢筋的力学性能和工艺性能　　　　表 1-3

牌号	公称直径 d (mm)	屈服点 σ_s (MPa)	抗拉强度 σ_b (MPa)	伸长率 δ (%)	冷弯试验(180°) 弯心直径 D
Q235(HPB235)	8~20	≥235	≥370	≥25	$D=d$

热轧带肋钢筋的力学性能和工艺性能应符合表 1-4 的规定。热轧带肋钢筋的牌号由 HRB 和钢筋的屈服强度标准值构成。热轧带肋钢筋分为 HRB335、HRB400、HRB500 三个牌号，公称直径范围为 6~50mm。

热轧带肋钢筋的力学性能和工艺性能　　　　表 1-4

牌号	公称直径 d (mm)	屈服点 σ_s (MPa)	抗拉强度 σ_b (MPa)	伸长率 δ_s (%)	冷弯试验(180°) 弯曲直径 D
HRB335	6~25 28~50	≥335	≥490	≥16	$D=3d$ $D=4d$
HRB400	6~25 28~50	≥400	≥570	≥14	$D=4d$ $D=5d$
HRB500	6~25 28~50	≥500	≥630	≥12	$D=6d$ $D=6d$

《混凝土结构设计规范》GB 50010—2010（2015 年版）给出了热轧光圆钢筋的强度标准值（f_{yk}）、抗拉强度设计值（f_y）、抗压强度设计值（f'_y）和弹性模量（E_s），见表 1-5。

热轧光圆钢筋强度标准值、设计值和弹性模量（MPa）　　表 1-5

牌号	公称直径 d （mm）	强度标准值 f_{yk}	抗拉强度设计值 f_y	抗压强度设计值 f_y'	弹性模量 E_s
HPB235（Q235）	8～20	235	210	210	2.1×10^5
HPB335（20MnSi）	6～50	335	300	300	2.0×10^5
HPB400（20MnSiV、20MnSiNb、20MnSiTi）	6～50	400	360	360	2.0×10^5

（2）冷轧带肋钢筋

冷轧带肋钢筋是指以普通低碳钢、优质碳素钢或低合金钢热轧圆盘条为母材，经冷轧减径后在其表面冷轧成具有三面或两面月牙形横肋的钢筋。

冷轧带肋钢筋的牌号由 CRB 和钢筋的抗拉强度标准值构成。冷轧带肋钢筋分为 CRB550、CRB650、CRB800、CRB970、CRB1170 五个牌号。CRB550 钢筋的公称直径范围为 4～12mm，其他牌号钢筋的公称直径为 4mm、5mm、6mm。

冷轧带肋钢筋将逐步取代冷拔低碳钢丝，CRB550 钢筋宜用作钢筋混凝土结构中的受力钢筋、钢筋焊结网、箍筋、构造钢筋以及预应力混凝土结构中的非预应力钢筋，其他牌号钢筋可作为预应力混凝土构件中的预应力主筋使用。

（3）预应力混凝土用热处理钢筋

预应力混凝土用热处理钢筋由热轧螺纹钢筋（中碳低合金钢）经淬火和回火等调质处理制成。经调质处理后的钢筋，其特点是塑性降低不大，但强度提高很多，综合性能比较理想。热处理钢筋按其螺纹外形分为有纵肋和无纵肋两种。

热处理钢筋具有强度高、韧性好、与混凝土粘结性能好、应力松弛低、施工方便、节约钢筋等优点，主要用于预应力梁、预应力板及吊车梁等。

（4）预应力混凝土用钢丝

预应力混凝土用钢丝是指优质碳素结构钢盘条，经酸洗、拔丝模或轧辊冷加工或再经消除应力等工艺制成的高强度钢丝。钢丝按加工状态分为冷拉钢丝（代号为 WCD）和消除应力钢丝两种，消除应力钢丝又分为低松弛钢丝（代号为 WLR）和普通松弛钢丝（代号为 WNR）两种；钢丝按外形分为光圆钢丝（P）、螺旋肋钢丝（H）和刻痕钢丝（I）三种。

预应力混凝土用钢丝具有强度高、柔性好、松弛率低、抗腐蚀性强、质量稳定、安全可靠等优点，主要用于大跨度屋架及薄腹梁、大跨度吊车梁、桥梁等预应力混凝土结构。

（5）预应力混凝土用钢绞线

预应力混凝土用钢绞线一般由 2 根、3 根或 7 根直径为 2.5～6.0mm 的高强度光面或刻痕钢丝经绞捻后，再经稳定化处理而制成。稳定化处理是为了减少钢绞线应用时的应力松弛而在一定的张力下进行的短时热处理。

1.3　木材

木材是人类使用最早的建筑材料之一。由于其性能优异，在建筑工程中被广泛使用，与钢材、水泥并称为建筑三大材。

1.3.1 木材的分类及构造

1. 木材的分类

木材产自木本植物中的乔木，即针叶树和阔叶树。

针叶树多为常绿树，生长较快，树干通直高大，易得大材，木质较软，容易加工，故又称软木材，如红松、杉木等。它的表观密度和胀缩变形较小，具有较高的强度和较好的耐腐蚀性，因而这类木材是建筑工程中的主要用材。

阔叶树多为落叶树，多数生长较缓慢，树干通直部分较短，材质比较坚硬，加工比较困难，常称为硬木材，如樟木、榆木等。它的胀缩变形较大，容易翘曲开裂，故不适合作承重构件。但它坚硬耐磨，纹理美观，适合制作家具或作室内装饰。

2. 木材的构造

不同的树种具有不同的构造，而木材的性质和应用又与木材的构造有着密切的关系。

工程中所用的木材主要取自树干。树干由树皮、形成层、木质部和髓心组成。树干的木质部是作为材料使用的主要部分。木材的构造主要指木质部的构造，可从宏观和微观两个方面来进行分析。

（1）木材的宏观构造

宏观构造是指用肉眼或放大镜就能观察到的构造。

树干可分为横切面、径切面和弦切面：横切面是指垂直于树轴的切面；径切面是指通过树轴的径向纵切面；弦切面是指不通过树轴但平行于树轴的切面。三个切面如图 1-6 所示。木材的宏观构造可以从树干的三个不同切面来进行剖析。

在木材的横切面上可以看到年轮、髓心和髓线

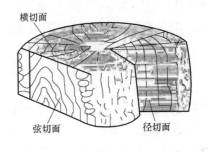

图 1-6　木材的构造

等。年轮就是显示在木材横切面上的许多深浅相间的同心圆环。一般树木每年生长一圈，同一年轮有深浅两部分。髓心居于树干中心，是最早形成的木质部分，其材质松软、强度较低，容易腐朽。髓线是以髓心为中心横贯年轮而成放射状分布的横向细胞组织，长短不一，在树干生长过程中起着横向输送和储藏养料的作用。

在木材其他的两个切面上，可以观察到各种不同的木纹。一般来说，径切面上的纵向木纹接近于平行，而弦切面上的纵向木纹则大多呈锥形或截头锥形。

（2）木材的微观构造

微观构造是指需要借助显微镜才能看清楚的构造。

木材是由无数管状细胞紧密结合而成的。木材细胞很细小，在显微镜下可以看到每一个细胞都是由细胞壁和细胞腔两部分构成的。而细胞壁又是由细纤维组成的。木材的细胞壁越厚，细胞腔越小，木材越密实，其表观密度和强度也越大，但胀缩变形也越大。与春材相比，夏材的细胞壁厚、细胞腔小，所以比春材密实。木材中的绝大多数细胞呈纵向排列，只有少数呈横向排列（如髓线）。

木材的细胞壁从成分上说是由纤维素、半纤维素和木质素组成的。木质素的作用是将

纤维素和半纤维素黏结在一起，构成坚韧的细胞壁，使木材具有强度和硬度。木材细胞壁中的细纤维呈螺旋状围绕细胞纵轴，并与纵轴构成不同的角度，从而使木材的物理性质和力学性质具有各向异性。

1.3.2 木材的性质

木材的性质主要是指木材的物理性质和力学性质，这些性质因树种、产地、气候和树龄的不同而各异。

1. 木材的物理性质

（1）木材的密度和表观密度

木材的密度约为 $1.48\sim1.56g/cm^3$，各树种之间相差不大，常取 $1.54g/cm^3$。

木材的表观密度随着树种、木材的含水率、木材的空隙率和晚材率的不同而不同。在气干状态下，普通结构用木材的表观密度一般都小于 1。木材的表观密度越大，其强度越高，湿胀干缩性也越大。

（2）木材的含水率

木材中所含的水根据其存在形式可分为自由水、吸附水和化合水三种。自由水是存在于细胞腔内和细胞间隙中的水。自由水的含量影响木材的表观密度、燃烧性、保存性和抗腐蚀性。吸附水是被吸附在细胞壁内细纤维间的水。吸附水的含量影响木材的胀缩和强度。化合水是木材化学组成中的结合水，对木材的性能无大的影响。

当细胞壁中吸附水达到饱和，而细胞腔和细胞间隙中自由水为零时的木材含水率称为木材纤维饱和点含水率。木材的纤维饱和点含水率因树种不同而异，一般介于 $25\%\sim35\%$ 之间，通常取其平均值 30%。当木材的含水率在纤维饱和点以上变化时，只会引起木材质量的变化，而对其强度和胀缩没有影响。当木材的含水率在纤维饱和点以下变化时，则会引起木材强度和胀缩发生变化。

木材含水率会随周围环境的温度和湿度的改变而变化。潮湿的木材在较干燥的空气中会失去水分，干燥的木材也能从周围的空气中吸收水分。当木材长期处于一定温度和湿度的空气中时，其水分的蒸发和吸收会与周围的大气环境处于平衡状态，这时的木材含水率称为平衡含水率。

（3）木材的胀缩性

木材具有显著的湿胀干缩性。这主要是由于细胞壁中吸附水的增多或减少，使细胞壁中的细纤维之间的距离发生变化而造成的。木材的胀缩与纤维饱和点以下的含水率变化大致成直线关系，但不同方向的变化情况不同。

木材由于构造的不均匀性，各方向的胀缩也不一样。在同一木材中，胀缩沿弦向最大，径向次之，纵向最小。木材干燥或受潮时，由于各向的胀缩不同，因而有可能产生变形、翘曲和开裂等现象，这是木材应用中一个非常不利的因素。

2. 木材的力学性质

由于木材构造上的不均匀性，使得木材的力学性质与物理性质一样，也具有很明显的方向性。木材的受力情况可分为顺纹受力（作用力与木材纵向纤维方向平行）和横纹受力（作用力与木材纵向纤维方向垂直），而横纹受力又可分为弦向受力和径向受力。木材各种强度的特征及应用见表1-6，木材的剪切形式如图1-7所示。

影响木材强度的主要因素包括含水率、温度、荷载作用时间、疵病等。

木材各种强度的特征及应用　　　　　　　表 1-6

强度类型	受力破坏原因	无缺陷标准试件强度相对值	我国主要树种强度值范围(MPa)	缺陷影响程度	应用
顺纹抗压	纤维受压失稳甚至折断	1	25～85	较小	应用形式有柱、桩等
横纹抗压	细胞腔被压扁,所测为比例极限强度	1/10～1/3		较小	应用形式有垫木和枕木等
顺纹抗拉	纤维间纵向联系受拉破坏,纤维被拉断	2～3	50～170	很大	抗拉构件连接处首先因横纹受压或顺纹受剪破坏,难以利用
横纹抗拉	纤维间横向联系脆弱,极易被拉开	1/20～1/3			不允许使用
顺纹抗剪	剪切面上纤维纵向连接破坏	1/7～1/3	4～23	大	木构件的榫、销连接处
横纹抗剪	剪切面平行于木纹,剪切面上纤维横向连接破坏	1/14～1/6			不宜使用
横纹切断	剪切面垂直于木纹,纤维被切断而破坏	1/2～1			构件先被横纹受压破坏,难以利用
抗弯	试件上部受压区首先达到强度极限,产生皱褶,最后在试件下部受拉区因纤维断裂或撕开而破坏	3/2～2	50～170	很大	应用广泛,如梁、桁条、地板等

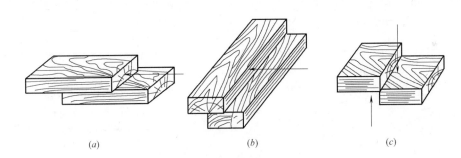

(a)　　　　　　　(b)　　　　　　　(c)

图 1-7　木材的剪切形式
(a) 顺纹剪切；(b) 横纹剪切；(c) 横纹切断

1.3.3　木材的防护处理

木材的防护处理包括木材的干燥、防腐、防蛀和防火处理,它是提高木材耐久性、延长木材使用寿命、充分利用木材和节约木材的重要措施。

1. 木材的干燥

木材在加工和使用之前,经干燥处理后可有效防止腐朽、虫蛀、变形、开裂和翘曲,能提高其耐久性和使用寿命。木材的干燥方法有自然干燥和人工干燥两种。

2. 木材的防腐和防蛀

腐朽和虫蛀会缩短木材的使用寿命,降低木材品质,优质木材不允许有任何腐朽与虫蛀。

木材的防腐就是要防止菌类的繁殖。防腐原理是设法破坏菌类的生存条件，使之不能寄生和繁殖。如能使木材经常保持干燥或与空气隔绝（如油漆）可以防止菌害，也可以采用化学药剂，使木材具有毒性，将菌类赖以生存的养料毒化，以达到防腐的目的。枕木的防腐就是在压力罐内利用高压将煤焦油等防腐剂渗入木材之中。

木材除了受菌类破坏之外，还会受到虫类的侵害。经过防腐处理的木材，一般都能同时起到防止虫蛀的作用。

3. 木材的防火

木材是易燃材料，为了提高木材的耐火性，常对木材进行防火处理。最简单的办法是将不燃性的材料，如薄铁皮、水泥砂浆、耐火涂料等，覆盖在木材表面上，防止木材直接与火焰接触。防火处理要求较高时，可将木材浸渍在防火剂中，或将防火剂注入木材内部，使木材遇到高温时，表面能形成一层玻璃状保护膜，以阻止或延缓起火燃烧。常用的防火剂有硼酸、硼砂、碳酸氨、磷酸氨、氯化氨、硫酸铝和水玻璃等。

1.3.4 木材的综合利用

我国森林资源不足，而各方面对木材的需求量又很大，从而使木材成为建筑工程中供求矛盾非常突出的建筑材料。因此，综合利用、合理使用、开发代用品、加强防腐措施、延长使用寿命、充分利用碎材边料、生产各种人造板材是节约木材的重要途径。

1. 木材的品种和规格

木材按用途和加工的不同，可分为原条、原木、枋材和板材四类，在铁道工程中还常使用枕木，见表1-7。

木材的分类 表1-7

名称	说　　明	主　要　用　途
原条	指除去皮、根、树梢和枝桠，但尚未按一定尺寸加工成规定直径和长度的木料	建筑工程的脚手架、建筑用材、家具等
原木	指除去皮、根、树梢和枝桠，并已按一定长短和直径要求锯切和分类的圆木段	用于建筑工程、桩木、电杆、坑木等
枋材	指已经加工锯解的木料，其宽度大于3倍的厚度	门窗、扶手、家具等
板材	指已经加工锯解的木料，其宽度小于3倍的厚度	建筑工程、桥梁、家具、造船等
枕木	指按枕木断面和长度加工而成的成材	铁道工程

对于建筑用材，通常以原木、枋材和板材三种型材供应。它们的规格主要有：原木可分为直接使用原木和加工用原木两种，各有规定的材质标准。枋材是宽度与厚度的乘积不足54cm² 的，称为小枋；55～100cm² 的称为中枋；101～226cm² 的称为大枋。板材按照其厚度不同，可分为薄板、中板、厚板、特厚板。薄板有12mm、15mm厚两种，中板有25mm、30mm厚两种，厚板有40mm、50mm厚两种，厚度大于66mm者为特厚板。

2. 木质人造板

木材加工成制品、型材和构件时，会留下大量的碎块、废屑等，将这些废料进行加工处理，即可制成各种人造板材。常用的有胶合板、纤维板、刨花板、木屑板、木丝板和细木工板等。

（1）胶合板

胶合板是将原木沿年轮方向旋切成大张薄片，经干燥、上胶后按纹理交错重叠热压而成的。胶合板的层数均为奇数，一般为3～13层。薄木片胶合时，应使相邻木片的纤维相互垂直，以克服木材的各向异性和因干燥而翘曲开裂的缺点。所用的胶合剂有动植物胶和合成树脂胶。

胶合板根据耐水性的大小分为四类：Ⅰ类是耐气候、耐沸水胶合板；Ⅱ类是耐水胶合板；Ⅲ类是耐潮胶合板；Ⅳ类是不耐水胶合板。胶合板的耐水性与所选用的胶合剂密切相关。

胶合板可制成大张宽幅无缝无节疤的板材，板面木纹美观，各向收缩均匀，产品可以规格化，可用作隔墙、顶棚、门心板、护墙板、家具等。

胶合板可以做到合理利用木材，优材、整材可以用作胶合板的表面，而次材、小片可作为内夹层，与普通木板相比，可节约木材约30％。

（2）纤维板

纤维板是将板皮、木块、树皮或刨花等破碎、浸泡、研磨成木浆，加入一定的胶料，再经成型、热压、干燥等工序制成的人造板。根据表观密度的不同，纤维板可分为硬质纤维板、软质纤维板和半硬质纤维板。硬质纤维板可用于室内墙壁、地板、门窗、家具及车船装修等。软质纤维板结构疏松，具有保湿、吸声的特性，故常用作绝热、吸声材料。

（3）刨花板、木屑板和木丝板

利用刨花、木屑或短小废料加工刨制的木丝，经过干燥，拌以胶料，再成型加压，即可制成刨花板、木屑板和木丝板。所用的胶料既可以是有机胶，如动植物胶或有机合成树脂胶，也可以是无机胶，如水泥、石膏、菱苦土等。这类板材的强度不高，表观密度较小，一般可用作天花板、隔墙等，也可用作绝热材料。

（4）细木工板

细木工板是一种夹心板，芯板用木板条拼接而成，两个表面粘贴木质单板，经热压黏合制成。它集实木板与胶合板两者的优点于一身，可作为装饰构造材料，用于制作门板、壁板等。

1.4 水泥

水泥是建筑工程中最重要的建筑材料之一。水泥呈粉末状，与适量的水混合以后，能形成可塑性的浆状体，并逐渐凝结、硬化，变成坚硬的固体，且能将散粒材料或块状材料胶结成整体，因此，水泥是一种良好的矿物胶凝材料。就硬化条件而言，水泥浆体不仅能在空气中硬化，而且能在水中更好地硬化并保持或继续发展其强度，故属于水硬性胶凝材料。

1.4.1 水泥生产工艺

水泥熟料的基本组成是硅酸钙，所以生产水泥用的原材料必须以适当的形式和比例提供钙和硅。水泥厂常用天然碳酸钙材料如石灰石、白垩、泥灰岩和贝壳作为钙的来源，但其常含黏土和白云石（$CaCO_3 \cdot MgCO_3$）杂质。虽然石英岩或砂岩中含有较多的 SiO_2，但其为石英化的二氧化硅，较难参与烧成反应，因此，水泥厂多采用黏土或页岩作为水泥生产的硅质原材料。在黏土中，一般还含有氟化铝、氧化铁和钾、钠。

水泥生产工艺过程如下：钙质原料和硅质原料按适当的比例配合，有时为了改善烧成反应过程，还加入适量的铁矿粉和矿化剂，将配合好的原材料在磨机中磨成生料，然后将生料入窑煅烧成熟料。熟料配以适量的石膏，或根据水泥品种组成要求掺入混合材料，入磨机磨至适当细度，即制成水泥成品。整个水泥生产工艺过程可概括为"两磨一烧"。

1.4.2 水泥基本组成

1. 熟料基本组成

水泥的性能主要取决于熟料的质量，优质熟料应该具有合适的矿物组成和良好的岩相结构。

硅酸盐水泥熟料的主要矿物包括硅酸三钙、硅酸二钙、铝酸三钙、铁铝酸四钙等。硅酸三钙是熟料的主要矿物，其含量通常在 50% 左右。硅酸二钙在熟料中以 β 型存在，其含量一般在 20% 左右，是熟料的主要矿物之一。熟料中铝酸三钙的含量在 7%～15% 之间。铁铝酸四钙实际上是熟料中铁相连续固溶体的代称，含量为 10%～18%。

2. 水泥混合材料

水泥混合材料通常分为活性混合材料和非活性混合材料两大类。

混合材料磨细后与石灰和石膏拌和，加水后既能在水中又能在空气中硬化的称为活性混合材料。水泥中常用的活性混合材料有粒化高炉矿渣、火山灰质混合材料和粉煤灰。

磨细的石英砂、石灰石、慢冷矿渣等属于非活性混合材料。它们与水泥成分不起化学作用或化学作用很小。非活性混合材料掺入水泥中，仅起提高水泥产量、降低水泥强度等级、减少水化热等作用。

3. 石膏

一般水泥熟料磨成细粉与水拌和会产生速凝现象，掺入适量石膏，不仅可调节水泥凝结时间，同时还能提高水泥早期强度，降低其干缩变形，改善其耐久性、抗渗性等一系列性能。对于掺混合材料的水泥，石膏还对混合材料起到活性激发剂的作用。

用于水泥中的石膏一般是二水石膏或无水石膏，所使用的石膏品质有明确的规定，天然石膏必须符合国家标准的有关规定，采用工业副产品石膏时，必须经过试验证明其对水泥性能无害。

1.4.3 水泥的水化硬化

水泥与水接触时，水泥中的各组分与水的反应称为水化。水泥的水化反应受到水泥的组成、细度、加水量、温度、混合材料等一系列因素的影响。水泥加水拌和后，成为可塑性的水泥浆，随着水化反应的进行，水泥浆逐渐变稠失去流动性而具有一定的塑性强度，称为水泥的"凝结"；随着水化进程的推移，水泥浆凝固具有一定的机械强度并逐渐发展成为坚固的人造石——水泥石，这一过程称为"硬化"。凝结与硬化是一个连续复杂的物理化学过程。

水泥混凝土的强度发展对混凝土结构的强度是十分重要的。影响水泥凝结硬化的主要因素有水泥的熟料矿物成分、水泥的混合材料和外加剂、拌和时的用水量、水泥的细度、养护的温湿度和时间等。

1.4.4　水泥品质要求

国家标准对水泥品质的要求主要包括以下几个方面。

1. 凝结时间

凝结时间分初凝和终凝。初凝为水泥加水开始拌和至标准稠度净浆开始失去可塑性所经历的时间；终凝则为浆体完全失去可塑性并开始产生强度所经历的时间。国家标准规定：硅酸盐水泥、普通硅酸盐水泥、矿渣水泥、火山灰水泥、粉煤灰水泥、复合水泥初凝时间不得早于 45min；终凝时间：硅酸盐水泥不得迟于 6.5h，复合水泥不得迟于 12h，其他品种水泥均不得迟于 10h。

2. 强度

水泥强度是评价水泥质量的重要指标。水泥强度测定必须严格遵守国家标准规定的方法。测定水泥强度一方面可以确定水泥的强度等级以评定和对比水泥的质量，另一方面可作为设计混凝土和砂浆配合比时的强度依据。

水泥强度检验是根据《水泥胶砂强度检验方法（ISO 法）》GB/T 17671—1999 的规定，将按质量计的一份水泥、三份中国 ISO 标准砂，用 0.5 的水灰比拌制的一组塑性胶砂，按规定的方法制成尺寸为 40mm×40mm×160mm 的棱柱体试件，试件成型后连模一起在（20±1）℃湿气中养护 24h，然后脱模在（20±1）℃水中养护。

国家标准规定：硅酸盐水泥分为 42.5、42.5R、52.5、52.5R、62.5、62.5R 六个强度等级；其他五种水泥分为 32.5、32.5R、42.5、42.5R、52.5、52.5R 六个强度等级。其中有代号 R 者为早强型水泥。各强度等级的六大常用水泥的 3d、28d 强度均不得低于表 1-8 中的规定值。

常用水泥的强度要求　　　　　　　　　　　　　　　　表 1-8

品种	强度等级	抗压强度（MPa）		抗折强度（MPa）	
		3d	28d	3d	28d
硅酸盐水泥	42.5	17.0	42.5	3.5	6.5
	42.5R	22.0	42.5	4.0	6.5
	52.5	23.0	52.5	4.0	7.0
	52.5R	27.0	52.5	5.0	7.0
	62.5	28.0	62.5	5.0	8.0
	62.5R	32.0	62.5	5.5	8.0
普通水泥	32.5	11.0	32.5	2.5	5.5
	32.5R	16.0	32.5	3.5	5.5
	42.5	16.0	42.5	4.0	6.5
	42.5R	21.0	42.5	4.0	6.5
	52.5	22.0	52.5	4.0	7.0
	52.5R	26.0	52.5	5.0	7.0

品种	强度等级	抗压强度（MPa）		抗折强度（MPa）	
		3d	28d	3d	28d
矿渣水泥、火山灰水泥、粉煤灰水泥	32.5	10.0	32.5	2.5	5.5
	32.5R	15.0	32.5	3.5	5.5
	42.5	15.0	42.5	3.5	6.5
	42.5R	19.0	42.5	4.0	6.5
	52.5	21.0	52.5	4.0	7.0
	52.5R	23.0	52.5	4.5	7.0
复合水泥	32.5	11.0	32.5	2.5	5.5
	32.5R	16.0	32.5	3.5	5.5
	42.5	16.0	42.5	3.5	6.5
	42.5R	21.0	42.5	4.0	6.5
	52.5	22.0	52.5	4.0	7.0
	52.5R	26.0	52.5	4.5	7.0

3. 体积安定性

体积安定性不良是指已硬化的水泥石产生不均匀的体积变化现象。它会使构件产生膨胀裂缝，降低建筑物质量。

引起体积安定性不良的原因包括三个方面：一是游离氧化钙过量；二是游离氧化镁过量；三是石膏掺量过多。

4. 细度

水泥的细度对水泥的安定性、需水量、凝结时间及强度有较大的影响。水泥颗粒粒径越细，与水发生反应的表面积越大，水化较快，其早期强度和后期强度都较高，但粉磨能耗亦随之增大，因此，应把水泥的细度控制在合理的范围之内。

5. 水化热

水泥的水化反应是放热反应，其水化过程放出的热量称为水泥的水化热。水泥的水化热对混凝土工艺具有多方面的意义。水化热对于大体积混凝土是有害的因素，大体积混凝土由于水化热积蓄在内部，形成内外温差，产生不均匀应力，导致开裂，但水化热对冬季混凝土施工则是有益的，水化热可以加快水泥的水化进程。

6. 水泥化学品质指标

水泥化学品质指标包括不溶物、烧失量、氧化镁、SO_3 和碱含量等，有关标准中对其含量均做出了限制性的规定。

7. 抗蚀性

对水泥石耐久性有害的环境介质主要为淡水、酸与酸性水、硫酸盐溶液和碱溶液等。

1.4.5 常用水泥的特性与选用

1. 常用水泥的特性

常用水泥的特性见表1-9。

品种	硅酸盐水泥	普通水泥	矿渣水泥	火山灰水泥	粉煤灰水泥	复合水泥
主要成分	硅酸盐水泥熟料,0~5%混合材料,适量石膏	硅酸盐水泥熟料,6%~15%混合材料,适量石膏	硅酸盐水泥熟料,20%~70%粒化高炉矿渣,适量石膏	硅酸盐水泥熟料,20%~50%火山灰质混合材料,适量石膏	硅酸盐水泥熟料,20%~40%粉煤灰,适量石膏	硅酸盐水泥熟料,16%~50%两种及以上混合材料,适量石膏
主要特性	1. 凝结硬化快 2. 早期强度高 3. 水化热大 4. 抗冻性好 5. 干缩性小 6. 耐蚀性差 7. 耐热性差	1. 凝结硬化较快 2. 早期强度较高 3. 水化热较大 4. 抗冻性较好 5. 干缩性较小 6. 耐蚀性较差 7. 耐热性较差	1. 凝结硬化慢 2. 早期强度低,后期强度增长较快 3. 水化热较低 4. 抗冻性差 5. 干缩性大 6. 耐蚀性较好 7. 耐热性好 8. 泌水性大	1. 凝结硬化慢 2. 早期强度低,后期强度增长较快 3. 水化热较低 4. 抗冻性差 5. 干缩性较小,抗裂性较好 6. 耐蚀性较好 7. 耐热性较好 8. 抗渗性较好	1. 凝结硬化慢 2. 早期强度低,后期强度增长较快 3. 水化热较低 4. 抗冻性差 5. 干缩性较小,抗裂性较好 6. 耐蚀性较好 7. 耐热性较好	与所掺两种或两种以上混合材料的种类、掺量有关,其特性基本上与矿渣水泥、火山灰水泥、粉煤灰水泥的特性相似

2. 常用水泥的选用

根据上述六大常用水泥的特性,各类建筑工程可针对其工程性质、结构部位、施工要求和使用环境条件等因素,按照表 1-10 进行选用。

混凝土工程特点及所处环境条件			硅酸盐水泥	普通水泥	矿渣水泥	火山灰水泥	粉煤灰水泥	复合水泥
普通混凝土	1	在一般气候环境中的混凝土		优先选用	可以选用	可以选用	可以选用	可以选用
	2	在干燥环境中的混凝土		优先选用	可以选用	不宜选用	不宜选用	
	3	在高湿度环境中或长期处于水中的混凝土	可以选用	优先选用	优先选用	优先选用	优先选用	
	4	厚大体积的混凝土	不宜选用		优先选用	优先选用	优先选用	优先选用
有特殊要求的混凝土	1	要求快硬、高强的混凝土	优先选用	可以选用	不宜选用	不宜选用	不宜选用	不宜选用
	2	严寒地区的露天混凝土、寒冷地区处于水位升降范围内的混凝土		优先选用	可以选用	不宜选用	不宜选用	
	3	严寒地区处于水位升降范围内的混凝土		优先选用	不宜选用	不宜选用	不宜选用	不宜选用
	4	有抗渗要求的混凝土	优先选用		不宜选用	优先选用		
	5	有耐磨性要求的混凝土	优先选用	优先选用	可以选用	不宜选用	不宜选用	
	6	受侵蚀介质作用的混凝土	不宜选用		优先选用	优先选用	优先选用	优先选用

1.4.6 其他品种水泥

在建筑工程中使用较多的水泥还包括白色硅酸盐水泥、快硬硅酸盐水泥、膨胀水泥和自应力水泥、铝酸盐水泥等品种。

1.5 气硬性无机胶凝材料

气硬性无机胶凝材料只能在空气中（干燥条件下）硬化，也只能在空气中保持或继续发展其强度，如石灰、石膏等。这类材料一般只适用于地上或干燥环境中，而不宜用于潮湿环境中，更不可用于水中。

1.5.1 石灰

石灰是在建筑工程中使用最早的一种气硬性无机胶凝材料，因其原材料蕴藏丰富，生产设备简单，成本低廉，所以在建筑工程中至今仍得到广泛应用。

1. 石灰的原材料

石灰的主要原材料是以碳酸钙为主要成分的天然岩石，它是一种沉积岩，因其形成过程和条件的差异，而造成性质和品种的不同。最常用的原材料是石灰石，另外还有白云石、白垩等。石灰的原材料中常含有部分黏土杂质，一般要求原材料中的黏土杂质含量不超过8%。

2. 石灰的生产

石灰石原料在适当的温度下煅烧，碳酸钙将分解，释放出 CO_2，得到以 CaO 为主要成分的生石灰。

生石灰是一种白色或灰色的块状物质，因石灰石原料中常含有一些碳酸镁成分，所以经煅烧生成的生石灰中也相应地含有 MgO 成分。按照我国建材行业标准的规定，MgO 含量≤5%时，称为钙质生石灰；MgO 含量＞5%时，称为镁质生石灰。若将块状生石灰磨细，则可得到生石灰粉。

在实际生产中，为了加快石灰石的分解过程，使原料充分煅烧，并考虑到热损失，通常将煅烧温度提高至 1000～1200℃左右。若煅烧温度过低，煅烧时间不充分，则 $CaCO_3$ 不能完全分解，将生成欠火石灰，欠火石灰使用时，产浆量较低，质量较差，降低了石灰的利用率；若煅烧温度过高，将生成颜色较深、密度较大的过火石灰，它的表面常被黏土杂质融化形成的玻璃釉状物包裹，熟化很慢，使得石灰硬化后仍继续熟化而产生体积膨胀，引起局部隆起和开裂而影响工程质量。所以，在生产过程中，应根据原材料的性质严格控制煅烧温度。

3. 石灰的熟化

石灰使用前，一般要先加水使之消解为熟石灰，其主要成分为 $Ca(OH)_2$。这个过程称为石灰的熟化或消化。

石灰熟化过程中放出大量的热，使其温度升高，而且体积要增大 1.0～2.0 倍。煅烧良好且 CaO 含量高的生石灰熟化较快，放热量和体积增大也较多。

工地上熟化石灰常用的方法有两种：石灰浆法和消石灰粉法。

（1）石灰浆法

将块状生石灰在化灰池中用过量的水（约为生石灰体积的3～4倍）熟化成石灰浆，然后通过筛网进入储灰池。

生石灰熟化时放出大量的热，使熟化速度加快，但温度过高且水量不足时，会造成$Ca(OH)_2$凝聚在CaO周围，阻碍熟化进行，而且还会产生逆向反应，所以要加入大量的水并不断搅拌散热，以控制温度不致过高。

生石灰中也常含有过火石灰。为了使石灰熟化得更充分，尽量消除过火石灰的危害，石灰浆应在储灰池中存放两周以上，这个过程称为石灰的陈伏。陈伏期间，石灰浆表面应保持有一层水，使其与空气隔绝，避免$Ca(OH)_2$碳化。

石灰浆在储灰池中沉淀后，除去上层水分，即可得到石灰膏。它是建筑工程中砌筑砂浆和抹面砂浆常用的材料之一。

（2）消石灰粉法

这种方法是将生石灰加适量的水熟化成消石灰粉。生石灰熟化成消石灰粉理论需水量为生石灰质量的32.1%，由于一部分水分会蒸发掉，所以实际加水量较多（60%～80%），这样可使生石灰充分熟化，又不致过湿成团。工地上常采用分层喷淋等方法进行消化。人工消化石灰劳动强度大、效率低、质量不稳定，目前多在工厂中用机械加工方法将生石灰熟化成消石灰粉，再供应使用。

按照建材行业标准的规定，$MgO<4\%$的，称为钙质消石灰粉；$4\%\leqslant MgO<24\%$的，称为镁质消石灰粉；$24\%\leqslant MgO<30\%$的，称为白云石消石灰粉。

4. 石灰的硬化

石灰在空气中的硬化包括结晶和碳化两个同时进行的过程。

（1）结晶过程

石灰浆在使用过程中，因游离水分逐渐蒸发和被砌体吸收，引起溶液某种程度的过饱和，使$Ca(OH)_2$逐渐结晶析出，促进石灰浆体的硬化。

（2）碳化过程

$Ca(OH)_2$与空气中的CO_2作用，生成不溶于水的碳酸钙晶体，析出的水分则逐渐被蒸发。这个过程称为碳化，形成的$CaCO_3$晶体使硬化石灰浆体结构致密、强度提高。

由于空气中CO_2的含量少，碳化作用主要发生在与空气接触的表层上，而且表层生成的致密$CaCO_3$膜层，阻碍了空气中CO_2进一步地渗入，同时也阻碍了内部水分向外蒸发，使$Ca(OH)_2$结晶作用也进行得较慢，随着时间的增长，表层$CaCO_3$厚度增加，阻碍作用更大，在相当长的时间内，仍然是表层为$CaCO_3$，内部为$Ca(OH)_2$。所以，石灰硬化是个相当缓慢的过程。

5. 石灰的技术性质

（1）可塑性和保水性

生石灰熟化后形成的石灰浆，是一种表面吸附水膜的高度分散的$Ca(OH)_2$胶体，它可以降低颗粒之间的摩擦，因此具有良好的可塑性，易抹成均匀的薄层，在水泥砂浆中加入石灰，可显著提高砂浆的可塑性和保水性。

（2）硬化

石灰是一种硬化缓慢的气硬性胶凝材料，硬化后的强度不高，又因为硬化过程要依靠水分蒸发促使 $Ca(OH)_2$ 结晶以及碳化作用，加之 $Ca(OH)_2$ 又易溶于水，所以，在潮湿环境中，其强度会更低，遇水还会溶解溃散。因此，石灰不宜在长期潮湿的环境中或有水的环境中使用。石灰在硬化过程中，要蒸发掉大量的水分，引起体积显著地收缩，易出现干缩裂缝。所以，石灰除制成石灰乳作薄层粉刷外，不宜单独使用。一般要掺入其他材料混合使用，如砂、纸筋、麻刀等，这样既可以限制收缩，又可以节约石灰。

（3）储存与运输

生石灰在空气中放置时间过长，会吸收水分而熟化成消石灰粉，再与空气中的二氧化碳作用形成失去胶凝能力的碳酸钙粉末，而且熟化时要放出大量的热，并产生体积膨胀，所以，石灰在储存和运输过程中，要防止受潮，并不宜长期储存，在运输时不得与易燃、易爆和液体物品混装，并要采取防水措施，注意安全。到达工地或处理现场后最好马上进行熟化和陈伏处理，使储存期变成陈伏期。

（4）技术标准

建筑工程中所用的石灰可分成三个品种：建筑生石灰、建筑生石灰粉和建筑消石灰粉。根据建材行业标准，可将其各分成优等品、一等品和合格品三个等级。

6. 石灰的应用

（1）制作石灰乳涂料

将熟化好的石灰膏或消石灰粉加入过量的水稀释成的石灰乳，是一种传统的涂料，主要用于室内粉刷。掺入少量佛青颜料，可使其呈纯白色；掺入 108 胶或少量水泥、粒化高炉矿渣或粉煤灰，可提高粉刷层的防水性；掺入各种耐碱颜料，可获得更好的装饰效果。

（2）配制砂浆

石灰膏和消石灰粉可以单独或与水泥一起配制成石灰砂浆或混合砂浆，可用于墙体砌筑或抹面工程；也可掺入纸筋、麻刀等制成石灰浆，用于内墙或顶棚抹面。

（3）拌制石灰土和三合土

石灰与黏土按一定比例拌和，可制成石灰土，或与黏土、砂石、炉渣等填料拌制成三合土，经夯实后可增加其密实度。

（4）生产硅酸盐制品

用生石灰粉生产石灰板。将生石灰粉与纤维材料（如玻璃纤维）或轻质骨料（如炉渣）加水搅拌、成型，然后用二氧化碳进行人工碳化，可制成轻质的碳化石灰板材，多制成碳化石灰空心板，它的导热系数较小，保温绝热性能较好，可锯可钉，宜用作非承重内隔墙板、顶棚等。

将生石灰粉或消石灰粉与含硅材料，如天然砂、粒化高炉矿渣、炉渣、粉煤灰等，加水拌和、陈伏、成型后，经蒸压或蒸养等工艺处理，可制得其他硅酸盐制品，如灰砂砖、粉煤灰砖、粉煤灰砌块等。

1.5.2 石膏

石膏是一种以硫酸钙为主要成分的气硬性胶凝材料，它的应用有着悠久的历史，并具有良好的建筑性能，在建筑材料领域中得到了广泛的应用，特别是在石膏制品方面发展较快。常用的石膏胶凝材料种类有建筑石膏、高强石膏、无水石膏水泥、高温煅烧石膏等。

1. 石膏胶凝材料的原材料

生产石膏胶凝材料的原材料主要是天然二水石膏（$CaSO_4 \cdot 2H_2O$），还有天然无水石膏（$CaSO_4$）以及含 $CaSO_4 \cdot 2H_2O$ 或 $CaSO_4 \cdot 2H_2O$ 与 $CaSO_4$ 混合物的化工副产品。

天然二水石膏，又称软石膏或生石膏，是以二水硫酸钙（$CaSO_4 \cdot 2H_2O$）为主要成分的矿石。纯净的石膏呈无色透明或白色，但天然石膏常因含有杂质而呈灰色、褐色、黄色、红色、黑色等颜色。天然二水石膏和无水石膏（又称硬石膏）按矿物成分含量分级，并应符合国家标准的规定。

天然无水石膏（$CaSO_4$）又称天然硬石膏，硬度比二水石膏大，一般为白色，如果含有杂质，则呈灰红等颜色。只可用于生产无熟料水泥。

2. 石膏的生产

生产石膏的主要工艺流程是破碎、加热与磨细。由于加热方式和加热温度的不同，可以得到具有不同性质的石膏产品。现简述如下：

将天然二水石膏在常压下加热，至 65℃时，$CaSO_4 \cdot 2H_2O$ 开始脱水，在 107～170℃时，成为 β 型半水石膏 $CaSO_4 \cdot \frac{1}{2}H_2O$（即建筑石膏，又称熟石膏）。加热方式一般是在炉窑中进行煅烧。若在具有 131723Pa、124℃过饱和蒸汽条件下的蒸压釜中蒸炼，得到的是 α 型半水石膏（即高强石膏），它比 β 型半水石膏晶体要粗，调制成可塑性浆体的需水量少。当加热温度为 170～200℃时，脱水加速，半水石膏变为结构基本相同的脱水半水石膏，而后成为可溶性硬石膏，它与水调和后仍能很快凝结硬化；当温度升至 250℃时，石膏中只残留很少的水分；当温度超过 400℃时，完全失去水分，形成不溶性硬石膏，也称死烧石膏，它难溶于水，失去凝结硬化的能力；温度继续升高超过 800℃时，部分石膏分解出氧化钙，使产物又具有凝结硬化的能力，这种产品称为煅烧石膏（过烧石膏）。

3. 建筑石膏的硬化

建筑石膏与水拌和后，可调制成可塑性浆体，经过一段时间的反应后，浆体将失去塑性，并凝结硬化成具有一定强度的固体。

建筑石膏的凝结和硬化主要是由于半水石膏与水相互作用，还原成二水石膏。

半水石膏在水中发生溶解，并很快形成饱和溶液，溶液中的半水石膏与水化合，生成二水石膏。由于二水石膏在水中的溶解度比半水石膏小得多（仅为半水石膏溶解度的1/5），所以半水石膏的饱和溶液对二水石膏来说，就成了过饱和溶液，因此，二水石膏从过饱和溶液中以胶体微粒析出，从而促进了半水石膏不断地溶解和水化，直到半水石膏完全溶解。在这个过程中，浆体中的游离水分逐渐减少，二水石膏胶体微粒不断增加，浆体稠度增大，可塑性逐渐降低，此时称之为"凝结"；随着浆体继续变稠，胶体微粒逐渐凝聚成为晶体，晶体逐渐长大、共生并相互交错，使浆体产生强度，并不断增长，这个过程称为"硬化"。实际上，石膏的凝结和硬化是一个连续的、复杂的物理化学变化过程。

4. 建筑石膏的技术性质

建筑石膏是一种白色粉末状的气硬性胶凝材料，密度为 2.60～2.75g/cm³，堆积密度为 800～1000kg/m³。建筑石膏的技术性质包括如下几个方面：

（1）凝结硬化快

建筑石膏凝结硬化速度快,它的凝结时间因煅烧温度、磨细程度和杂质含量等情况的不同而异。一般情况下,建筑石膏与水拌和后,在常温下数分钟即可初凝,30min以内即可达到终凝。在室内自然干燥状态下,达到完全硬化约需一周时间。凝结时间可按要求进行调整,若要延缓凝结时间,可掺入缓凝剂,以降低半水石膏的溶解度和溶解速度,如亚硫酸盐酒精废液、硼砂或用灰活化的骨胶、皮胶和蛋白胶等;若要加速建筑石膏的凝结,则可掺入促凝剂,如氯化钠、氯化镁、硅氟酸钠、硫酸钠、硫酸镁等,其作用在于提高半水石膏的溶解度和溶解速度。

(2) 硬化时体积微膨胀

建筑石膏在凝结硬化过程中,体积略有膨胀,硬化时不出现裂缝,所以可不掺加填料而单独使用,并可很好地填充模型。硬化后的石膏表面光滑、颜色洁白,其制品尺寸准确,轮廓清晰,可锯可钉,具有很好的装饰性。

(3) 硬化后孔隙率较大,表观密度和强度较低

建筑石膏的水化,理论需水量只占半水石膏质量的18.6%,但实际上,为使石膏浆体具有一定的可塑性,往往需加水60%~80%,多余的水分在硬化过程中逐渐蒸发,使硬化后的石膏留有大量的孔隙,一般孔隙率约为50%~60%。因此,建筑石膏硬化后强度较低,表观密度较小,导热性较低,吸声性较好。

(4) 耐火性能良好

石膏硬化后的结晶物 $CaSO_4 \cdot 2H_2O$ 遇到火烧时,结晶水蒸发,吸收热量并在表面生成具有良好绝热性的无水物,起到阻止火焰蔓延和温度升高的作用,所以石膏具有良好的耐火性。

(5) 具有一定的调温、调湿作用

建筑石膏的热容量大、吸湿性强,故能对室内温度和湿度起到一定的调节作用。

(6) 耐水性、抗冻性和耐热性差

建筑石膏硬化后具有很强的吸湿性和吸水性,在潮湿的环境中,晶体间的黏结力削弱,强度明显降低,在水中,晶体还会溶解而引起破坏,在流动的水中,破坏更快,硬化石膏的软化系数约为0.2~0.3;若石膏吸水后受冻,则孔隙内的水分结冰,产生体积膨胀,使硬化后的石膏体破坏。所以,石膏的耐水性和抗冻性均较差。此外,若在温度过高的环境中使用(超过65℃),二水石膏会脱水分解,使其强度降低。因此,建筑石膏不宜用于潮湿和高温的环境中。

在建筑石膏中掺入一定量的水泥或其他活性材料,可不同程度地改善建筑石膏制品的耐水性。

(7) 技术标准

根据国家标准的规定,建筑石膏按强度、细度、凝结时间指标分为优等品、一等品和合格品三个等级。

5. 建筑石膏的应用

建筑石膏具有许多优良的性能,在建筑中的应用十分广泛,一般制成石膏抹面灰浆作内墙装饰;可用来制作各种石膏板、各种建筑艺术配件及建筑装饰、彩色石膏制品等。另外,石膏作为重要的外加剂,广泛应用于水泥、水泥制品及硅酸盐制品。

1.6 混凝土及砂浆

混凝土与砂浆是建筑工程中被广泛应用的两种建筑材料,它们在许多方面有着相近之处,故在本节中一并予以介绍。

1.6.1 混凝土概述

混凝土是由胶凝材料将粗、细骨料胶结而成的固体材料。胶凝材料包括水泥、石膏等无机胶凝材料和沥青、聚合物等有机胶凝材料,无机胶凝材料和有机胶凝材料也可复合使用。混凝土的种类很多,其中普通混凝土的干表观密度为 $2000 \sim 2800 kg/m^3$,采用天然砂、石作骨料制成,在建筑工程中广泛使用,本部分主要介绍这类混凝土。

1.6.2 混凝土的组成材料

混凝土的质量在很大程度上取决于组成材料的性质和用量,同时也与混凝土的施工因素(如搅拌、振捣、养护等)有关。因此,首先必须了解混凝土组成材料的性质、作用及其质量要求,然后才能进一步了解混凝土的其他性能。

1. 水泥

水泥是混凝土中很重要的组分,其技术性质要求详见 1.4 节有关内容,在此仅讨论如何选用。水泥的合理选用包括两个方面:

(1)水泥品种的选择

配制混凝土时,应根据工程性质、部位、施工条件、环境状况等,按各品种水泥的特性合理选择水泥的品种。六大常用水泥的选用原则,见表 1-10。

(2)水泥强度等级的选择

水泥强度等级的选择,应与混凝土的设计强度等级相适应。根据经验,一般以选择的水泥强度等级标准值为混凝土强度等级标准值的 1.5~2.0 倍为宜,如采取某些措施(如掺减水剂及活性掺合料),情况则有所不同。

2. 细骨料

粒径小于 4.75mm 的岩石颗粒称为细骨料。混凝土的细骨料可以采用天然砂或人工砂。天然砂按照产源分为河砂、海砂和山砂。山砂富有棱角,表面粗糙,与水泥浆粘结力好,但含泥量和有机杂质较多;海砂表面圆滑,比较洁净,但常混有贝壳碎片,而且含盐分较多,对混凝土中的钢筋有锈蚀作用;河砂介于山砂和海砂之间。人工砂是用岩石轧碎而成的。

3. 粗骨料

粒径大于 4.75mm 的岩石颗粒称为粗骨料。常用的粗骨料有天然卵石(砾石)和人工碎石两种。天然卵石有河卵石、海卵石和山卵石等。

4. 水

用来拌制和养护混凝土的水,不应含有能够影响水泥正常凝结与硬化的有害杂质、油脂和糖类等。凡可供饮用的自来水或清洁的天然水,一般都可用来拌制和养护混凝土。

5. 混凝土化学外加剂

混凝土化学外加剂种类繁多，按使用功能可分为减水剂、早强剂、引气剂、速凝剂、防冻剂、膨胀剂、防水剂、阻锈剂、泵送剂、泡沫剂等。

6. 混凝土矿物外加剂（掺合料）

混凝土矿物外加剂是指在混凝土搅拌过程中加入的，具有一定细度和活性的用于改善新拌和硬化混凝土性能（特别是耐久性）的矿物类产品。主要包括粉煤灰、硅灰、沸石粉、超细矿物外加剂（超细粉）等。

1.6.3 混凝土拌合物的和易性

混凝土是否能够配制得均匀密实，与混凝土拌合物是否具有便于进行各种施工操作而不产生分层离析的和易性有关。混凝土拌合物具有良好的和易性时，在运输中不易分层离析，浇灌时容易捣实，成型后表面容易修整。因此，和易性是关系到施工操作难易、施工质量好坏的一个重要性质。

1. 和易性的意义

和易性是指在一定的施工条件下，便于各种施工操作并能获得均匀、密实的混凝土的一种综合性能。它包括流动性、黏聚性和保水性三个方面：流动性是指混凝土拌合物在本身自重或施工机械振捣作用下能够流动的性能；黏聚性是指混凝土拌合物的抗离析性能；保水性是指混凝土拌合物保持水分不易析出的能力。

2. 和易性的测定方法

由于和易性是一种综合性的技术性质，混凝土拌合物的和易性受流动性影响很大，所以一般的做法是以测定它的流动性为主，辅以对黏聚性和保水性的观察，然后根据测定和观察的结果，综合判断混凝土拌合物的和易性是否符合要求。塑性混凝土的流动性（稠度）通常用坍落度来表示。

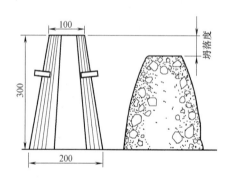

图 1-8　坍落度测定法

将混凝土拌合物分三层装入标准圆锥筒中，经过逐层插捣和最后抹平，垂直提起圆锥筒，混凝土锥体在自重作用下，将会向下坍落，量出坍落的毫米数，这就是所谓的坍落度（见图 1-8）。

根据坍落度的大小，可将混凝土拌合物分为：大流动性混凝土（坍落度大于或等于 160mm）、塑性混凝土（坍落度为 50～90mm）、流动性混凝土（坍落度为 100～150mm）、低塑性混凝土（坍落度为 10～40mm）。

3. 影响和易性的主要因素

影响和易性的主要因素有：水泥品种及细度、用水量、水泥浆用量、水灰比、砂率、外加剂、搅拌等因素。

除上述影响因素外，骨料种类、骨料粒形和级配等也都会对和易性产生一定的影响。

1.6.4 混凝土的力学性质

混凝土的力学性质是指硬化后混凝土在外力作用下有关变形的性能和抵抗破坏的能力，即变形和强度的性质。

1. 混凝土的强度

混凝土的强度包括抗压、抗拉、抗折、抗剪和握裹强度等。在各种强度中，以抗压强度为最大，抗拉强度为最小。

（1）单轴抗压强度

单轴抗压强度是指混凝土受单方向压力作用得到的强度。一般工程中提到的混凝土强度，主要是指混凝土的单轴抗压强度。

根据混凝土强度等级的大小，通常可划分为 C15、C20、C25、C30、C35、C40、C45、C50、C55、C60、C65、C70、C75、C80 等若干个等级。

（2）混凝土的轴心抗压强度

在结构设计中，常以轴心抗压强度 f_{cp} 作为设计依据。我国轴心抗压强度的标准试验方法规定标准试件的尺寸为 150mm×150mm×300mm。按规定方法成型的试件应在标准条件下养护 28d，其所测得的抗压强度值即为轴心抗压强度。根据统计分析，轴心抗压强度与立方体抗压强度之间的关系为：$f_{cp}=(0.7\sim0.8)f_{cu}$。

（3）混凝土的抗拉强度

混凝土的抗拉强度很低，一般只有抗压强度的 0.07～0.11，混凝土强度等级越高，其比例就越小。

（4）混凝土的抗折强度

以标准方法制备成 150mm×150mm×600mm（或 550mm）的梁式试件，在标准条件下养护 28d，按三分点加荷方式测定其抗折强度。

（5）与钢筋的黏结强度

要使钢筋混凝土构件符合设计要求，混凝土与钢筋之间必须具有足够的黏结强度，以保证钢筋与混凝土能够充分地粘结在一起共同受力。粘结强度通常采用将埋入混凝土中的钢筋拔出的试验方法测定。

2. 混凝土的变形

混凝土除了受荷载作用产生变形外，在不受荷载作用的情况下，由于各种物理的或化学的因素也会引起局部或整体的体积变化。混凝土的变形包括化学减缩、热胀冷缩、干缩湿胀等几种常见情况。此外，还有受荷载作用下的变形。

1.6.5 混凝土的耐久性

混凝土在使用过程中抵抗由外部或内部原因造成的破坏的能力称为混凝土的耐久性。混凝土的耐久性主要包括抗渗性、抗冻性、耐蚀性、抗碳化能力、碱—骨料反应、耐火性、耐磨性、耐冲刷性等。对每个具体工程而言，由于所处环境的不同，耐久性具有不同的含义。

1.6.6 普通混凝土的配合比

混凝土的配合比是指混凝土各组成材料之间的比例关系。常用的表示方法有两种：一

种是以 $1m^3$ 混凝土中各种材料的质量来表示，如水泥 300kg、水 180kg、砂 720kg、石子 1200kg，即 $1m^3$ 混凝土总质量为 2400kg；另一种是以各种材料相互间的质量比来表示（以水泥质量为1），将上例换算成质量比为：水泥∶水∶砂∶石＝1∶0.6∶2.4∶4.0。

配合比设计的任务，实质上就是根据原材料的技术性能、设计要求及施工条件，设计出满足和易性、强度、耐久性以及经济性要求的混凝土。

配合比设计的基本原理建立在混凝土拌合物和硬化混凝土性能变化规律的基础上，配合比设计有四个基本变量：水泥、水、砂、石。为此必须建立四个表示各变量之间的关系式或方程，建立这些关系式和方程时必须反映出混凝土拌合物及硬化混凝土性能变化的规律，以满足配合比设计的四项基本要求。为此要合理地确定三个配合参数：水泥用量与用水量之间的关系以水灰比表示；砂子和石子用量的关系以含砂率或砂石比表示；水泥浆与骨料之间的比例关系常用单位用水量来反映。三个配合参数确定后，再根据体积法或质量法建立一个方程，即可计算出混凝土各项材料用量。由于影响混凝土性能的因素颇为复杂，计算出的配合比与实际情况往往有出入，故还需进行试验试配调整方能确定混凝土的配合比。

配合比的设计包括初步配合比、基准配合比、试验室配合比、施工配合比等内容。其中，初步配合比的设计步骤为：确定试配强度→确定水灰比→选择单位用水量→确定单位水泥用量→确定砂率→确定砂石用量。

1.6.7 砂浆

砂浆是由胶凝材料、细骨料、掺合料和水按适当比例配制而成的建筑材料。与普通混凝土相比，砂浆又可称为细骨料混凝土或无粗骨料混凝土。砂浆在建筑工程中用途广泛，而且用量也相当大。

砂浆在砖石结构中起胶结作用，把块体材料胶结成整体结构。在墙面、地板及梁柱结构的表面用砂浆抹面可起防护、垫层和装饰等作用。除此之外，砂浆还可用于大型墙、板的接缝和镶贴瓷砖、大理石、水磨石等。经过特配，砂浆还可用于防水、防腐、保温、吸声和加固修补等。综上所述，按用途可将砂浆分为砌筑砂浆、抹面砂浆、防水砂浆、耐酸砂浆、保温吸声砂浆和加固修补砂浆等。

按所用胶结材料不同，砂浆又可分为水泥砂浆、石灰砂浆、石膏砂浆、混合砂浆、聚合物砂浆等。常用的混合砂浆有水泥石灰砂浆、水泥黏土砂浆和石灰黏土砂浆等。

1. 砂浆的组成材料

砂浆的组成对砂浆的质量、成本以及工程质量都有很大影响，合理选择和使用材料是保证工程质量、降低成本的重要条件。

砂浆的组成材料包括胶凝材料及掺合料、砂、水、外加剂。其中，胶凝材料和掺合料包括水泥、石灰、石膏、粉煤灰等，选择材料时应考虑砂浆的使用环境和用途。

2. 砂浆的技术性质

砂浆与混凝土相比，最大区别在于：①砂浆没有粗骨料；②砂浆一般为一薄层，多涂抹在多孔吸水的基底上（如建筑砌块、黏土砖）。所以砂浆的技术要求与混凝土有所不同。

（1）砂浆拌合物的性质

砂浆拌合物必须具备良好的和易性，即在运输和施工过程中不分层、不离析，能够在粗糙的砖石表面涂抹成均匀的薄层，与底面粘结性良好。砂浆的和易性包括流动性和保水性两个方面。

砂浆的流动性（稠度）是指砂浆在自重或外力作用下流动的性能。砂浆的流动性大小用"沉入度"表示。

砂浆的保水性是指砂浆保存水分的能力。砂浆的保水性用分层度表示。

（2）硬化砂浆的性质

硬化后的砂浆应具有所需的强度和对基层的粘结力，并应有适宜的变形性能。

1）强度

砂浆在砌体中主要起粘结块体材料和传递荷载的作用，因此需要有一定的强度。这里所指的强度是以边长为 70.7mm 的立方体试块，按标准条件养护至 28d 的抗压强度平均值（MPa），用 $f_{m,o}$ 表示。

砂浆强度等级有 M2.5、M5、M7.5、M10、M15、M20 六个等级。特别重要的结构宜选用 M10 以上强度等级的砂浆。

2）黏结力

由于块状砌体材料是靠砂浆黏结成为整体的，因此粘结力的大小直接影响整个砌体的强度、耐久性、稳定性和抗震能力。一般来说，砂浆的粘结力随其抗压强度的增大而提高。此外，也与砌体材料的表面状态、清洁程度、润湿情况以及施工养护条件有关。

3）变形

砂浆在荷载或温度、湿度条件发生变化时，容易变形。如果变形过大或者变形不均匀，就会降低砌体的质量，引起沉陷或开裂。在拌制轻骨料砂浆或掺合料量多的砂浆时，要注意配合比控制，防止收缩变形过大。

4）抗冻性

严寒地区的砌体结构对砂浆抗冻性有一定的要求。按照对砂浆经受冻融循环次数的要求进行抗冻试验。试验后质量损失率不大于 5%，抗压强度损失率不大于 25%，则砂浆抗冻性合格。

3. 砌筑砂浆

砌筑砂浆是指能够将砖、石块、砌块粘结成砌体的砂浆。砌筑砂浆在建筑工程中用量很大，起到粘结、铺垫和传力的作用。

砌筑砂浆应根据工程类别及砌体部位的设计要求来选择砂浆的强度等级，再按所选择的砂浆强度等级确定其配合比。一般情况下可参考有关资料和手册选用，经过试配、调整来确定施工配合比。

为满足工程需要，砂浆的流动性和强度应达到一定要求，保证质量并且做到经济合理。因此须进行配合比设计，计算出每立方米砂浆中各材料用量或配合的比例。

4. 抹面砂浆

凡涂抹在建筑物或构件表面的砂浆统称为抹面砂浆。根据其功能的不同，可分为普通抹面砂浆、饰面砂浆及防水砂浆。这类砂浆相对砌筑砂浆的主要特点在于：砂浆不承受荷载，但要求与基底层能很好地粘结且不开裂。为满足抹面砂浆功能的特殊要求，拌制时常需要特殊骨料和掺合料。

（1）普通抹面砂浆

砂浆以薄层涂抹于结构物和墙体表面，起保护和装饰作用。它可以抵抗自然环境各因素对工程构筑物的侵蚀，提高构筑物耐久性，同时又可以达到平整、美观的效果。

为了便于涂抹，抹面砂浆要求比砌筑砂浆具有更好的和易性，故一般胶凝材料（包括掺合料）的用量比砌筑砂浆要多一些。

抹面砂浆分两层或三层进行施工，各层抹灰要求不同，所以每层砂浆的稠度和品种也不同。砖墙的底层抹灰多用石灰砂浆或石灰炉灰砂浆；而混凝土墙、梁、柱、顶板等的底层抹灰多用混合砂浆。中层抹灰一般采用麻刀石灰砂浆。面层抹灰则多用混合砂浆、麻刀或纸筋石灰砂浆。在容易碰撞或潮湿的地方，如墙裙、踢脚板、地面、窗台、水池等处，一般采用 1∶2.5 的水泥砂浆。

（2）防水砂浆

用作防水层的砂浆称为防水砂浆。防水层多用于厨房、厕所、浴室和地下室等处。砂浆防水层的抗变形能力很小，所以是刚性防水层，这种防水层仅适用于不受振动和具有一定刚度的混凝土或砖石砌体工程的表面。对于变形较大或可能发生不均匀沉陷的建筑物，不宜采用刚性防水层。

防水砂浆可以通过选择材料和配合比以及施工工艺等方法来提高其抗渗性，也可以通过防水剂等外加剂的使用来提高其抗渗能力。

1.7 砌筑材料

砌筑材料是指用于砌体结构的材料。我国采用黏土砖作为砌筑材料有着悠久的历史。但是，黏土砖自重大、生产效率低、能耗高，又需耗用大量耕地黏土，影响农业生产和生态环境，不利于国民经济的可持续发展。因而我国制定了一系列禁止或限制使用黏土砖与支持鼓励新型砌筑材料发展的政策，加速了砌筑材料改革的进程，使各种新型砌筑材料不断涌现，逐步取代传统的黏土制品。因地制宜地利用地方性资源及工业废料，大力开发和使用轻质、高强、耐久、大尺寸和多功能的节土、节能的新型砌筑材料，以期获得更好的经济效益和社会效益，是砌筑材料的发展方向。本节主要介绍砖、砌块和墙板三类砌筑材料。

1.7.1 砖

砖是外观尺寸较小的一类砌筑材料，其种类繁多。按照砖所含孔洞率的不同，分为实心砖（孔洞率为 0～15％）、多孔砖（孔洞率≥15％，且孔洞尺寸小而数量多）和空心砖（孔洞率≥15％，且孔洞尺寸大而数量少）。

根据砖的生产工艺不同，可分为烧结砖和非烧结砖。凡砖坯经焙烧工艺而制成的砖称为烧结砖；砖坯不需焙烧工艺而经自然固化制成的砖称为非烧结砖。

1. 烧结砖

（1）烧结砖的生产

生产烧结砖的主要原料有黏土、页岩、煤矸石、粉煤灰和生活垃圾焚烧灰等。因而，按照原料不同，烧结砖可分为黏土砖、页岩砖、煤矸石砖、粉煤灰砖。黏土砖以黏土为原料，经配料、调制、成型、干燥、高温焙烧而成。页岩砖由页岩经破碎、粉磨、配料、成型、干燥和焙烧而成。生产这种砖不用黏土，且其颜色与黏土砖相似。煤矸石砖由煤矸石经破碎、磨细后根据含碳量和可塑性进行适当配料、成型、干燥和焙烧而成。这种砖不用黏土，本身含有一些未燃煤，因此可以节省燃料。粉煤灰砖以粉煤灰为原料，由于其塑性差，掺入适量黏土作黏结材料，经配料、成型、干燥后焙烧而成。粉煤灰中也含有一些未燃煤，因此，生产这种砖也可节约燃料。

生产烧结砖时，先将原料破碎或粉碎，磨细得到泥粉；将泥粉加水调配、混炼成具有优良塑性的均匀泥料；再经挤砖机制成砖坯，通过改变挤出机的模口形状，可制成各种断面尺寸和不同结构的砖坯；砖坯经干燥、焙烧，冷却后即可制得烧结砖。

（2）烧结普通砖

烧结普通砖的质量必须符合国家标准的技术要求，主要内容有：

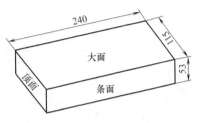

图 1-9　砖的尺寸及平面名称

烧结普通砖的外形为直角六面体，其公称尺寸为：长 240mm、宽 115mm、高 53mm。若考虑砖之间 10mm 厚的砌筑灰缝，则 4 块砖长、8 块砖宽、16 块砖厚均为 1m。1m³ 的砖砌体需用砖数为：4×8×16＝512 块。砖的尺寸及平面名称如图 1-9 所示。

烧结普通砖因其尺寸偏差、弯曲、缺棱、掉角、裂纹和组织不均匀等外观缺陷会直接影响砖的质量，故对这些缺陷应予以限制。

强度和抗风化性能合格的砖，根据其尺寸偏差、外观质量、泛霜和石灰爆裂程度分为优等品（A）、一等品（B）和合格品（C）三个质量等级。产品中不允许有欠火砖、酥砖和螺纹砖。

根据 10 块烧结普通砖样的抗压强度平均值和强度标准值，可将烧结普通砖分为 MU10、MU15、MU20、MU25、MU30 五个强度等级。

烧结普通砖的表观密度一般为 1600～1800kg/m³；孔隙率为 30%～35%；导热系数约为 0.849W/(m·K)。

（3）烧结多孔砖

烧结多孔砖是以黏土、页岩、煤矸石等为原料，经焙烧而成的。

烧结多孔砖外观为大面有贯穿孔或盲孔的直角六面体，所含孔多而小，孔洞轴向垂直于受压面。其主要规格为：M 型 190mm×190mm×90mm；P 型 240mm×115mm×90mm。如图 1-10 所示。

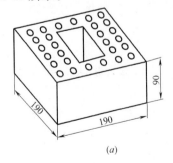 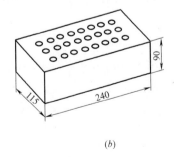

（a）　　　　　　　　　　　　　　　　　（b）

图 1-10　烧结多孔砖

（a）M 型；（b）P 型

根据国家标准的规定，烧结多孔砖的抗压强度和抗折强度可分为 MU10、MU15、MU20、MU25、MU30 五个强度等级。根据砖的尺寸偏差、外观质量、强度等级和物理性能（冻融、泛霜、石灰爆裂、吸水率）分为优等品（A）、一等品（B）和合格品（C）三个质量等级。

烧结多孔砖的孔洞率在 25％ 以上，表观密度约为 $1400kg/m^3$。虽然烧结多孔砖具有一定的孔洞率，使砖受压时的有效受压面积减小，但因制坯时成型压力较大，使砖孔壁致密程度提高，且对原材料要求也较高，这就补偿了因有效面积减少而造成的强度损失，故烧结多孔砖的强度仍较高，常被用于砌筑六层以下的承重墙。

（4）烧结空心砖

烧结空心砖是以黏土、页岩、煤矸石等为主要原料，经焙烧而成的。

烧结空心砖为端面有孔洞的直角六面体，孔大而少，孔洞为矩形条孔或其他孔形，且平行于大面和条面，在与砂浆的接合面上设有为增加结合力的深度 1mm 以上的凹线槽，如图 1-11 所示。

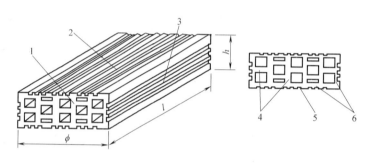

图 1-11　烧结空心砖
1—顶面；2—大面；3—条面；4—肋；5—凹线槽；6—外壁

根据国家标准的规定，按砖和砌块的表观密度，烧结空心砖划分为 800、900、1100 三个表观密度级别；根据抗压强度分为 2.0、3.0、5.0 三个强度等级。砖和砌块的规格尺寸有两个系列，即长度、宽度、高度为：①290mm、190（140）mm、90mm；②240mm、180（175）mm、115mm。也可由供需双方商定规格尺寸。砖和砌块的壁厚应大于 10mm，肋厚应大于 7mm。

烧结空心砖的孔洞率一般在 35％ 以上，表观密度在 $800\sim1100kg/m^3$ 之间，自重较轻，强度不高，因而多用作非承重墙，如多层建筑内隔墙或框架结构的填充墙等。

2. 非烧结砖

（1）非烧结砖的生产

非烧结砖所用原料有石灰、石膏、水泥、砂和含有活性 SiO_2 与 Al_2O_3 的一些工业废料废渣，如粉煤灰、高炉矿渣、钢渣、煤渣、磷渣等。

与烧结砖相比，非烧结砖不需焙烧，而是在自然条件下养护或用蒸汽养护成型的。一般生产工艺为：将各种原料在混碾机中混炼，先干混合均匀，然后加入少量水进行湿混合得到湿润的混合粉料；混合粉料经挤出或加压成型为砖坯；将砖坯置于自然条件下或蒸养罐中蒸养，即制得非烧结砖。

（2）蒸压灰砂砖

蒸压灰砂砖用石灰粉和细砂或磨细砂作原料，将原料混炼后，经挤出成型为砖坯，再将砖坯置于蒸压釜中，在0.6～0.8MPa的蒸汽压力环境中养护，形成以硅酸钙水化物为主要成分的砖。

根据抗压强度和抗折强度，蒸压灰砂砖有MU10、MU15、MU20、MU25四个强度等级。

蒸压灰砂砖的规格与烧结普通砖相同，标准尺寸为240mm×115mm×53mm。

（3）粉煤灰砖

粉煤灰砖是以粉煤灰、石灰为主要原料，掺加适量石膏和骨料（碎石、炉渣、矿渣），经配料、搅拌、消化、坯料制备、压制成型、常压或高压蒸汽养护而成的实心砖，标准尺寸也是240mm×115mm×53mm。

根据建筑工程行业标准的规定，按照外观质量、尺寸偏差和干燥收缩值，粉煤灰砖划分为优等品、一等品和合格品三个质量等级，根据抗压强度划分为MU10、MU15、MU20、MU25、MU30五个强度等级。

粉煤灰砖可用于工业与民用建筑的墙体和基础。但用于基础或易受冻融和干湿交替作用的建筑部位时必须使用一等砖与优等砖。同时，粉煤灰砖不得用于长期受热（200℃以上）、受急冷急热和有酸性介质侵蚀的建筑部位。粉煤灰砖的干燥收缩值较大，砌筑时应当采取防裂措施。

1.7.2 砌块

砌块是用于砌筑的人造块料，外形多为直角六面体，也有其他形状。砌块系列中主规格的长度、宽度或高度有一项或一项以上分别大于365mm、240mm或115mm，但高度不大于长度或宽度的6倍，长度不超过高度的3倍。

1. 砌块的种类

砌块可以用多种材料制造成各种几何形状和结构构造，其品种和类型较多。

按照砌块的外部尺寸分为小型砌块、中型砌块和大型砌块，当系列中主规格的高度大于115mm而又小于380mm时，称为小型砌块；当系列中主规格的高度为380～980mm时，称为中型砌块；当系列中主规格的高度大于980mm时，称为大型砌块。目前，我国以中、小型砌块使用较多。

按照砌块的空心率大小分为空心砌块和实心砌块两种。空心率小于25%或无孔洞的砌块为实心砌块。空心率等于或大于25%的砌块为空心砌块。

按照砌块孔洞的排列分为单排孔和多排孔，砌块的宽度方向只有一排孔的为单排孔砌块；砌块的宽度方向有两排或两排以上孔的为多排孔砌块，又有双排孔、三排孔、四排孔等之分。

按照砌块所用的主要原料及生产工艺可分为水泥混凝土砌块、粉煤灰硅酸盐混凝土砌块、多孔混凝土砌块、石膏砌块、烧结砌块（如烧结黏土砌块、烧结页岩砌块、烧结粉煤灰砌块）等。

按照砌块的外形和表面特征分为劈离砌块、饰面砌块、咬接砌块、槽形砌块、异形砌块和吸声砌块等。

2. 砌块的生产

生产砌块的原材料主要包括胶凝材料、骨料和其他材料。其中胶凝材料有普通水泥、石膏和石灰；骨料有砂、石、陶粒、膨胀珍珠岩颗粒、煤矸石、页岩、炉渣等；其他材料有粉煤灰、矿渣、煤渣和一些工业废料废渣等。制作砌块应充分利用地方材料和工业废料作原料。

砌块的生产工艺比较简单，一般包括原料计量、搅拌混合、成型、养护和检验等工序，其成型一般采用半干硬性混合料振动压制工艺。根据所用材料不同，养护有自然养护和蒸汽养护，蒸汽养护又有常压养护和加压养护等。

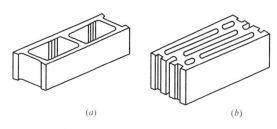

图1-12 普通混凝土小型空心砌块
(a) 单排孔空心砌块；(b) 多排孔空心砌块

3. 常用砌块品种及其特性

（1）普通混凝土小型空心砌块

它是以普通水泥、砂、石为原料，加水搅拌、振动加压成型，经养护而成并具有一定空心率的砌块。其主规格尺寸为390mm×190mm×190mm，其孔数有单排孔、多排孔，如图1-12所示。此外，为了砌筑方便，还有1/4、2/3、1/2块型等。

根据砌块的尺寸偏差和外观质量分为优等品和一等品；根据砌块的抗压强度划分为MU3.5、MU5.0、MU7.5、MU10、MU15、MU20六个强度等级。

（2）轻骨料混凝土小型空心砌块

轻骨料混凝土小型空心砌块是由拌制的轻骨料混凝土拌合物，经砌块成型机成型、养护制成的一种轻质墙体材料。

轻骨料混凝土小型空心砌块，按其孔的排数分为单排孔、双排孔、三排孔和四排孔四类；按其表观密度分为500、600、700、800、900、1000、1200、1400八个等级；按其强度分为1.5、2.5、3.5、5.0、7.5、10.0六个等级。

轻骨料混凝土小型空心砌块以其轻质、高强、绝热性能好、抗震、防火等特点，在各种建筑的墙体中得到广泛应用，特别是在绝热要求较高的围护结构中应用，可以降低墙体的导热系数。一般多用于建筑物的非承重隔墙。

（3）石膏砌块

石膏砌块是以建筑石膏为主要原料，经加水搅拌、浇注成型和干燥而制成的块状轻质建筑石膏制品，以空心为主。

（4）加气混凝土砌块

加气混凝土砌块是以钙质材料（水泥、石灰等）、硅质材料（粉煤灰、矿渣、砂子等）为主要原料，以铝粉或铝膏为发泡材料，加入一定量的石膏，经过拌料、浇灌、发泡、切割和蒸压养护等工序制成的。原材料中不含粗骨料，内部含有大量均匀而细小的气孔。通常有"水泥、矿渣、砂""水泥、石灰、砂"和"石灰、粉煤灰、砂"三种材料组合制成的砌块。

加气混凝土砌块的尺寸规格可分为两个系列：其一，长度为600mm，高度为200mm、250mm和300mm，宽度从75mm开始以25mm递增；其二，长度为600mm，高度为 240mm 和 300mm，宽度为 60～240mm（以 60mm 递增）。

砌块的立方体抗压强度分为 A1.0、A2.0、A2.5、A3.5、A5.0、A7.5、A10.0 七个强度等级。

蒸压加气混凝土砌块可用于三层以下的全加气混凝土建筑，但这种砌块主要用于框架、框剪结构建筑的外墙填充保温层和内隔墙体，也可用于抗震圈梁构造柱多层建筑的外墙或保温隔热复合墙体。

1.7.3 墙板

目前我国可用于墙体的轻质板材品种较多，各种板材各具特色。从板材的形式分，有薄板、条板、轻质复合板等类型。每类板中又有很多品种，如薄板类有石膏板、纤维水泥板、蒸压硅酸钙板、水泥刨花板、水泥木屑板、建筑用纸面稻草板等；条板类有石膏空心条板、加气混凝土空心条板、玻璃纤维增强水泥空心条板、预应力混凝土空心墙板、硅镁加气空心轻质墙板等；轻质复合板类有钢丝网架水泥夹心板以及其他夹芯板等。

1.8 其他建筑材料

本节主要介绍防水材料、绝热材料、吸声与隔声材料和建筑装饰材料。

1.8.1 防水材料

1. 沥青

沥青是高分子碳氢化合物及其非金属（氧、氮、硫等）衍生物组成的极其复杂的混合物，在常温下呈现黑色或黑褐色的固体、半固体或液体状态。沥青作为一种有机胶凝材料，具有良好的黏性、塑性、耐腐蚀性和憎水性，在建筑工程中主要用作防潮、防水、防腐蚀材料，用于屋面、地下防水工程以及其他防水工程和防腐工程。沥青按产源不同分类见表 1-11。

沥青的分类   表 1-11

名　称		产　源
地沥青	天然沥青	由沥青湖或含有沥青的砂岩、砂等提炼而得
	石油沥青	由石油原油蒸馏后的残留物经加工而得
焦油沥青	煤沥青	由煤焦油蒸馏后的残留物加工而得
	页岩沥青	油页岩炼油工业的副产品

建筑工程主要应用石油沥青，另外还使用少量的煤沥青。下面主要介绍石油沥青。

（1）石油沥青的组分

沥青的化学组成极为复杂，对其进行化学成分分析十分困难。从工程使用的角度出发，通常将沥青中化学成分和物理性质相近，并且具有某些共同特征的部分，划分为一个组分。一般将石油沥青划分为油分、树脂和地沥青质三个主要组分。

（2）石油沥青的技术性质

石油沥青的主要技术性质包括黏滞性、塑性、温度敏感性。

黏滞性是反映沥青材料内部阻碍其相对流动的一种特性，又称为黏性。它反映了沥青软硬、稀稠的程度，是划分沥青牌号的主要技术指标。工程上，液体石油沥青的黏滞性用黏滞度（也称标准黏度）指标表示，它反映了液体沥青在流动时的内部阻力；对于半固体或固体的石油沥青则用针入度（1/10mm 为 1 度）指标表示，它反映了石油沥青抵抗剪切变形的能力。

塑性是指石油沥青在外力作用下产生变形而不破坏，撤去外力后仍保持变形后的形状不变的性质。它是石油沥青的主要性能之一。石油沥青的塑性用延度指标表示。

温度敏感性是指石油沥青的黏滞性和塑性随温度升降而变化的性能，是沥青的重要指标之一。温度敏感性用软化点指标衡量。

（3）石油沥青的技术标准

石油沥青的牌号主要根据针入度、延度和软化点等指标划分，并以针入度值表示。

同一品种的石油沥青材料，牌号越高，则黏性越小（即针入度越大）、塑性越好（即延度越大）、温度敏感性越大（即软化点越低）。

2. 防水卷材

防水卷材是建筑工程中最常用的柔性防水材料。目前的防水卷材主要包括沥青防水卷材、高聚物改性沥青防水卷材和合成高分子防水卷材三类。

沥青防水卷材是建筑工程中用量较大的沥青制品。按照制造方法，沥青防水卷材可分为浸渍卷材和辊压卷材。浸渍卷材是有胎卷材，辊压卷材是无胎卷材。

（1）沥青防水卷材

有胎卷材主要是纸胎沥青防水卷材，包括油纸和油毡。油纸是以熔化的低软化点的沥青浸渍原纸而制得的卷材。原纸是以旧布、棉、麻、纸等为原料制成的纸板。油毡是用较高软化点的热沥青涂敷油纸的两面，然后撒布一层滑石粉或云母片而制得的卷材。按所用沥青品种不同，可分为石油沥青油纸、石油沥青油毡和煤沥青油毡三种。油纸和油毡的标号是用纸胎（原纸）每平方米面积的质量（克数）来表示的。油纸分为 200、350 两个标号；油毡分为 200、350、500 三个标号；煤沥青油毡只有 350 一个标号。

无胎卷材是将填充料、改性材料等添加剂掺入沥青材料或其他主体材料中，经混炼、压延或挤出成型而成的防水卷材。沥青再生胶油毡即是 10 号建筑石油沥青与再生橡胶和填料按比例混炼压延而制成的无胎防水卷材。

（2）高聚物改性沥青防水卷材

高聚物改性沥青防水卷材分为弹性体沥青防水卷材和塑性体沥青防水卷材。属高分子改性沥青防水卷材。

（3）合成高分子防水卷材

以合成橡胶、合成树脂或二者的共混体为基料，加入适量的助剂和填充料等，经过特定工序制成的防水卷材称之为合成高分子防水卷材。主要包括：聚氯乙烯（PVC）防水卷材、三元乙丙橡胶防水卷材、氯化聚乙烯-橡胶共混防水卷材。

3. 防水涂料

防水涂料常温下为呈黏稠液态的物质，将其涂布在基层表面，经溶剂或水分挥发，或各组分间的化学反应，可形成具有一定弹性的连续薄膜，使基层表面与水隔绝，起到防水和防潮作用。它适用于工业与民用建筑的屋面、墙面防水工程及地下混凝土工程的防潮、防渗等。

（1）沥青防水涂料

常用的沥青防水涂料包括冷底子油、乳化沥青和沥青胶等。

冷底子油是用有机溶剂（汽油、柴油、煤油、苯等）与沥青熔合后制得的一种沥青溶液。它的黏度小，具有良好的流动性。冷底子油涂刷在混凝土、砂浆、木材等基面上，能很快渗入基层孔隙中，待溶剂挥发后，便与基面牢固结合。一方面使基面呈憎水性，另一方面为黏结同类防水材料创造了有利条件。它在常温下使用，作为防水工程的底层，故称为冷底子油。冷底子油应涂刷于干燥的基面上，通常要求水泥砂浆找平层的含水率≤10%。

乳化沥青是以水为分散介质，并借助于乳化剂的作用将沥青微粒（<10μm）分散成乳液型稳定的分散体系。乳化剂为表面活性剂，分为矿物胶体乳化剂（如石棉、膨润土、石灰膏）和化学乳化剂两类。其作用是在沥青微粒表面定向吸附排列成乳化剂单分子膜，有效降低微粒表面能，使形成的沥青微粒稳定悬浮在水溶液中。当乳化沥青涂刷于材料表面后，其水分逐渐散失，沥青微粒靠拢而将乳化剂薄膜挤破，从而相互团聚而黏结，最后成膜。

沥青胶是在沥青中掺入适量的矿物质粉料或再掺入部分纤维状填料配制而成的材料。常用的矿物填充料主要有滑石粉、石灰石粉和石棉等。与纯沥青相比，沥青胶具有较好的黏性、耐热性、柔韧性和抗老化性，主要用于粘贴卷材、嵌缝、接头、补漏及做防水层的底层。沥青胶的标号以耐热度表示，分为S-60、S-65、S-70、S-75、S-80、S-85六个标号。每一标号的沥青胶除满足耐热度指标要求外，还要满足柔韧性和黏结力指标要求。

（2）聚合物改性防水涂料

聚合物改性防水涂料包括氯丁橡胶沥青涂料、SBS橡胶沥青涂料、再生胶沥青涂料。

（3）合成高分子防水涂料

合成高分子防水涂料包括聚氨酯类、丙烯酸类和氯丁胶类。

4. 建筑密封材料

建筑密封材料是使建筑上的各种接缝或裂缝、变形缝保持水密、气密性能，并具有一定强度，能连接构件的填充材料。具有弹性的密封材料有时亦称弹性密封胶，或简称密封胶。

建筑密封材料包括建筑防水沥青嵌缝油膏、聚氯乙烯建筑防水接缝材料、SBS改性沥青弹性密封膏等。

1.8.2 绝热材料

绝热材料又称保温隔热材料，是指对热流具有显著阻抗性的材料或材料复合体。绝热材料在建筑物中可以起到保温隔热作用，一般将材料阻抗室内热量外流的功能称为保温，将材料阻抗室外热量流入室内的功能称为隔热。材料绝热性能的好坏由材料导热系数的大小来评价，导热系数越小，绝热性能越好，反之亦然。

建筑上常用的绝热材料及其性能见表1-12。

材料名称	安全使用温度(℃)	表观密度(kg/m³)	导热系数[W/(m·K)]
膨胀珍珠岩	800	40～300	<0.047(常温),0.058～0.174(高温)
膨胀蛭石	1000～1100	80～200	0.047～0.070
矿渣棉	600	70～140	0.035～0.047
沥青矿棉毡	≤250	100～150	0.041～0.047
火山岩棉	700	80～110	0.041～0.050
普通玻璃棉	300	80～100	0.052
加气混凝土	≤600	400～700	0.093～0.198
泡沫混凝土	≤600	300～400	0.11～0.12
微孔硅酸钙	≤650	<250	0.041
陶瓷纤维	1050	155	0.080
聚氯乙烯泡沫塑料	70	12～72	0.045～0.031
聚氨基甲酸酯	−60～120	30～65	0.035～0.042
碳化软木板	130	105～437	0.044～0.079
泡沫玻璃	300～400	150～600	0.058～0.128
聚苯乙烯泡沫塑料	70	20～50	0.038～0.047
轻质钙塑板	80	100～150	0.047
软质纤维板	常温	300～350	0.041～0.052

1.8.3　吸声与隔声材料

1. 吸声材料

吸声材料在建筑物中的作用主要是用以改善室内收听条件、消除回声以及控制和降低噪声干扰等。

常用吸声材料的吸声系数见表 1-13。

常用吸声材料的吸声系数　　　　　　表 1-13

材　　料		厚度(cm)	各种频率(Hz)下的吸声系数						说　　明
			125	250	500	1000	2000	4000	
无机材料	吸声砖	6.5	0.05	0.07	0.10	0.12	0.16		
	石膏板(有花纹)		0.03	0.05	0.06	0.09	0.04	0.06	贴实
	水泥蛭石板	4.0		0.14	0.46	0.78	0.50	0.60	贴实
	石膏砂浆(掺水泥,玻璃纤维)	2.2	0.24	0.12	0.09	0.30	0.32	0.83	墙面粉刷
	水泥膨胀珍珠岩板	5.0	0.16	0.46	0.64	0.48	0.56	0.56	
	水泥砂浆	1.7	0.21	0.16	0.25	0.40	0.42	0.48	
	砖(清水墙面)		0.02	0.03	0.04	0.04	0.05	0.05	
木质材料	软木板	2.5	0.05	0.11	0.25	0.63	0.70	0.70	贴实
	木丝板	3.0	0.10	0.36	0.62	0.53	0.71	0.90	钉在龙骨上 后留10cm空气层
	三夹板	0.3	0.21	0.73	0.21	0.19	0.08	0.12	后留5cm空气层
	穿孔五夹板	0.5	0.01	0.25	0.55	0.30	0.16	0.19	后留5～15cm空气层
	木花板	0.8	0.03	0.02	0.03	0.03	0.04		后留5cm空气层
	木质纤维板	1.1	0.06	0.15	0.28	0.30	0.33	0.31	后留5cm空气层

40

材 料		厚度 (cm)	各种频率(Hz)下的吸声系数						说　明
			125	250	500	1000	2000	4000	
泡沫材料	泡沫玻璃	4.4	0.11	0.32	0.52	0.44	0.52	0.33	贴实
	脲醛泡沫塑料	5.0	0.22	0.29	0.40	0.68	0.95	0.94	贴实
	泡沫水泥(外面粉刷)	2.0	0.18	0.05	0.22	0.48	0.22	0.32	紧靠基层粉刷
	吸声蜂窝板		0.27	0.12	0.42	0.86	0.48	0.30	
	泡沫塑料	1.0	0.03	0.06	0.12	0.41	0.85	0.67	
纤维材料	矿棉板	3.1	0.10	0.21	0.60	0.95	0.85	0.72	贴实
	玻璃棉	5.0	0.06	0.08	0.18	0.44	0.72	0.82	贴实
	酚醛玻璃纤维板	8.0	0.25	0.55	0.80	0.92	0.98	0.95	贴实
	工业毛毡	3.0	0.10	0.28	0.55	0.60	0.60	0.56	紧靠墙面

2. 隔声材料

建筑上将主要起隔绝声音作用的材料称为隔声材料，隔声材料主要用于外墙、门窗、隔墙、隔断等。

隔声可分为隔绝空气声（通过空气传播的声音）和隔绝固体声（通过撞击或振动传播的声音）两种。两者的隔声原理截然不同。

对于空气声隔声，主要服从质量定律，即材料的体积密度越大，质量越大，隔声性越好，因此应选用密实的材料作为隔声材料，如砖、混凝土、钢板等。如采用轻质材料或薄壁材料，需辅以多孔吸声材料或采用夹层结构，如夹层玻璃就是一种很好的隔声材料。至于固体声的隔声，最有效的措施是采用不连续的结构处理，即在墙壁和承重梁之间、房屋的框架和墙板之间加弹性衬垫，如毛毡、软木、橡皮等材料或在楼板上加弹性地毯。

1.8.4 建筑装饰材料

在建筑工程中，把铺设、粘贴或涂刷在建筑内外表面，主要起装饰作用的材料，称为建筑装饰材料。

建筑装饰材料除了起到装饰作用，满足人们的美感需要以外，还起到保护建筑物主体结构和改善建筑物使用功能的作用，使建筑物耐久性提高，并使其绝热、吸声隔声、采光等居住功能得到改善。

建筑装饰材料种类繁多。根据材料的化学成分的不同，建筑装饰材料可分为金属材料、非金属材料和复合材料三大类，见表1-14。

在此主要介绍天然石材、建筑陶瓷、建筑玻璃、建筑装饰涂料、铝及铝合金、建筑塑料。

1. 天然石材

天然石材资源丰富，强度高，耐久性好，加工后具有很强的装饰效果，是一种重要的装饰材料。天然岩石种类很多，用于建筑装饰的主要有花岗岩和大理石。

花岗岩属深成岩，也就是地壳内部熔融的岩石浆上升至地壳某一深处冷凝而成的岩石。花岗岩具有以下特点：色彩斑斓，呈斑点状晶粒花样；硬度大，耐磨性好；耐久性好；具有高抗酸腐蚀性；可以打磨抛光。

建筑装饰材料按化学成分的分类 表 1-14

种 类		举 例
金属材料	黑色金属材料	不锈钢、彩色不锈钢
	有色金属材料	铝及铝合金、铜及铜合金、金、银
非金属材料	无机材料	天然石材：天然大理石、天然花岗岩
		陶瓷制品：釉面砖、彩釉砖、陶瓷锦砖、琉璃制品
		玻璃制品：吸热玻璃、中空玻璃、镭射玻璃、压花玻璃、彩色玻璃、空心玻璃砖、镜面玻璃、压膜玻璃、夹丝玻璃
		石膏制品：石膏装饰板、石膏吸声板、石膏艺术制品
		水泥及其制品：彩色水泥、白水泥、彩色路面砖、彩色喷涂轻骨料砂浆、水泥轻骨料板
		纤维制品：矿棉装饰板、玻璃棉装饰板、岩棉装饰板
	有机材料	木材制品：胶合板、纤维板、旋切微木片、木地板
		装饰织物：地毯、墙布、窗帘布
		塑料制品：塑料壁纸、塑料地板、复合地板、塑料装饰板
		装饰涂料：地面涂料、外墙涂料、内墙涂料
复合材料	无机-有机复合材料	人造大理石、人造花岗岩、纤维水泥面夹层复合板
	金属-非金属复合材料	彩色涂层钢板、铝塑板、金属面夹层复合板

大理石因盛产于云南大理而得名。从岩石的形成来看，它属于变质岩，即由石灰岩或白云岩变质而成。大理石具有以下特点：颜色绚丽，纹理多姿；硬度中等，耐磨性次于花岗岩；容易打磨抛光；耐久性次于花岗岩；耐酸蚀性差。大理石主要用作室内高级饰面材料，也可以用作室内地面或踏步（耐磨性次于花岗岩）。由于大理石为碱性岩石，不耐酸，因而不宜用于室外装饰。

2. 建筑陶瓷

凡以黏土、长石、石英为基本原料，经配料、制坯、干燥、焙烧而制得的成品，统称为陶瓷制品。

用于建筑工程的陶瓷制品称为建筑陶瓷，主要包括釉面砖、外墙面砖、地面砖、陶瓷锦砖、琉璃制品、卫生陶瓷等。

3. 建筑玻璃

玻璃是一种透明的无定形硅酸盐固体物质。熔制玻璃的原材料主要有石英砂、纯碱、长石、石灰石等。石英砂是构成玻璃的主体材料。纯碱主要起助熔剂作用。

普通平板玻璃指由浮法或引上法熔制的经热处理消除或减小其内部应力至允许值的平板玻璃。平板玻璃既透视又透光，透光率高达 85% 左右，并能隔声，有一定的隔热保温性和机械强度，耐风压、雨淋、擦洗和耐腐蚀。但其性脆，怕敲击与强震，紫外光透过率较低。其厚度规格有 2mm、3mm、4mm、5mm、6mm、8mm、10mm、12mm 多种，平面最大尺寸可达 2000mm×25000mm。主要用于建筑物的门窗、室内各种隔断、橱窗、橱柜、柜台、展台、玻璃隔架和家具玻璃门等。

对普通平板玻璃的表面进行各种工艺处理，可以制成具有各种不同装饰效果的特殊平板玻璃，主要品种有磨砂玻璃、磨光玻璃、压花玻璃、刻花玻璃、彩色玻璃、镀膜玻璃、冰花玻璃和玻璃镜等。

此外，还有夹层玻璃、夹丝玻璃、中空玻璃、钢化玻璃、绝热玻璃等。

4. 建筑装饰涂料

建筑装饰涂料与油漆属同一概念，是指涂敷于物体表面能与基体材料很好地黏结并形成完整而坚韧的保护膜的物料。它的基本成分一般包括成膜基料、分散介质、颜料和填料。

涂料按主要成膜物质的性质可分为有机涂料、无机涂料和有机无机复合涂料三大类；按使用部位分为外墙涂料、内墙涂料和地面涂料等。常用建筑装饰涂料主要成分、性质和应用见表 1-15。

常用建筑装饰涂料 表 1-15

品　种	主要成分	主要性质	主要应用
聚乙烯醇水玻璃内墙涂料	聚乙烯醇、水玻璃等	无毒、无味、耐燃、价格低廉，但耐水擦洗性差	广泛用于住宅及一般公用建筑的内墙、顶棚等
酯酸乙烯乳液涂料	聚酯酸乙烯乳液等	无毒、涂膜细腻、色彩艳丽、装饰效果良好、价格适中，但耐水性、耐候性差	住宅、一般建筑的内墙、顶棚
酯酸乙烯-丙烯酸酯有光乳液涂料	酯酸乙烯-丙烯酸酯乳液等	耐水性、耐候性及耐碱性较好，且有光泽，属于中高档内墙涂料	住宅、办公楼、会议室等的内墙、顶棚
多彩涂料	两种以上的合成树脂等	色彩丰富、图案多样、生动活泼，且有良好的耐水性、耐油性、耐刷洗性，对基层适应性强，属于高档内墙涂料	住宅、宾馆、饭店、商店、办公室、会议室等的内墙、顶棚
苯乙烯-丙烯酸酯乳液涂料	苯乙烯-丙烯酸酯乳液等	具有良好的耐水性、耐候性，且外观细腻、色彩艳丽，属于中档涂料	办公楼、宾馆、商店等的外墙面
丙烯酸酯系外墙涂料	丙烯酸酯等	具有良好的耐水性、耐候性和耐高低温性、色彩多样，属于中高档涂料	办公楼、宾馆、商店等的外墙面
聚氨酯系外墙涂料	聚氨酯树脂等	具有优良的耐水性、耐候性和耐高低温性及一定的弹性和抗伸缩疲劳性，涂膜呈瓷质感，耐污性好，属于高档涂料	宾馆、办公楼、商店等的外墙面
合成树脂乳液砂壁状涂料	合成树脂乳液、彩色细骨料等	属于粗面厚质涂料，涂层具有丰富的色彩和质感，保色性和耐久性高，属于中高档涂料	宾馆、办公楼、商店等的外墙面

5. 铝及铝合金

铝是银白色的有色金属，在自然界以化合物状态存在。通常以铝矾土作为炼铝的原料，从中提取 Al_2O_3，再从 Al_2O_3 中分解出金属铝。就化学元素而言，铝在地壳中的含量占 8.13%，仅次于氧和硅，占第三位，所以铝在自然界是一种丰富的资源。

纯铝的密度为 $2.70g/cm^3$，是钢的 1/3，熔点低，只有 660℃，导电性和导热性均很好。

铝的塑性很好，极易加工成各种型材、铝箔等制品。铝材的缺点是强度和硬度不高，刚度低，故工程中不用纯铝制品，而是在其中加入合金元素制成铝合金使用。铝粉可作为涂料的银色填料及生产加气混凝土的加气剂使用。

在铝中加入适量的合金元素，如铜、镁、锰、硅、锌等即可制得铝合金。铝合金不仅强度和硬度比纯铝高得多，而且还能保持铝材的轻质、高延性、耐腐蚀、易加工等优点。

按加工方式的不同，铝合金可分为铸造铝合金与变形铝合金两大类。铸造铝合金是将液态铝合金直接浇注在模型内，能铸成各种形状复杂的铝合金制件。变形铝合金是通过冲压、冷弯、辊轧等工艺加工成板材、管材、棒材及各种型材的铝合金。

由于铝材表面的自然氧化膜很薄且耐蚀性有限，因此，铝合金建筑型材的基材（未经表面处理的型材）不能直接用于建筑物。因此需要通过表面处理来提高其耐蚀性与耐磨性，还可通过表面着色增加其装饰性。

常用铝合金制品包括铝合金型材、铝合金门窗和铝合金装饰板。

6. 建筑塑料

塑料是指以树脂为主要成分，以增塑剂、填充剂、润滑剂、着色剂等添加剂为辅助成分，在加热、加压条件下的加工过程中能流动，并能塑造成为具有一定形状的制品的高分子材料。

塑料根据其应用范围可分为通用塑料、建筑塑料和特种塑料三类。其中，建筑塑料主要品种有 ASB 塑料、聚酰胺塑料、聚碳酸酯塑料、聚甲醛塑料等。建筑塑料的优点是密度小、比强度高、导热性低、耐腐蚀性好、绝缘性好和可加工性好，其缺点是变形性大、耐热性差和容易老化等。

常用的建筑塑料可分为热塑性塑料、热固性塑料和增强塑料三类。

热塑性塑料是指具有受热软化、冷却后硬化且不起化学反应的性能的塑料。主要包括聚乙烯塑料、聚氯乙烯塑料、聚苯乙烯塑料、氟塑料、聚甲基丙烯甲酯塑料（有机玻璃）、聚酰胺塑料（尼龙）等。

热固性塑料是指具有下列性质的塑料：在加工过程中一旦加热即行软化，然后发生化学反应，相邻的大分子相互交联成体型结构而逐渐硬化，再次受热不会再软化，也不会溶解，只会在高温下碳化。主要包括酚醛塑料、环氧塑料、聚酯塑料、脲醛塑料、有机硅塑料等。

增强塑料是用脂、短切纤维或纤维织物、片状材料等增强材料增强的塑料。建筑工程中应用较多的是玻璃纤维增强塑料（GRP），俗称玻璃钢；此外还有蜂窝塑料、增强塑料薄膜等。

第2章　建筑构造概述

建筑构造主要是研究建筑物各组成部分的构造原理和构造方法。本章主要论述房屋建筑的地面部分，分别从房屋建筑的分类及构造组成、房屋建筑的设计原则、影响建筑构造的因素以及建筑模数协调统一标准、变形缝等方面进行论述。

2.1　建筑的构造组成

2.1.1　建筑构成要素

1. 建筑的含义

建筑通常认为是建筑物和构筑物的总称。供人们从事生产、工作、学习、生活、居住以及各种文化活动的房屋称为建筑物。水池、水塔、支架、烟囱等间接为人们提供服务的设施称为构筑物。

2. 建筑物的构造组成

一般由基础、墙和柱、楼板层和地坪层、楼梯、屋顶、门窗等组成。如图2-1所示。

（1）基础。基础是房屋底部与地基接触的承重结构，它的作用是把房屋上部的荷载传给地基。因此，基础必须坚固、稳定而可靠。

（2）墙和柱。墙是建筑物的承重构件和围护构件。作为承重构件，承受着建筑物由屋顶或楼板层传来的荷载，并将这些荷载再传给基础；作为围护构件，外墙起着抵御自然界各种因素对室内的侵袭作用；内墙起着分隔空间、组成房间、隔声、遮挡视线以及保证室内环境舒适的作用。为此，要求墙体具有足够的强度、稳定性、保温、隔热、隔声、防火、防水等性能。柱是框架或排架结构的主要承重构件，和承重墙一样承受屋顶和楼板层及吊车传来的荷载，它必须具有足够的强度和刚度。墙与柱属于竖向构件。

（3）楼板层和地坪层。楼板层是水平方向的承重结构，并用于分隔楼层之间的空间。它支承人和家具设备的荷载，并将这些荷载传递给墙或柱，它应具有足够的强度和刚度及隔声、防火、防水、防潮等性能。地坪层是指房屋底层的地面层，地坪层应具有均匀传力、防潮、坚固、耐磨、易清洁等性能。

（4）楼梯。楼梯是房屋的垂直交通通道，作为人们上下楼层和发生紧急事故时疏散人流之用。楼梯应具有足够的通行能力，并做到坚固和安全。

（5）屋顶。屋顶是房屋顶部的围护构件，抵抗风、雨、雪的侵袭和太阳辐射热的影响。屋顶又是房屋的承重结构，承受风、雪和施工期间的各种荷载。屋顶应坚固耐久、不渗漏水和保暖隔热。

（6）门窗。门主要用来通行人流，窗主要用来采光和通风。处于外墙上的门窗又是围

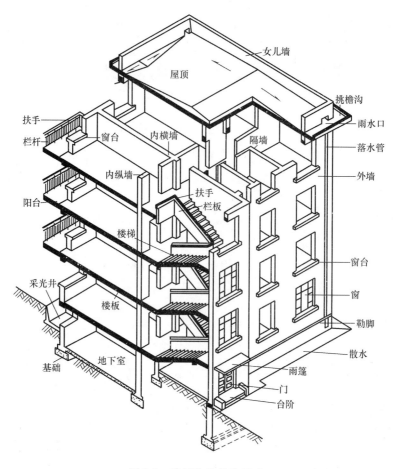

图 2-1　建筑物的构造组成

护构件的一部分。应考虑防水和热工要求。

除上述六部分以外，还有一些附属部分，如阳台、雨篷、台阶、烟囱等。组成房屋的各部分分别起着不同的作用，但归纳起来有两大类，即承重结构和围护结构。墙、柱、基础、楼板、屋顶等属于承重结构；屋顶、门窗等属于围护结构。有些部分既是承重结构也是围护结构，如墙和屋顶。在设计工作中还把建筑的各组成部分划分为建筑构件和建筑配件。建筑构件主要指墙、柱、梁、楼板、屋架等承重结构；而建筑配件则是指屋面、地面、墙面、门窗、栏杆、花格、细部装修等。

2.1.2　建筑的分类

1. 按建筑的使用性质分类

建筑按使用性质可分为生产性建筑与非生产性建筑。一般生产性建筑以工业建筑为代表，非生产性建筑通常称为民用建筑。民用建筑又分为居住建筑和公共建筑两大类，居住建筑如住宅、宿舍、公寓、别墅等，公共建筑包括为社会生活和公共事业所使用的各种建筑，如学校、办公楼、食堂、医院、商场、影剧院、体育馆、音乐厅、车站、宾馆、幼儿园等。

2. 按主要承重结构所用的材料分类

（1）混凝土结构，包括素混凝土结构、钢筋混凝土结构、预应力混凝土结构。

（2）砌体结构，是由块体（砖、石材、砌块）和砂浆砌筑而成的墙、柱作为建筑物主要受力构件的结构。主要优点：取材方便，造价低廉；具有良好的耐火性及耐久性；具有良好的保温、隔热、隔声性能，节能效果好；施工简单，技术容易掌握和普及，也不需要特殊的设备。主要缺点：自重大，强度低，整体性差，砌筑劳动强度大。

（3）混合结构，由两种及两种以上材料作为主要承重结构的房屋称为混合结构。它不仅具有钢结构建筑自重轻、截面尺寸小、施工进度快、抗震性能好的优点，还兼有钢筋混凝土结构刚度大、防火性能好、成本低的优点。

（4）钢结构，是以钢材为主制作的结构。主要优点：材料强度高，自重轻，塑性和韧性好，材质均匀；便于工厂生产和机械化施工，便于拆卸，施工工期短；具有优越的抗震性能；无污染、可再生、节能、安全，符合建筑可持续发展的原则，可以说钢结构的发展是当今建筑文明的体现。主要缺点：易腐蚀，需经常油漆维护，故维护费用较高；耐火性差，当温度达到 250℃时，材质将会发生较大变化；当温度达到 500℃时，结构会瞬间崩溃，完全丧失承载能力。

（5）木结构，是指全部或大部分用木材制作的结构。主要优点：易于就地取材，制作简单。主要缺点：易燃、易腐蚀、变形大，并且木材使用受到国家严格限制。

（6）高耸结构、索膜结构等其他类型结构。

3. 按建筑的层数或总高度分类

民用建筑按层数或总高度分类如表 2-1 所示。

民用建筑按层数或总高度分类　　　　　　　　　　　　　　　　　表 2-1

类　别	称谓	划分标准	备注
居住建筑	单层	1 层	
	多层	2～6 层	6 层及以上设电梯
	小高层	7～9 层	
	高层	10 层及以上	
公共建筑	多层建筑	建筑总高度在 24m 以下	
	高层建筑	建筑总高度超过 24m	
	超高层建筑	建筑总高度超过 100m	不论其是居住建筑或公共建筑

4. 按施工方法分类

按施工方法可分为现浇、装配、砌筑、装配整体式（部分现浇）。

现浇即现场浇灌，主要是针对混凝土结构而言；而装配施工既可以是混凝土结构也可以是钢结构；砌筑方法是指用块状材料（砖、石）时的施工方法；装配整体式（即部分现浇）则介于现浇与装配之间。

5. 按建筑规模和体量分类

按建筑规模和体量分类，既可按投资额（或工程造价）的大小来划分，也可按生产能力或建筑面积来划分。如小型建筑、中型建筑、大型建筑。

2.1.3 建筑物的耐久等级和耐火等级

1. 建筑物的耐久等级

建筑物的耐久等级是以耐久年限来表示的，分为四个级别，见表2-2。

建筑物的耐久等级划分 表 2-2

耐久等级	耐久年限	适用范围
一级	100 年以上	重要的建筑和高层建筑
二级	50～100 年	一般性建筑
三级	25～50 年	次要建筑
四级	15 年以下	临时性建筑

2. 建筑物的耐火等级

建筑物耐火等级的划分依据是燃烧性能和耐火极限。燃烧性能是指主要构件在明火或高温作用下燃烧与否以及燃烧的难易程度，分为燃烧材料（如木材等）、难燃烧材料（如木丝板等）和非燃烧材料（如砖、石等）。耐火极限指的是从受到火的作用起，到失掉支持能力或发生穿透性裂缝或背火一面温度升高到220℃时所延续的时间（单位为h）。

2.2 工程设计及影响建筑构造的因素

2.2.1 建筑的构成要素

构成建筑的基本要素是建筑功能、建筑技术和建筑形象，随着人们认识的深化，建筑安全也被纳入建筑的构成要素。

1. 建筑功能

建筑是供人们生活、学习、工作、娱乐的场所，不同的建筑具有不同的使用要求。例如，体育场馆既要满足运动员竞技的要求又要使观众有良好的视听环境，火车站既要满足客流线路顺畅又要使货运方便快捷，工业建筑则要求符合产品的生产工艺流程和原料成品的进出运输等。

建筑不单要满足各自的使用功能要求，而且还要为人们创造一个舒适的卫生环境，满足人们生理要求和心理要求的功能。因此，建筑应具有良好的日照以及保温、隔热、隔声、采光、通风的性能。

2. 建筑技术

建筑技术是建造房屋的手段，包括建筑材料与制品技术、结构技术、施工技术和设备技术（水、暖、电、通风、空调、通信、消防等设备）。

建筑不可能脱离建筑技术而存在，例如古代的建筑材料一直以砖瓦石木为主，所以当时的建筑的结构形式、跨度和高度都受到限制，如木结构的亭台楼榭与高拱尖塔的宗教建筑。以钢材、水泥为代表的新材料的出现、施工工艺和施工技术的发展与应用，为大力发展高层和大跨度建筑创造了物质技术条件。

3. 建筑形象

建筑形象是建筑体型、立面形式、建筑色彩、材料质感、细部装修等的综合反映。建筑形象处理得当，就能产生一定的艺术效果，给人以感染力和美的享受。如一些建筑，有的给人以庄严雄伟的感觉，有的给人以朴素大方的感觉，而有的给人以生动活泼的感觉，这就是建筑形象的魅力。

不同时代的建筑有不同的建筑形象，例如古代建筑与现代建筑的形象就不一样。不同民族、不同地域的建筑，也会产生不同的建筑形象，例如汉族和少数民族、南方和北方都会形成本民族、本地区各自的建筑形象。

构成建筑的三个要素彼此之间是辩证统一的关系，不能分割，但又有主次之分。第一是功能，是起主导作用的因素；第二是技术，是达到目的的手段，但是技术对功能又有约束和促进的作用；第三是形象，是功能和技术的反映，如果充分发挥设计者的主观作用，在一定功能和技术条件下，可以把建筑设计得更加美观。

4. 建筑安全

安全问题贯穿于建筑物本身以及建造过程的始终，安全是第一位的已成为人们的共识，将"安全"作为建筑的构成要素丝毫没有降低安全的重要性，而是将安全的理念赋予了具体的内涵。

建筑的构成要素如图 2-2 所示。

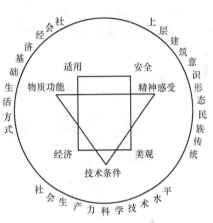

图 2-2　建筑的构成要素

2.2.2　工程设计的内容

任何一项工程从立项论证到建成使用都要通过可行性研究、编制设计任务书、选择建设用地、场地勘测、设计、施工、工程验收及交付使用等几个阶段，设计工作是其中一个重要环节，具有较强的政策性和综合性。建筑工程设计一般包括建筑设计、结构设计、设备设计等几个方面的内容。

1. 建筑设计

建筑设计是在总体规划的前提下，根据设计任务书的要求，综合考虑基地环境、使用功能、结构施工、材料设备、建筑经济及建筑艺术等问题，着重解决建筑物内部各种使用功能和使用空间的合理安排，建筑物与周围环境、与各种外部条件的协调配合，内部和外表的艺术效果，各个细部的构造方式等，创造出既符合科学性又具有艺术性的生产和生活环境。

建筑设计在整个工程设计中起着主导和先行的作用，除考虑上述各种要求以外，还应考虑建筑与结构、建筑与各种设备等相关技术的综合协调，以及如何以更少的材料、劳动力、投资和时间来实现各种要求，使建筑物做到适用、经济、坚固、美观。

建筑设计包括总体设计和个体设计两个方面，一般是由建筑师来完成。

2. 结构设计

结构设计主要是根据建筑设计选择切实可行的结构方案，进行结构计算及构件设计、结构布置及构造设计等。一般是由结构工程师来完成。

3. 设备设计

设备设计主要包括给水排水、电气照明、通信、采暖、空调通风、动力等方面的设计，有时还涉及弱电部分如智能建筑的综合布线等设计，由有关的设备工程师配合建筑设计来完成。

以上几方面的工作既有分工，又密切配合，形成一个整体。各专业设计的图纸、计算书、说明书及工程造价汇总，就构成一个建筑工程的完整文件，作为建筑工程施工与投资控制的依据。

2.2.3 工程设计阶段的划分

建筑设计过程按工程复杂程度、规模大小及有关要求，分两阶段设计或三阶段设计。两阶段设计是指初步设计和施工图设计，一般的工程多采用两阶段设计。对于大型建筑工程或技术复杂的项目，采用三阶段设计，即初步设计、技术设计和施工图设计。除此之外，特殊项目在初步设计之前还应当提出方案设计供建设单位和城市规划部门审查。

1. 初步设计阶段

（1）任务与要求

初步设计是供主管部门审批而提供的文件，也是技术设计和施工图设计的依据。它的主要任务是提出设计方案，即根据设计任务书的要求和收集到的必要基础资料，结合基地环境，综合考虑技术经济条件和建筑艺术的要求，对建筑总体布置、空间组合进行可能与合理的安排，提出两个或多个方案供建设单位选择。在已确定的方案基础上，进一步充实完善，综合成为较理想的方案并绘制成初步设计供主管部门审批。

（2）初步设计的图纸和文件

初步设计一般包括设计说明书、设计图纸、主要设备材料表和工程概算四部分，具体的图纸和文件有：

1）设计总说明：设计指导思想及主要依据，设计意图及方案特点，建筑结构方案及构造特点，建筑材料及装修标准，主要技术经济指标以及结构、设备等系统的说明。

2）建筑总平面图：表示用地范围，建筑物位置、大小、层数及设计标高，道路及绿化布置，技术经济指标。地形复杂时，应表示粗略的竖向设计意图。

3）各层平面图、剖面图、立面图：表示建筑物各主要控制尺寸，如总尺寸、开间、进深、层高等，同时应表示标高，门窗位置，室内固定设备及有特殊要求的厅、室的具体布置，立面处理，结构方案及材料选用等。

4）工程概算书：投资估算，主要材料用量及单位消耗量。

5）大型项目及其他重要工程，必要时可绘制透视图、鸟瞰图或制作模型。

2. 技术设计阶段

初步设计经建设单位同意和主管部门批准后，就可以进行技术设计。技术设计是初步设计具体化的阶段，也是各种技术问题的定案阶段。主要任务是在初步设计的基础上进一步解决各种技术问题，协调各工种之间技术上的矛盾。经批准后的技术图纸和说明书即为编制施工图、主要材料设备订货及工程拨款的依据文件。

技术设计的图纸和文件与初步设计大致相同，但更详细些。具体内容包括整个建筑物和各个局部的具体做法，各部分确切的尺寸关系，内外装修的设计，结构方案的计算和具体内容，各种构造和用料的确定，各种设备系统的设计和计算，各技术工种之间种种矛盾的合理解决，设计预算的编制等。这些工作都是在有关各技术工种共同商议之下进行的，并应相互认可。对于不太复杂的工程，技术设计阶段可以省略，把这个阶段的一部分工作纳入初步设计阶段（承担技术设计部分任务的初步设计称为扩大初步设计），另一部分工作则留待施工图设计阶段进行。

3. 施工图设计阶段

（1）任务与要求

施工图设计是工程设计的最后阶段，是施工招标和进行施工的设计文件，必须根据审批同意的初步设计（或技术设计）进行，其主要任务是满足施工要求，即在初步设计或技术设计的基础上，综合建筑、结构、设备各工种，相互交底、核实核对，深入了解材料供应、施工技术、设备等条件，把满足工程施工的各项具体要求反映在图纸中，做到整套图纸齐全统一、明确无误。

（2）施工图设计的图纸和文件

施工图设计的内容包括建筑、结构、水电、通信、采暖、空调通风、消防、综合布线等工种的设计图纸、工程说明书、结构及设备计算书和预算书。具体图纸和文件有：

1）建筑总平面图：表明建筑用地范围，建筑物及室外工程（道路、围墙、大门、挡土墙等）位置、尺寸、标高，建筑小品、绿化美化设施的布置，并附必要的说明及详图、技术经济指标，地形及工程复杂时应绘制竖向设计图。

2）建筑物各层平面图、立面图、剖面图：除表达初步设计或技术设计的内容以外，还应详细标出门窗洞口、墙段尺寸及必要的细部尺寸、详图索引。

3）建筑构造详图：建筑构造详图包括平面节点、檐口、墙身、阳台、楼梯、门窗、室内装修、立面装修等详图。应详细表示各部分构件关系、材料尺寸及做法、必要的文字说明。

4）各工种相应配套的施工图纸：如基础平面图、结构布置图、钢筋混凝土构件详图、水电平面图及系统图、建筑防雷接地平面图等。

5）设计说明书：包括施工图设计依据、设计规模、面积、标高定位、用料说明等。

6）结构和设备计算书。

7）工程造价文件（预算书）。

2.2.4 影响建筑构造的因素和设计原则

1. 影响建筑构造的因素

影响建筑构造的因素包括外界环境、建筑技术条件以及建筑标准等。

（1）外界环境的影响

外界环境的影响是指自然界和人为的影响，有如下几个方面：

1）外界作用力的影响。外力包括人、家具和设备的重量，结构自重，风力，地震力以及雪重等，这些通称为荷载。荷载对选择结构类型和构造方案以及进行细部构造设计都是非常重要的依据。

2）气候条件的影响。如日晒雨淋、风雪冰冻、地下水等。对于这些影响，在构造上必须考虑相应的防护措施，如防水防潮、隔热、防温度变形等。

3）人为因素的影响。如火灾、机械振动、噪声等的影响，在建筑构造上需采取防火、防振和隔声的相应措施。

（2）建筑技术条件的影响

建筑技术条件指建筑材料技术、结构技术和施工技术等。随着这些技术的不断发展和变化，建筑构造技术也在改变着，所以建筑构造做法不能脱离一定的建筑技术条件而存在。

（3）建筑标准的影响

建筑标准所包含的内容较多，与建筑构造关系密切的主要有建筑造价标准、建筑装修标准和建筑设备标准。标准高的建筑，其装修质量好，设备齐全且档次高，建筑的造价自然也较高；反之，则较低。建筑构造的选材、选型和细部做法无不根据标准的高低来确定。一般来讲，大量民用建筑多属一般标准的建筑，构造方法往往也是常规的做法；而大型公共建筑，标准则要求高些，构造做法也更复杂一些。

2. 建筑构造的设计原则

影响建筑构造的因素有很多，构造设计要同时考虑这些问题，有时错综复杂的矛盾交织在一起，设计者只有根据以下原则，分清主次和轻重，权衡利弊而求得妥善处理。

（1）坚固实用。即在构造方案上首先应考虑坚固实用，保证房屋的整体刚度，安全可靠，经久耐用。

（2）技术先进。建筑构造设计应该从材料、结构、施工三方面引入先进技术，但是必须注意因地制宜，不能脱离实际。

（3）经济合理。建筑构造设计处处都应考虑经济合理，在选用材料上应就地取材，注意节约用材，并在保证质量的前提下降低造价。

（4）美观大方。建筑构造设计是初步设计的继续和深入，建筑要做到美观大方，构造设计是非常重要的一环。

2.3　建筑模数协调标准概述

建设领域的改革，体现在设计标准化、施工机械化、构配工厂化、管理规范化，这对于缩短建设工期、降低建造成本具有深远的意义。

2.3.1　建筑模数协调标准

为了在建筑设计、构件生产以及施工等方面，使不同的建筑物及各分部之间的尺寸统一协调，使之具有通用性和互换性，从而提高建筑工业化的水平、降低造价并提高建筑设计和建造的质量和速度，国家发布了《建筑模数协调标准》GB/T 50002—2013。

1. 模数

建筑模数是选定的标准尺度单位，作为建筑构配件、建筑制品以及有关建筑设备等尺寸相互间协调的基础和增值单位。模数分为基本模数、扩大模数和分模数。基本模数是模数协调中选用的基本尺寸单位。其数值定为100mm，符号为 M。

2. 模数数列

模数数列是指由基本模数、扩大模数、分模数为基础扩展成的一系列（尺寸）数值系统，用以确保不同类型的建筑物及其各组成部分间的尺寸统一与协调，减少尺寸的范围，并使尺寸的叠加和分割有较大的灵活性。

由于建筑设计中建筑部位、构件尺寸、构造节点以及断面、缝隙等尺寸的不同要求，分别采用分模数和扩大模数。

分模数 1/2M（50mm）、1/5M（20mm）、1/10M（10mm）适用于成材的厚度、直径、缝隙、构造的细小尺寸以及建筑制品的公偏差等。

基本模数 1M 和扩大模数 3M（300mm）、6M（600mm）等适用于门窗洞口、构配件、建筑制品及建筑物的跨度（进深）、柱距（开间）和层高的尺寸等。

扩大模数 12M（1200mm）、30M（3000mm）、60M（6000mm）等适用于大型建筑物的跨度（进深）、柱距（开间）、层高及构配件的尺寸等。

2.3.2 尺寸及相互关系

1. 标志尺寸

标志尺寸应符合模数数列的规定，用以标注建筑物定位轴线之间的距离（如跨度、柱距、层高等），以及建筑制品、构配件、有关设备位置界限之间的尺寸。

2. 构造尺寸

构造尺寸是建筑制品、构配件等生产的设计尺寸。一般情况下，构造尺寸加上缝隙尺寸等于标志尺寸。缝隙尺寸的大小，宜符合模数数列的规定。

3. 实际尺寸

实际尺寸是建筑制品、构配件等的实有尺寸。实际尺寸与构造尺寸之间的差数，应由允许偏差值加以限制。

上述三种尺寸间的关系见图 2-3。

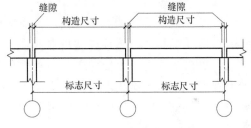

图 2-3　三种尺寸间的关系

2.4　变形缝

在建筑工程中，常会遇到不同大小、不同体型、不同层高、建在不同地质条件上的建筑物。对于某些建筑物而言，如果不考虑上述因素的影响，就会产生裂缝甚至破坏。设置变形缝是防止建筑物开裂和结构破坏的构造措施之一。

2.4.1　变形缝的种类

变形缝是为防止建筑物受力位移或变形受阻和破坏而设置的缝隙。

由于受温度变化、不均匀沉降以及地震等因素的影响，建筑结构内部将产生附加应力，这种应力常常使建筑物产生裂缝甚至破坏。

为减少应力对建筑物的影响，在设计时预先在变形敏感的部分将结构断开，预留缝隙，以保证建筑物被断开的各部分有足够的变形空间而不使建筑物破损或产生裂缝。

变形缝可分为伸缩缝、沉降缝和防震缝三种。

伸缩缝是在长度或宽度较大的建筑物中，为避免由于温度变化引起材料的热胀冷缩导致构件开裂，而将建筑物基础以上部分全部断开的预留缝隙。

沉降缝是为减少地基不均匀沉降对建筑物造成危害的预留缝隙。在同一幢建筑物中，由于其高度、荷载、结构及地基承载力的不同，致使建筑物各部分沉降不均匀，墙体拉裂。故在建筑物某些部位设置从基础到屋面全部断开的垂直预留缝，把一幢建筑物分成几个可自由沉降的独立单元。

防震缝是为了防止建筑物各部分在地震时相互撞击造成变形和破坏而设置的预留缝隙。防震缝应将建筑物分成若干体型简单、结构刚度均匀的独立单元。

三种变形缝有各自不同的作用和适用条件，它们的共同之处在于都是将建筑物分割成相对独立的若干单元；它们的不同之处在于：一是基础是否断开，二是缝隙的宽度要求也有所不同。因此，在需要统一考虑的情况下，沉降缝可以代替伸缩缝，防震缝可以代替伸缩缝而不能代替沉降缝。

2.4.2 变形缝的设置

1. 伸缩缝的设置

伸缩缝间距与墙体的类别有关，特别是与屋顶和楼板的类型有关，整体式或装配整体式钢筋混凝土结构，因屋顶和楼板本身没有自由伸缩的余地，当温度变化时，在结构内部产生较大的温度应力，因而伸缩缝间距比其他结构形式要小些。大量民用建筑用的装配式无檩体系钢筋混凝土结构，有保温或隔热层的屋顶，相对来说其伸缩缝间距要大些。伸缩缝是从基础顶面开始，将墙体、楼板、屋顶全部构件断开，因为基础埋于地下，受气温影响较小，因此不必断开。

为了防止或减轻房屋在正常使用条件下，由于温差和墙体干缩引起的墙体竖向裂缝，伸缩缝应设在因温度和收缩变形可能引起的应力集中、砌体产生裂缝可能性最大的地方，其最大间距应符合有关规定的要求。伸缩缝的宽度一般为 20～40mm。

2. 沉降缝的设置

当建筑物有下列情况时，均应设沉降缝：①当一幢建筑物建造在地耐力相差很大而又难以保证均匀沉降的地方时；②当同一建筑物高度或荷载相差很大，或结构形式不同时；③当同一建筑物各部分相邻的基础类型不同或埋置深度相差很大时；④新建、扩建建筑物与原有建筑物紧相毗连时；⑤当建筑物平面形状复杂、高度变化较大时。

沉降缝的宽度与建筑物的高度及地基的承载力情况有关。地基越弱的建筑物，沉陷的可能性越大，沉陷后所产生的斜距离就越大，在软弱地基上的建筑物其缝宽应适当增加。沉降缝的宽度见表2-3。

3. 防震缝的设置

合理地设置防震缝，可以将体型复杂的建筑物划分成较为规则的结构单元。如图2-4所示，通过防震缝将平面凸凹不规则的L形建筑划分为两个规则的矩形结构单元。设置防震缝，可以降低结构抗震设计的难度，提高各结构单元的抗震性能，但同时也会带来许

沉降缝的宽度 表 2-3

地基情况	建筑物高度	沉降缝宽度（mm）
一般地基	$H<5m$	30
	$H=5\sim10m$	50
	$H=10\sim15m$	70
软弱地基	2～3 层	50～80
	4～5 层	80～120
	6 层以上	＞120
湿陷性黄土地基		30～70

多新的问题。如由于缝的两侧均须设置墙体或框架柱而使得结构复杂，特别会使基础处理较为困难，并可能使得建筑使用不便，建筑立面处理困难。更为突出的问题是：地震时缝两侧的结构进入弹塑性状态，位移急剧增大而发生相互碰撞，产生严重的震害。所以，体型复杂的建筑并不一概提倡设置防震缝。近年来的结构设计和施工经验表明，建筑应当调整平面尺寸和结构布置，采

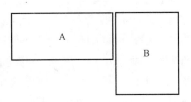

图 2-4　防震缝的设置

取构造措施和施工措施，能不设缝就不设缝，能少设缝就少设缝；不设防震缝时，应进行抗震分析，并采取加强延性的构造措施。如果没有采取措施或必须设缝时，则必须保证有必要的缝宽以防止震害。

下列情况之一出现时宜设防震缝：①建筑平面体型复杂，有较长凸出部分，应用防震缝将其分开，使其成为简单规整的独立单元；②建筑物立面高差超过 6m，在高差变化处须设防震缝；③建筑物毗连部分结构的刚度、质量相差悬殊处，须用防震缝分开；④建筑物有错层且楼板高差较大时，须在高度变化处设防震缝。

对于多高层钢筋混凝土结构房屋，应尽量选用合理的建筑结构方案，不设防震缝。当必须设置时，其最小宽度应符合有关规定。最小宽度与地震烈度及建筑高度有关。一般情况下，地震烈度越大，防震缝宽度就越大；建筑高度越高，防震缝宽度就越大。

在设置防震缝时，应满足《建筑抗震设计规范》GB 50011—2010（2016 年版）中最小缝宽的要求。钢筋混凝土房屋的最小缝宽应满足下列要求：①框架结构（包括设置少量抗震墙的框架结构）房屋的防震缝宽度，当高度不超过 15m 时不应小于 100mm；高度超过 15m 时，6 度、7 度、8 度和 9 度分别每增加 5m、4m、3m 和 2m 高度，宜加宽 20mm。②框架—抗震墙结构房屋的防震缝宽度不应小于①项规定数值的 70%，抗震墙结构房屋的防震缝宽度不应小于①项规定数值的 50%；且均不宜小于 100mm。③防震缝两侧结构类型不同时，宜按需要较宽防震缝的结构类型和较低房屋高度确定缝宽。

多层砌体结构房屋有下列情况之一时宜设置防震缝，缝两侧均应设置墙体，缝宽应根据烈度和高度确定，可采用 70～100mm：①房屋立面高差在 6m 以上；②房屋有错层，且楼板高差大于层高的 1/4；③各部分结构刚度、质量截然不同。

防震缝应该在地面以上沿全高设置，缝中不能有填充物。当不作为沉降缝时，基础可以不设防震缝，但在防震缝处基础要加强构造和连接。在建筑中凡是设缝的，就要分得彻

底；凡是不设缝的，就要连接牢固，保证其整体性。绝对不要将各部分设计的似分不分，似连不连，否则连接处在地震中很容易遭到破坏。

2.4.3 变形缝的构造

1. 墙体变形缝构造

伸缩缝应保证建筑构件在水平方向自由变形，沉降缝应满足构件在垂直方向自由沉降变形，防震缝主要是防地震水平波的影响，但三种缝的构造基本相同。变形缝的构造要点是：将建筑构件全部断开，以保证缝两侧自由变形。砖混结构变形处，可采用单墙或双墙承重方案，框架结构可采用悬挑方案。变形缝应力求隐蔽，如设置在平面形状有变化处，还应在结构上采取措施，防止风雨对室内的侵袭。

变形缝的形式因墙厚不同处理方式可以有所不同（见图 2-5）。其构造在外墙与内墙的处理中，可以因位置不同而各有侧重。缝的宽度不同，构造处理不同（见图 2-6）。外墙变形缝为保证自由变形，并防止风雨影响室内，应用浸沥青的麻丝填嵌缝隙，当变形缝宽度较大时，缝口可采用镀锌铁皮或铅板盖缝。内墙变形缝着重表面处理，可采用木条或金属盖缝，仅一边固定在墙上，允许自由移动。

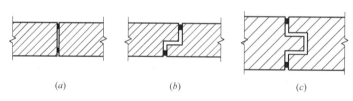

图 2-5　墙体变形缝形式
(a) 平缝；(b) 错缝；(c) 企口缝

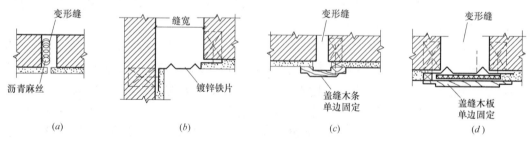

图 2-6　墙体变形缝构造
(a) 外墙（一）；(b) 外墙（二）；(c) 内墙（一）；(d) 内墙（二）

2. 楼地面变形缝构造

楼地面变形缝设置的位置和大小应与墙面、屋面变形缝一致，大面积的楼地面还应适当增加伸缩缝。构造上要求从基层到饰面层脱开，缝内常用可压缩变形的沥青胶、金属调节片、沥青麻丝等材料做封缝处理。为了美观，还应在面层和顶棚加设盖缝板，盖缝板应不妨碍构件之间的变形需要（伸缩、沉降）。此外，金属调节片要做防锈处理，盖缝板形式和色彩应与室内装修协调。图 2-7 为楼地面变形缝构造。

3. 屋面变形缝构造

屋面变形缝的构造处理原则是既要保证屋盖有自由变形的可能，又能防止雨水经由变

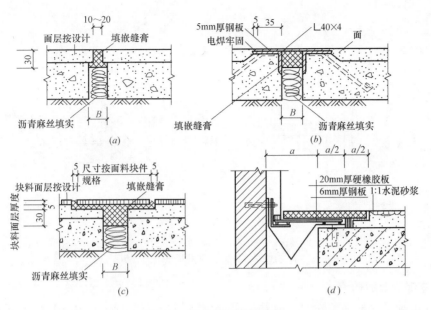

图 2-7　楼地面变形缝构造

（a）整体面层楼地面变形缝；（b）楼地面设盖缝板变形缝；
（c）块料面层楼地面变形缝；（d）墙边设盖缝板变形缝

形缝处渗入室内。

　　不上人屋面一般在伸缩缝处加砌矮墙，屋面防水和泛水基本上同常规做法，不同之处在于盖缝处铁皮混凝土板或瓦片等均应允许自由伸缩变形而不造成渗漏，上人屋面则用嵌缝油膏嵌缝并注意防水处理。

　　屋面变形缝按建筑设计可设于同层等高屋面上，也可设在高低屋面的交接处。

　　等高屋面变形缝的做法是：在缝两边的屋面板上砌筑矮墙，以挡住屋面雨水。矮墙的高度不小于 250mm，半砖墙厚。屋面卷材防水层与矮墙面的连接处理类似于泛水构造，缝内嵌填沥青麻丝。矮墙顶部可用镀锌铁皮盖缝，也可铺一层卷材后用混凝土盖板压顶，如图 2-8 所示。

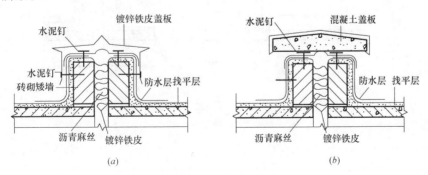

图 2-8　等高屋面变形缝构造

（a）镀锌铁皮盖板；（b）钢筋混凝土盖板

　　高低屋面变形缝则是在低侧屋面板上砌筑矮墙。当变形缝宽度较小时，可用镀锌铁皮盖缝并固定在高侧墙上，做法同泛水构造，也可以从高侧墙上悬挑钢筋混凝土板盖缝，如

图 2-9 所示。

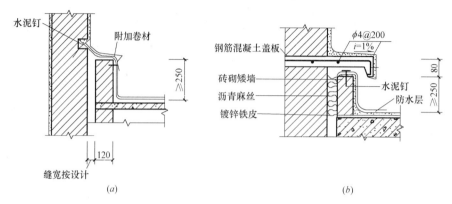

图 2-9　高低屋面变形缝构造
（a）附加卷材盖板；（b）钢筋混凝土盖板

4. 基础变形缝构造

由于沉降缝要将基础断开，故基础沉降缝须另行处理，常见的有悬挑式和双墙式两种，如图 2-10 所示。

悬挑式是对沉降量较大的一侧墙基不做处理，而另一侧的墙体由悬挑的基础梁来承担。这样能保证沉降缝两侧的墙基能自由沉降而不相互影响。挑梁上端另设隔墙时，应尽量采用轻质墙以减少悬挑基础梁的荷载。

双墙式是在沉降缝的两侧都设有承重墙，以保证每个独立单元都有纵横墙封闭联结，建筑物的整体性好。但给基础带来偏心受力的问题。

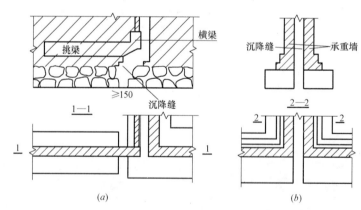

图 2-10　基础变形缝构造
（a）悬挑式；（b）双墙式

第3章 地基与基础

地基是支承建筑物荷载且受建筑物影响的那一部分地层，而基础是建筑物向地基传递荷载的下部结构，见图 3-1。本章介绍地基土的分类及三相组成，基础的设计及构造，基础施工特殊问题的处理。

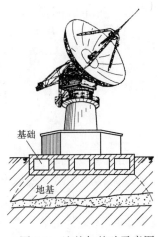

图 3-1 地基与基础示意图

3.1 地基土的分类及三相组成

3.1.1 地基及其分类

1. 地基的有关概念

地基是指承受建筑物全部荷载的土层或岩石。工程地质中把黏土称为软土，把岩石称为硬土。地基中直接承受建筑物荷载的土层称为持力层，持力层以下的土层称为下卧层。地基土层在荷载的作用下产生应力和应变，由于扩散作用，应力和应变随土层深度的增加而减小，到了一定的深度则可忽略不计。

2. 地基分类

地基分为天然地基和人工地基。天然地基是指天然土层具有足够的承载力，不需要经过人工改良或加固即可以在上面建造房屋的地基；人工地基是指经过人工加固和处理的土层。

3. 地基土层的分类

《建筑地基基础设计规范》GB 50007—2011 规定，作为建筑地基的土层分为以下 6 类：

（1）岩石。岩石是指颗粒间牢固连接，呈整体或具有裂隙的岩体，其容许承载力在 $200\sim4000kPa$ 之间。

（2）碎石土。碎石土是指粒径大于2mm的颗粒含量超过50%的土，其容许承载力在200～1000kPa之间。

（3）砂土。砂土是指粒径大于2mm的颗粒含量不超过50%，粒径大于0.0752mm的颗粒超过全重50%的土。砂土根据粒组含量可分为砾砂、粗砂、中砂、细砂、粉砂，其容许承载力在140～500kPa之间。

（4）粉土。粉土是塑性指数小于或等于10的土，其性质介于砂土和黏性土之间。其容许承载力在105～410kPa之间。

（5）黏性土。黏性土是塑性指数大于10的土，其容许承载力在105～475kPa之间。

（6）人工填土。人工填土是指经人工堆填而成的土，按其组成和成因的不同，可分为素填土（由碎石土、砂土、粉土、黏性土等组成的填土）、杂填土（为含有建筑垃圾、工业废料、生活垃圾等杂物的填土）、冲填土（为水力冲填泥沙形成的填土）。人工填土土层分布不均匀，压缩率高，承载力较低，其容许承载力在65～160kPa之间。

3.1.2　地基土的生成

1. 地质成因

地球由地壳、地幔、地核组成，地壳内的岩石和土是构成天然地基的物质。地壳的一般厚度为30.80km。地质作用导致地壳成分变化和构造变化。根据地质作用的能量来源的不同，可分为内力地质作用和外力地质作用。由于地球自转产生的旋转能和放射性元素蜕变产生的热能等为内力地质作用，如岩浆作用、地壳运动（构造运动）和变质作用，将引起地壳物质成分、内部构造以及地表形态发生变化；由于太阳辐射能和地球重力位能所引起的地质作用如气温变化、雨雪、山洪、河流、湖泊、海洋、冰川、风、生物等为外力地质作用，在外力地质作用下，地壳被剥蚀，搬运到大陆低洼处或海洋底部沉积下来，在漫长的地质年代里，沉积的物质逐渐加厚，在覆盖压力和含有碳酸钙、二氧化硅、氧化铁等胶结物的作用下，使起初沉积的松软碎屑物质逐渐压密、脱水、胶结、硬化生成新的岩石，称为沉积岩。未经成岩作用所生成的所谓沉积物，也就是通常所说的"土"。

2. 岩石

岩石的主要特征包括矿物成分、结构和构造三个方面。岩石的结构是指岩石中矿物颗粒的结晶程度、大小和形状及其彼此之间的组合方式。岩石的构造是指岩石中矿物颗粒的排列方式及填充方式。岩石按其成因划分为三大岩类，即岩浆岩、沉积岩和变质岩。

3. 土的定义与分类

通常所说的"土"，是连续、坚固的岩石在风化作用下形成的大小悬殊的颗粒，即原岩风化产物（碎屑物质）经各种外力地质作用（剥蚀、搬运、沉积），在自然环境中生成的尚未胶结硬化的沉积物（层）。

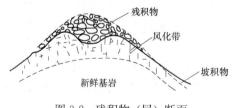

图3-2　残积物（层）断面

沉积物因不同成因类型各具有一定的分布规律和工程地质特征，主要有如下几种：

（1）残积物

残积物是残留在原地未被搬运的那一部分原岩风化剥蚀后的产物，而另一部分则被风和降水所带走。残积物断面见图3-2。

（2）坡积物

坡积物是雨雪水流的地质作用将高处岩石风化产物缓慢地洗刷剥蚀、顺着斜坡向下逐渐移动、沉积在较平缓的山坡上而形成的沉积物（见图3-3）。

（3）洪积物

由暴雨或大量融雪骤然集聚而成的暂时性山洪急流，具有很大的剥蚀和搬运能力。它冲刷地表，挟带着大量碎屑物质堆积于山谷冲沟出口或山前倾斜平原而形成洪积物（见图3-4）。

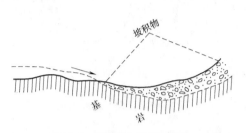

图 3-3　坡积物（层）断面

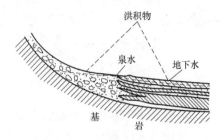

图 3-4　洪积物（层）断面

由相邻沟谷口的洪积扇组成洪积扇群（见图3-5）。如果洪积扇群逐渐扩大以至连接起来，则形成洪积冲积平原的地貌单元。洪积物常呈现不规则交错的层理构造，如具有夹层、尖灭或透镜体等产状（见图3-6）。

图 3-5　洪积扇群

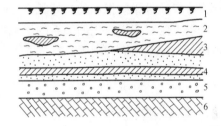

图 3-6　土的层理构造

1—表土层；2—淤泥夹黏土透镜体；3—黏土尖灭层；
4—砂土夹黏土层；5—砾石层；6—石灰岩层

（4）冲积物

冲积物是河流水的地质作用将两岸基岩及其上部覆盖的坡积物、洪积物剥蚀后搬运、沉积在河流坡降平缓地带形成的沉积物。如平原河谷冲积物除河床外，大多数都有河漫滩及阶地等地貌单元（见图3-7）。

除了上述四种成因类型的沉积物外，还有海洋沉积物、湖泊沉积物、冰川沉积物、风积物以及山区河谷冲积层等（在山区，河谷两岸陡峭，大多数仅有河谷阶地，见图3-8）。

3.1.3　土的三相组成

土的物质成分包括作为土骨架的固态矿物颗粒、孔隙中的水及其溶解物质以及气体。因此，土是由颗粒（固相）、水（液相）和气（气相）所组成的三相体系。三相组成各部分的性质与数量以及它们之间的相互作用，决定着土的物理力学性质。由于土是三相体系，不能用单一的指标来说明三相间量的比例关系，而需要若干个指标来反映土中固体颗粒、水和空气之间量的关系。三相比例指标反映了土的干燥与潮湿、疏松与紧密，它是评价土的工程性质最基本的物理性质指标，也是工程地质勘察报告中不可缺少的内容。

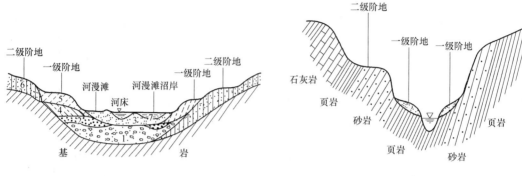

图 3-7 平原河谷横断面示例
1—砾卵石；2—中粗砂；3—粉细砂；4—粉质黏土；
5—粉土；6—黄土；7—淤泥

图 3-8 山区河谷横断面示例

土的三相组成间的质量比和体积比，表现出土的轻重情况、含水程度和密实程度等基本物理性质各不相同，并随着各种条件的变化而改变。例如，对于同一成分和结构的土，地下水位的升高或降低，都将改变土中水的含量；土经过压实，其孔隙体积将减小。这些情况都可以通过相应指标的具体数字反映出来。

表示土的三相组成比例关系的指标称为土的三相比例指标，包括土的密度、含水量、孔隙比、孔隙率和饱和度等。

3.2 基础的设计

3.2.1 基础的设计要求

1. 结构要求

基础是建筑物的重要承重构件，作为结构方面的要求主要体现在需满足强度要求、变形要求、稳定性要求。

2. 耐久性要求

基础是埋于地下的隐蔽工程，难以观察、维修、加固和更换，应具有与上部结构相适应的耐久性。

3. 经济性要求

基础部分的造价通常占建筑总造价的 10%～40%，降低基础工程的造价有利于节约项目的总投资。

3.2.2 地基承载力

地基承载力（又称地耐力）是指地基土单位面积上所能承受荷载的能力，以 kPa 计。一般用地基承载力特征值来表述。《建筑地基基础设计规范》GB 50007—2011 规定，地基承载力的特征值是指由载荷试验测定的地基土压力变形曲线线性变形段内规定的变形所对应的压力值，其最大值为比例界限值。一般认为地基承载力可分为容许承载力和极限承载力。容许承载力是指地基土容许承受荷载的能力；极限承载力是地基土发生剪切破坏而失去整体稳定时的基底最小压力。确定地基承载力的方法有载荷试验法、公式计算法、规范查表法、经验估算法等。采用单一方法估算出的地基承载力的值为承载力的基本值，基本值经标准数理统计后可得地基承载力的标准值，经过对承载力标准值进行修正则可得到承载力特征值。

在工程设计中为了保证地基土不发生剪切破坏而失去稳定，同时也为使建筑物不致因基础产生过大的沉降和差异沉降而影响其正常使用，必须限制建筑物基础底面的压力，使其不得超过地基的承载力特征值。

3.2.3 基础埋置深度

1. 基础埋深的定义

基础埋深即基础的埋置深度，用 H 表示，是指自室外设计地坪至基础底面的垂直距离。基础应尽量浅埋，但当基础埋深过小时，有可能在基础受力后把基础四周的土挤出，使基础产生滑移而失去稳定，同时考虑到植物根系的生长作用及小动物穴居的影响，应使基础埋深 $H \geqslant 500\text{mm}$。通常将基础埋深不超过 5m 的基础称为浅基础，将基础埋深超过 5m 的基础称为深基础，如桩基、沉箱、沉井和地下连续墙等。

2. 影响基础埋深的因素

（1）地基土层构造

土层均匀，承载力较好的坚实土层应浅埋，此时称天然地基浅基础。

土层不均匀，坚实土层距地面<2m，土方量不大，可挖去软弱土层，将基础坐落在坚实土层上；土层不均匀，坚实土层距地面>2m 但<5m，分情况处理；土层不均匀，坚实土层距地面>5m，需对地基进行加固处理，如固结排水、强夯等；土层不均匀，坚实土层和软弱土层交替，对于高层建筑或荷载较大时，可用桩基。地基土层对基础埋深的影响见图 3-9。

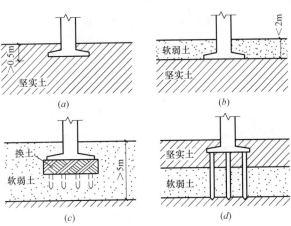

图 3-9 地基土层对基础埋深的影响

（a）地基上全部为均匀坚实土；（b）坚实土层离地面小于 2m；
（c）坚实土层离地面大于 5m；（d）坚实土层与软弱土层交替

（2）建筑物自身情况

建筑物的用途，有无地下室、设备基础及地下设施，基础的形式与构造等确定基础埋深的重要因素，体现在作用于地基上的荷载的大小和性质。如高层建筑筏形基础和箱形基础，在抗震设防区，除岩石地基外，其埋深不宜小于建筑物高度的1/15；桩箱或桩筏基础的埋深不宜小于建筑物高度的1/18～1/20。

（3）地下水位

基础埋深一般在地下水位以上，要注意的是地下水位随着枯水季节与丰水季节的变化而变化。地下水位高时，基础埋深在最低地下水位以下200mm。地下水位对基础埋深的影响见图3-10。

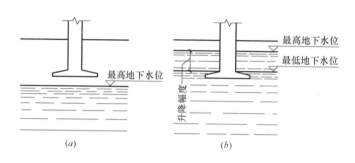

图 3-10　地下水位对基础埋深的影响

（a）地下水位较低时；（b）地下水位较高时

（4）地基土的冻胀性

冰冻线是指寒冷地区地面以下冻结土与不冻结土的分界线。冰冻线的深度称为冻结深度（见图3-11）。由于土中的水结冰时体积膨胀，温度变化会使地基土发生冻胀与融陷，因此基础底面应置于冰冻线以下，一般要求为100～200mm。当建筑物基础底面之下允许有一定厚度的冻土层时，基底下允许残留冻土层的厚度通过计算（当有充分依据时根据当地经验）确定，并采取相应的防冻害措施。

（5）相邻基础埋深

一般情况下，新基础（施工在后者）应尽量浅于原有基础（施工在前者），当新基础深于原有基础时，两基础间应保持一定的距离 L，即使 $L \geqslant 2\Delta H$，其中 ΔH 为两基础底面的高差（见图3-12）。

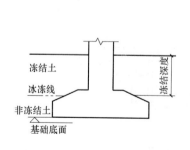

图 3-11　冻结深度

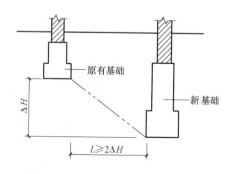

图 3-12　相邻基础埋深

3.2.4 基础底面尺寸的确定

确定基础底面尺寸是满足设计要求的具体体现，基础底面尺寸的大小取决于基础的形式、所用材料、地基容许承载力以及构造要求等。

基础承受建筑物上部荷载并传递给地基，基础底面的总荷载（F_k+G_k）所产生的压应力 p_k 不得超过地基土的容许承载力，其计算公式为：

$$p_k=\frac{F_k+G_k}{A}\leqslant f_a \tag{3-1}$$

式中　　p_k——相应于荷载标准组合时，基础底面处的平均压应力，kN/m^2；

F_k——上部结构传至基础顶面的荷载，kN；

G_k——基础自重和基础周围土重，等于基础底面面积 A、埋深 H 及基础和基础周围土体平均重度 γ（一般可取 $\gamma=2kN/m^3$）的乘积，kN；

A——基础底面面积，m^2；当基础为条形基础时，A 为基础宽度 B 与长度 l 的乘积，计算时通常截取单位长度 $l=1m$；

f_a——地基承载力设计值，kPa。

由公式（3-1）可知，当地基土的容许承载力一定时，总荷载越大则基础底面面积应越大；总荷载一定时，地基土的容许承载力越小则基础底面面积应越大。

3.3 基础的构造

基础的构造因基础类型的不同而不同，本节主要介绍常见的天然地基浅基础（无筋扩展基础、钢筋混凝土基础）与深基础（如桩基础）的构造。

3.3.1 基础类型

1. 按所用材料分类

基础按所用材料可分为砖基础、毛石基础、灰土基础、混凝土基础、钢筋混凝土基础。

2. 按构造形式分类

基础按构造形式可分为独立基础、条形基础（墙下条形基础、柱下条形基础）、井格基础、片筏基础、箱形基础、桩基础。

3. 按使用材料受力特点分类

基础按使用材料的受力特点可分为无筋扩展基础（刚性基础）、钢筋混凝土基础（柔性基础）。

4. 按埋置深度分类

基础按埋置深度可分为天然地基浅基础（$H\leqslant5m$）与深基础（$H>5m$）。

3.3.2 无筋扩展基础

无筋扩展基础（原称刚性基础）是指由砖石、素混凝土、灰土等脆性材料制作的基础，这种基础抗压强度高，但抗拉、抗剪强度低，受宽高比（刚性角）控制。宽高比（刚性角）：在无筋扩展基础中，墙或柱传来的压力是沿一定角度分布的，这个角叫压力分布角，又称刚性角。

无筋扩展基础一般造价较低，当建筑物上部荷载较小或地质条件较好时选用，常用基础有如下几种。

1. 砖基础

用于地质条件好、地下水位低、5 层以下的混合结构。砖基础分为等高式和间隔式。等高式是在砌筑时从下至上每砌两皮砖收一次，俗称两皮一收；间隔式则为"二一间隔收"，如图 3-13 所示。

2. 毛石基础

毛石基础用于地下水位较高、冻结深度较大的单层民用建筑以及便于就地取材的地区。毛石基础又分为阶梯形和锥形，如图 3-14 所示。

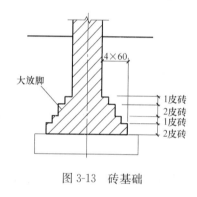

图 3-13　砖基础

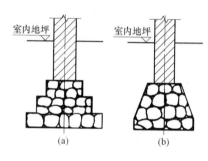

图 3-14　毛石基础
（a）阶梯形；（b）锥形

3. 灰土基础

灰土基础是用石灰与土按一定比例混合后，铺筑夯实而成，用于地下水位低、冻结深度较小的南方地区 4 层以下民用建筑。如图 3-15 所示。

4. 混凝土基础

混凝土基础用于潮湿的地基或有水的地基中，有阶梯形和锥形两种。为节省混凝土可做成阶梯形。混凝土基础的刚性角为 45°，于是锥形的斜面与水平面的夹角应大于 45°，而阶梯形台的高宽比应大于 1.25～1.50。混凝土基础见图 3-16。

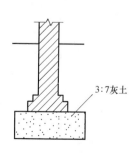

图 3-15　灰土基础

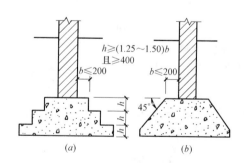

图 3-16　混凝土基础
（a）阶梯形；（b）锥形

3.3.3 钢筋混凝土基础

钢筋混凝土基础是运用最广的基础类型，其宽度的加大不受刚性角的控制，且抗压、抗拉强度都很高。

1. 钢筋混凝土基础的特点

钢筋混凝土基础又称扩展基础。如前所述，当上部荷载较大或地基较弱时需加大基础底面尺寸，但无筋扩展基础受刚性角的限制必须加大埋深，从而使基础工程变得不经济且施工难以进行。如图 3-17 所示，在保证基础宽度 B 不变的情况下，布置钢筋后便不受刚性角的限制，从而减少埋深，于是钢筋混凝土基础又称为柔性基础。

2. 钢筋混凝土基础的构造

钢筋混凝土基础由垫层和底板组成，如图 3-18 所示。垫层的目的是保证基础钢筋与地基之间有足够的距离，以免钢筋锈蚀，而且在施工时还可以作为绑扎钢筋的工作面。垫层一般采用 C10 素混凝土，厚度为 100mm。垫层两边应伸出底板各 100mm。

底板是钢筋混凝土基础的主体，由于基础属于建筑物的主要受力构件，因此基础的底板厚度和配筋均由计算确定。但构造上要求受力筋直径不得小于 8mm，间距不大于 200mm，混凝土强度等级不宜低于 C15。

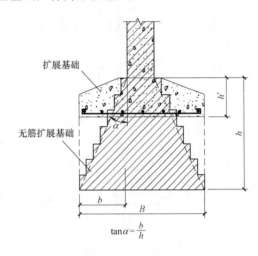

图 3-17　扩展基础与无筋扩展基础的对比

（1）钢筋混凝土锥形基础

钢筋混凝土锥形基础的构造如图 3-19 所示。

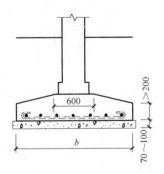

图 3-18　钢筋混凝土基础垫层与底板

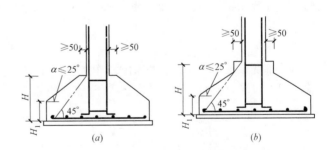

图 3-19　钢筋混凝土锥形基础
（a）无肋式；（b）有肋式

（2）钢筋混凝土阶梯形基础

钢筋混凝土阶梯形基础的构造如图 3-20 所示，其底板边缘厚度不得小于 200mm 且不宜大于 500mm，每阶厚度 300～500mm。当基础高度在 500～900mm 时采用两阶，当基础高度超过 900mm 时采用三阶。

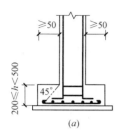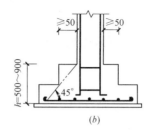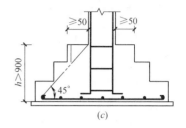

图 3-20　钢筋混凝土阶梯形基础

(a) 单阶基础；(b) 双阶基础；(c) 三阶基础

3. 钢筋混凝土基础的其他形式

（1）柱下独立基础

钢筋混凝土柱下独立基础，如图 3-21 所示，用于预制装配式工业厂房建筑中。

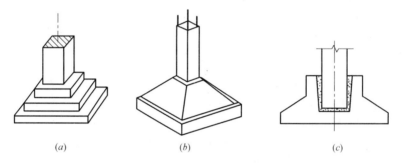

图 3-21　柱下独立基础

(a) 阶梯形；(b) 锥形；(c) 杯形

（2）条形基础

墙体承重的建筑多用墙下条形基础（见图 3-22），当柱下独立基础不能满足要求时将基础底板连成条状即成为柱下条形基础，若沿柱网纵横方向底板连通，则为柱下十字交叉基础（井格基础）。

（3）筏形基础

当基础底板连成一个整体时则成为筏形基础，筏形基础整体性好，可跨越基础下的局部软弱土。筏形基础分平板式和梁板式两种，如图 3-23 所示。

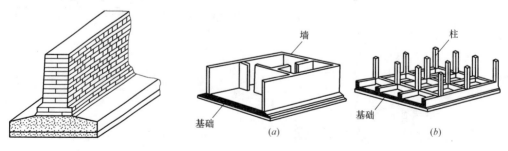

图 3-22　墙下条形基础

图 3-23　筏形基础

(a) 平板式；(b) 梁板式

3.3.4 深基础

对于高层建筑与大型构筑物，天然地基浅基础已不能满足其要求，常用的深基础有箱形基础、桩基础以及地下连续墙等。

1. 箱形基础

当建筑物需设地下空间（如地下室、附建式人防工程）且基础埋深较大时，可将地下室做成整体现浇的钢筋混凝土箱形基础，箱形基础的底板、顶板和若干纵横墙均由整体现浇的钢筋混凝土组成并形成整体，如图 3-24 所示。箱形基础整体空间刚度大，能承受很大的弯矩，对抵抗地基不均匀沉降有利，一般适用于高层建筑或在软弱地基上建造较大荷载的建筑物。

2. 桩基础

（1）桩基础的适用范围

对下列情况可考虑选用桩基础方案：不允许地基有过大沉降和不均匀沉降的高层建筑或其他重要的建筑物；重型工业厂房和荷载过大的建筑物，如仓库、料仓等；对烟囱、输电塔等高耸结构物，采用桩基以承受较大的上拔力和水平力，或用以防止结构物的倾斜时；对精密或大型的设备基础，需要减小基础振幅、减弱基础振动对结构的影响，或应控制基础沉降和沉降速率时；软弱地基或某些特殊性土上的各类永久性建筑物，或以桩基作为地震区结构抗震措施时。

（2）桩的分类

桩基一般由设置于土中的桩和承接上部结构的承台组成。桩基按施工方法的不同，分为预制桩和灌注桩两大类。根据施加于桩顶的轴向荷载通过桩土之间的相互作用传递给地基的方式不同，分为端承桩与摩擦桩。

端承桩是认为只通过桩端传递荷载的桩（图 3-25（a）），在工程实践中，通常把端部进入岩层或坚实土层的桩视作端承桩。端承桩的沉降量很小，桩截面位移主要来自桩身的弹性压缩。

摩擦桩通过桩身侧面将部分或全部荷载传递到桩周土层（图 3-25（b）），这类桩的荷载传递主要是靠桩身侧面与土之间的摩阻力，当然桩端下的土也有一定的支承作用。

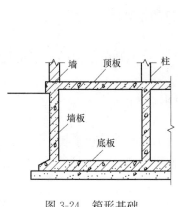

图 3-24 箱形基础

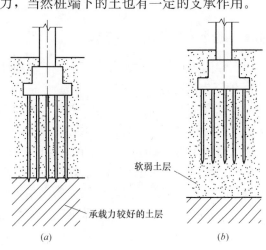

图 3-25 端承桩与摩擦桩

（a）端承桩；（b）摩擦桩

（3）桩基础的设计与施工

桩基础的设计主要涉及桩的类型、截面和桩长的选择，桩的根数、间距和在平面上的布置，桩身结构设计、承台设计等。图 3-26 为多桩矩形承台，图 3-27 为三桩三角形承台。

桩基础的施工因桩的类型不同而不同，对于预制桩用打桩机打入或用静力压桩机压入地基土层中；对于灌注桩则用振动沉管灌注法或钻孔灌注法等。

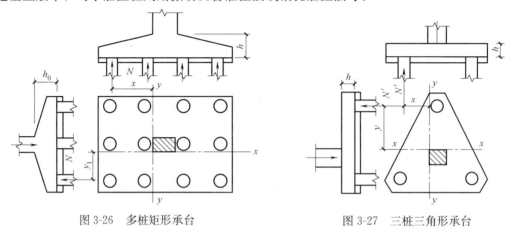

图 3-26　多桩矩形承台　　　　　　　　图 3-27　三桩三角形承台

3. 地下连续墙

钢筋混凝土地下连续墙是在地面上用专门的挖槽设备，沿开挖工程周边已铺砌的导墙，在泥浆护壁的条件下，开挖一条狭窄的深槽，在槽内放置钢筋笼，浇筑混凝土，筑成一道连续的地下墙体。

地下连续墙施工工艺过程是：修筑导墙→挖槽→吊放接头管（箱）、吊放钢筋笼→浇筑混凝土。

3.4　基础施工特殊问题的处理

3.4.1　地下室的防潮与防水

地下室的防潮、防水做法取决于地下室地坪与地下水位的相对位置关系。

1. 地下室的防潮

当设计最高地下水位低于地下室底板标高 300mm 以上，且地基范围内的土壤及回填土无形成上层滞水的可能时，采用防潮做法。

地下室防潮构造如图 3-28 所示。地下室防潮的构造要求为：

（1）砖墙体必须采用水泥砂浆砌筑，灰缝必须饱满。

（2）在外墙外侧设垂直防潮层，防潮层做法一般为：1∶2.5 水泥砂浆找平，刷冷底子油一道、热沥青两道，防潮层做至室外散水处，然后在防潮层外侧回填低渗透性土壤如黏土、灰土等，并逐层夯实，底宽 500mm 左右。

（3）地下室所有墙体必须设两道水平防潮层，一道设在底层地坪附近，一般设在结构层之间；另一道设在室外地面散水以上 150～200mm 的位置。

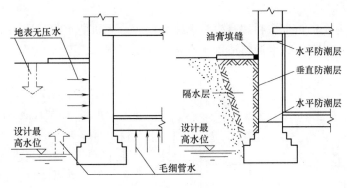

图 3-28　地下室防潮构造

2. 地下室的防水

当设计最高地下水位高于地下室底板，或地下室周围土层属弱透水性土存在滞水的可能时，应采取防水措施。

地下工程防水分类及构造：

（1）防水混凝土

防水混凝土墙体、底板厚度应≥250mm；迎水面钢筋保护层厚度不应小于50mm；混凝土垫层：当混凝土强度等级≥C15时，厚度≥100mm，在软弱土层厚度≥150mm。

（2）水泥砂浆防水

水泥砂浆防水层的基层：对于混凝土结构，强度等级≥C15；对于砌体结构，砌筑用砂浆强度≥M7.5。水泥砂浆防水层一般与其他防水层配合使用。

（3）卷材防水

卷材防水适用于受侵蚀介质作用或受震动作用的地下室。卷材防水层应铺设在结构主体底板垫层至墙体顶端的基面上，在外围形成封闭的防水层。

卷材防水的常用材料为高聚物改性沥青防水材料或合成高分子卷材。铺贴卷材前，应在基面上涂刷基层处理剂，基层处理剂应与卷材或胶粘剂的材性相容。

高聚物改性沥青油毡采用热熔法施工，合成高分子卷材采用冷粘法施工。卷材防水构造做法见图3-29。

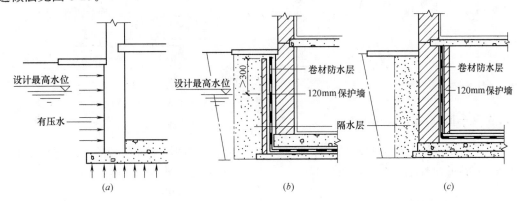

图 3-29　卷材防水构造做法

（a）地下室受水压影响情况；（b）外防水构造；（c）内防水构造

（4）涂料防水

防水涂料分为无机防水涂料和有机防水涂料两种。无机防水涂料适用于结构主体的背水面，作补漏措施。有机防水涂料适用于结构主体的迎水面。潮湿基层宜选用与潮湿基面黏结力大的无机或有机防水涂料，埋置深度较深的重要工程、有振动或较大变形的工程宜选用高弹性防水涂料。有腐蚀性的地下环境宜选用耐腐蚀性好的反应型、水乳型、聚合物水泥涂料，并做刚性保护层。

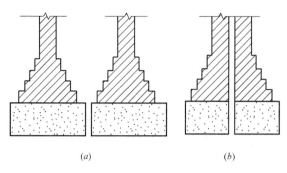

图 3-30 双墙式基础沉降缝

（a）两个独立基础；（b）整体墙基础

3.4.2 基础沉降缝的做法

基础沉降缝是为了让建筑物两个部分自由沉降互不约束而设置的一种变形缝。基础沉降缝有双墙式处理方法（图 3-30）、交叉式处理方法（图 3-31）与悬挑式处理方法（图 3-32）。

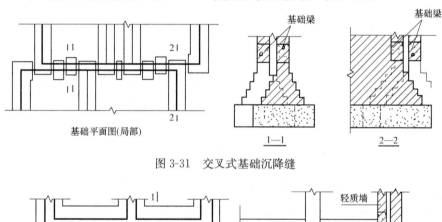

图 3-31 交叉式基础沉降缝

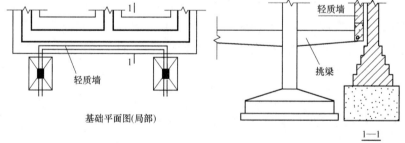

图 3-32 悬挑式基础沉降缝

3.4.3 不同埋深的基础

当建筑物设计上要求基础局部深埋时，应采用台阶式逐渐落深，台阶的坡度应不大于 1 : 2。不同埋深基础的处理见图 3-33。

3.4.4 基础管沟

基础管沟分为沿墙管沟、中间管沟、过门地沟。

1. 沿墙管沟

沿墙管沟（见图 3-34）是指一侧沟壁为建筑物的基础墙，另一侧为管沟墙，沟底用灰土垫层，沟顶用钢筋混凝土板作沟盖板。管沟的宽度一般为 1000～1600mm，深度为 1000～1400mm。

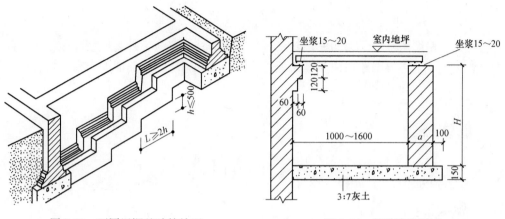

图 3-33　不同埋深基础的处理　　　　　　图 3-34　沿墙管沟剖面

2. 中间管沟

中间管沟位于建筑物的中部或室外，一般由两道管沟墙支承上部的沟盖板。这种管沟在室外时，还应特别注意是否过车，在有汽车通过时，应选择强度较高的沟盖板。中间管沟如图 3-35 所示。

3. 过门管沟

供暖地区暖气的回水管线一般敷设在地面上，遇有门口时，应将管线转入地下通过，故需做过门管沟。通常，过门管沟断面尺寸为 400mm×400mm，上铺沟盖板，如图 3-36 所示。

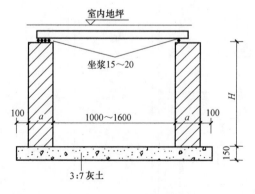

图 3-35　中间管沟剖面

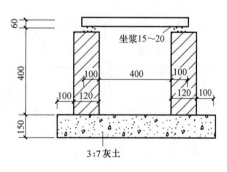

图 3-36　过门管沟剖面

第4章 墙 与 柱

墙与柱是房屋的竖向受力构件，其构造对房屋的结构安全、外观使用性能等方面都具有重要意义。本章主要阐述墙体基本知识、墙体的细部构造、钢筋混凝土柱等内容。

4.1 墙体概述

4.1.1 墙体的分类与作用

1. 墙体的分类

（1）按墙体所处的位置和方向分类

墙体依其在建筑中所处的平面位置不同，有内墙和外墙之分，位于建筑物四周的墙称之为外墙，位于建筑物内部的墙称之为内墙；按墙体的方向不同，有纵墙和横墙之分，与建筑物短轴平行的墙体称之为横墙，与建筑物长轴平行的墙体称之为纵墙，横向外墙又称为山墙；窗洞口之间的墙称之为窗间墙；窗洞口下面的墙称之为窗下墙（见图4-1）。

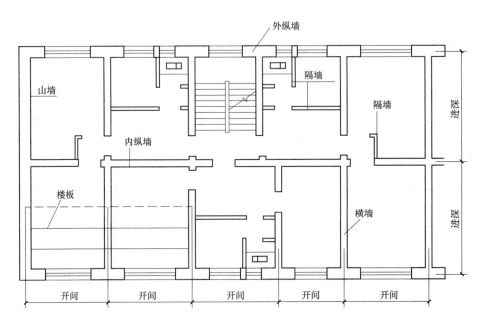

图 4-1　墙体名称

（2）按墙体的受力情况分类

墙体按结构受力情况分为承重墙和非承重墙。凡直接承受上部屋顶、楼板传来的荷载的墙体称为承重墙；凡不承受上部荷载的墙体称为非承重墙。非承重墙又分为承自重墙和隔墙。凡分隔空间，其重量由楼板或梁来承受的墙体称为隔墙，隔墙一般较轻、薄；承自重墙不承担上部荷载仅承担自重，其重量一般传给基础。

（3）按墙体所用材料分类

按墙体所用材料分为砖墙、石墙、土墙、混凝土墙等。砖是我国的传统墙体材料，由于生产原料为黏土，生产时需要占用大量的耕地，目前许多地方已限制使用或禁止使用；在产石地区采用石墙可以取得良好的经济效益；混凝土墙在多高层建筑中应用较多。

（4）按墙体构造方式分类

墙体按构造方式不同分为实体墙、空体墙、复合墙。实体墙是由普通黏土砖或其他砌块砌筑而成，或由混凝土等材料浇筑而成；空体墙是由普通黏土砖砌筑而成的空斗墙或由多孔砖砌筑而成的具有空腔的墙体；复合墙是由两种或两种以上的材料组合而成的墙体。

（5）按墙体施工方法分类

墙体按施工方法不同分为叠砌墙、板筑墙、装配墙。叠砌墙又分为实砌砖墙、空斗墙、砌块墙等。砌块墙是用比砖的规格大的各种预制块材所砌筑的墙体，根据规格不同分为大型砌块、中型砌块和小型砌块；板筑墙是在模板内夯筑或浇筑而成的墙体；装配墙是把在工厂生产的预制墙板运到现场安装，这种墙体机械化程度高，施工速度快，工期短。

2. 墙体的作用

外墙是建筑物外围护部分，具有防止风、雪、雨对房屋内部侵袭以及保温、隔热等作用；内墙则具有分隔房间和隔声作用。在砖混结构中，墙体除具有围护、分隔的作用之外，还起到承重作用。在框架结构中，外墙只起到围护作用，通常称之为填充墙，内墙起分隔和隔声等作用。

4.1.2 墙体的设计要求

根据墙体所在位置和功能不同，设计应满足以下要求：

（1）强度、稳定性要求。墙体为了承重就应该有足够的强度和刚度。一般情况下，墙体高并且薄，高而薄的墙体除了应保证有足够的强度外，还应有一定的稳定性。墙体的稳定性与墙体的高厚比有关，矮而厚的墙体稳定性好，高而薄的墙体稳定性差。一般砖混结构五层以下的住宅中，240mm 厚的砖墙基本可以满足承重要求，按规定承重的厚度不小于 180mm。

（2）热工要求。对于冬季有保温要求的建筑，必须使墙体有足够的保温能力，以减少室内热损失。240mm 厚的墙体不能满足保温要求，有时不得不把外墙加厚至 370mm、490mm，甚至 620mm 才能满足保温要求，有的地方采用复合墙，如 370mm 厚砖墙外贴 10mm 厚的苯板。

炎热地区建筑的防热，是通过加强自然通风、窗户遮阳、环境绿化和围护结构隔热等措施来达到的，就外墙本身的隔热来看，240mm 厚的黏土砖墙能够基本满足隔热的要求。

（3）防火要求。墙体应满足防火要求，墙体的燃烧性能和耐火极限应满足防火规范的要求，有的建筑物还要划分防火区域，防止火灾蔓延，这样就需要设置防火墙。

（4）隔声要求。墙体必须有足够的隔声能力，以符合有关隔声标准的要求。

此外，作为墙体还应考虑防潮、防水以及经济等方面的要求。

4.2 墙体的细部构造

4.2.1 砖墙

砖墙是用砂浆将砖按一定规律和技术要求砌筑而成的墙体。主要材料是砖和砂浆。

1. 实体墙的砌筑方式

砌筑方式就是砖在砌体中的排列方式,为保证砌体的强度,砖缝必须横平竖直,砖要内外搭接、上下错缝,砂浆要饱满、厚度均匀。在砖墙的砌筑中,把砖的长向垂直于墙面砌筑的砖叫丁砖,把砖的长向平行于墙面砌筑的砖叫顺砖,每排列一层砖则谓一皮。上下皮之间的水平灰缝称横缝,左右两块砖之间的垂直缝称竖缝。实体墙常见的砌筑方式有全顺式、一丁一顺式、一丁多顺式、每皮丁顺相间式及两侧一平式等,如图 4-2 所示。

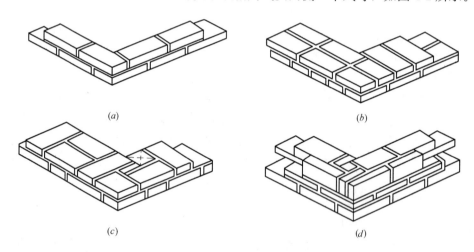

(a)　　　　　　　　　　　　(b)

(c)　　　　　　　　　　　　(d)

图 4-2　砖墙的砌筑方式

(a) 全顺式;(b) 一丁一顺式;(c) 每皮丁顺相间式;(d) 两平一侧式

2. 砖墙的细部构造

墙体与建筑的其他构件密切相关,而且还要受到自然界各种因素的影响,因此处理好各有关部分的构造十分重要。

(1) 勒脚

勒脚是外墙的墙脚,它具有避免墙脚受雨水的侵袭而受潮、防止各种机械碰撞而破坏墙面、美化立面等作用。

勒脚处墙体的构造做法:勒脚部位可以用既防水又坚固的材料砌筑,如毛石、条石、混凝土块等;对砖墙可在外侧抹水泥砂浆、水刷石、斩假石等,或粘贴天然石材、人造石材等。为保证抹灰层与砖墙粘结牢固,施工时应注意清扫墙面,浇水润湿,也可在墙面上留槽,使抹灰嵌入,称为咬口。勒脚高度一般不小于 500mm(见图 4-3)。

(2) 墙身防潮层

由于墙角处地表水和地下水的影响,会致使墙身受潮,饰面脱落,更严重的室内墙角

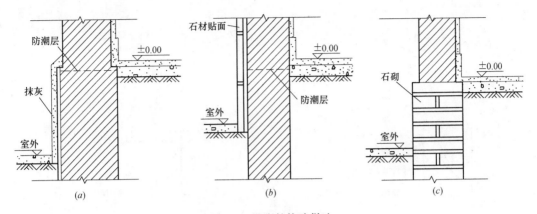

图 4-3　勒脚的构造做法

(*a*) 抹灰；(*b*) 石材贴面；(*c*) 石砌

处发霉潮湿，影响室内环境，所以要在墙体适当的位置设置防潮层，目的是隔绝室外雨水及地下的潮气对墙身的影响。防潮层分为水平防潮层和垂直防潮层。

1）防潮层的位置

防潮层应在所有的内外墙中连续设置，其位置与所在墙体及地面情况有关。

① 当室内地面垫层为混凝土等密实材料时，内、外墙防潮层应设在垫层范围内，一般低于室内地坪 60mm，如图 4-4（*a*）所示。

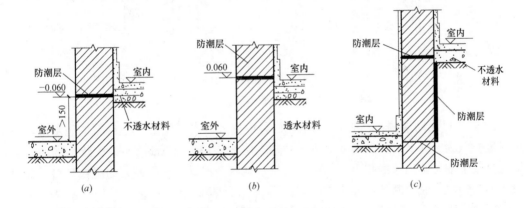

图 4-4　墙身防潮层的位置

(*a*) 防潮层低于室内地坪；(*b*) 防潮层高于室内地坪；(*c*) 两道水平防潮层和垂直防潮层

② 当室内地面垫层为透水材料（如炉渣、碎石）时，水平防潮层的位置应平齐或高于室内地面 60mm，如图 4-4（*b*）所示。

③ 当室内地面垫层为混凝土等密实材料，且内墙面两侧地面出现高差或室内地坪低于室外地面时，应在高低两个墙脚处分别设一道水平防潮层，并在土壤一侧的墙面设垂直防潮层，如图 4-4（*c*）所示。

2）防潮层的构造做法

防潮层有水平防潮层和垂直防潮层之分。水平防潮层根据材料的不同，有防水砂浆防潮层、油毡防潮层和细石混凝土（配筋）防潮层（见图 4-5）。

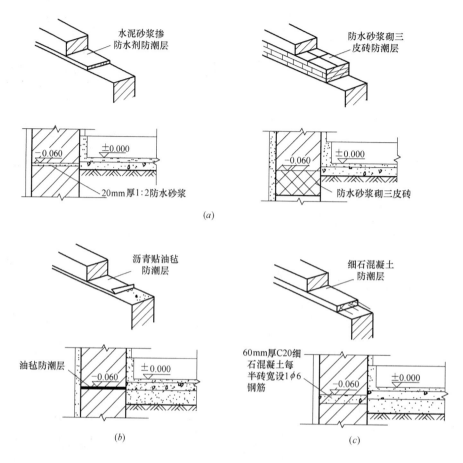

图 4-5 墙身防潮层构造

(a) 防水砂浆防潮层；(b) 油毡防潮层；(c) 细石混凝土防潮层

① 防水砂浆防潮层：在 1∶2 的水泥砂浆中掺入占水泥质量 3‰～5‰ 的防水剂，防水层厚度一般为 20～25mm，也可用防水砂浆在防潮层位置上砌筑 1～2 皮砖。防水砂浆防潮层克服了油毡防潮层的缺点，故适用于抗震地区。但是，由于砂浆为脆性材料，在地基发生不均匀沉降时会断裂，而失去防潮作用（见图 4-5 (a)）。

② 油毡防潮层：具有一定的韧性、延伸性和良好的防潮性能。因油毡层降低了上下砖砌体之间的粘结力，削弱了墙体的整体性，对抗震不利，不宜用于有抗震要求的建筑中。由于油毡的使用寿命一般只有 20 年，因此长期使用将失去防潮作用。目前已较少采用（见图 4-5 (b)）。

③ 细石混凝土防潮层：在需要设置防潮层的位置铺设 60mm 厚 C15 或 C20 的细石混凝土，内配 3φ6 或 3φ8 的钢筋以抗裂。由于它的防潮性能和抗裂性能都很好，且与砖砌体结合紧密，故适用于整体刚度要求较高的建筑中（见图 4-5 (c)）。

墙身垂直防潮层构造做法：用 20mm 厚 1∶2.5 水泥砂浆找平，外刷冷底子油一道、热沥青两道；或用建筑防水涂料、防水砂浆涂抹。

（3）散水与明沟

房屋四周的地表水渗入地下时，会增加基础周围土的湿度，这不仅使土的含水率增加，还可能降低地基承载力。为了保护墙基不受水的侵蚀，要在房屋四周勒脚与室外地面相接处设置排水沟和散水，将勒脚附近的地表水排走。

1）散水。散水的做法有砖砌、块石、碎石、水泥砂浆、混凝土等（见图4-6）。散水宽度应大于600mm，且比屋檐宽出200mm，在散水与勒脚交接处应预留缝隙，内填粗砂，上嵌沥青胶灌缝，散水要做3‰～5‰的坡度。混凝土散水为防止开裂，每隔6～12m留一条20mm的变形缝，用沥青灌实。

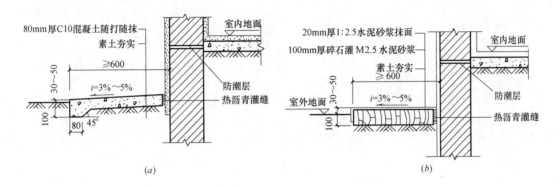

图 4-6　散水做法

（a）混凝土散水；（b）碎石灌浆散水

2）明沟。明沟是建筑物四周靠外墙的排水沟，用于排除屋面落下的雨水，明沟有混凝土明沟、砖砌明沟、石砌明沟（见图4-7）。一般情况下，房屋四周散水和明沟任做一种，一般雨水较多的情况下做明沟，干燥地区多做散水。

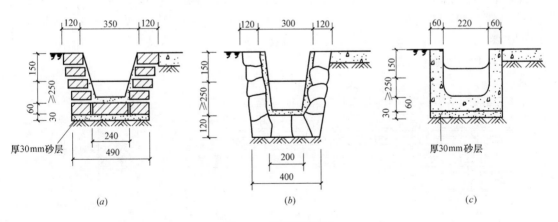

图 4-7　明沟构造做法

（a）砖砌明沟；（b）石砌明沟；（c）混凝土明沟

（4）门窗过梁

当墙体上开设门窗等洞口时，为了承受洞口上部砌体传来的荷载，并把荷载传给洞口两侧的墙体，常在门窗洞口两侧设置横梁，即门窗过梁。过梁是承重构件，它的种类很多，可依据洞口跨度和洞口上的荷载不同而选择。常见的有砖拱过梁、钢筋砖过梁、钢筋混凝土过梁三种。

1) 砖拱过梁。砖拱过梁如图 4-8 所示，它是我国传统的过梁做法，有平拱和弧拱之分。平拱过梁是用砖侧砌或立砌，使灰缝成楔形上宽下窄，相互挤压形成对称于中心而倾向两侧拱。平拱的适宜跨度在 1.2m 以内，拱两端下部伸入墙内 20～30mm。弧拱的跨度稍大一些。砖拱过梁的砂浆标号不低于 M10 级、砖标号不低于 MU7.5 级才可以保证过梁的强度和稳定性。砖拱过梁节约钢材和水泥，但施工麻烦，整体性能不好，不适用于有集中荷载、震动较大、地基承载力不均匀及地震区的建筑。

(a)　　　　　　　　　　　　　　　　(b)

图 4-8　砖拱过梁

(a) 平拱过梁；(b) 弧拱过梁

2) 钢筋砖过梁。钢筋砖过梁是在洞口上方砖缝里配置钢筋，形成可以承受荷载的加筋砖砌体。按每砖厚墙配 2～3 根 φ6 的钢筋，放置在洞口上部的砂浆层内，砂浆层为 1：3 水泥砂浆 30mm 厚，钢筋两边伸入支座长度不小于 240mm，并加弯钩，也可以将钢筋放置在洞口上部第一皮和第二皮砖之间。为使洞口上部的砌体与钢筋形成过梁，常在相当于 L/4 跨度的高度范围内（一般为 5～7 皮砖）用 M5 级砂浆砌筑（见图 4-9）。钢筋砖过梁的外观与外墙的砌筑形式相同，清水墙面效果统一，多用于跨度在 2m 以内的清水墙的门窗洞口上，但施工麻烦。

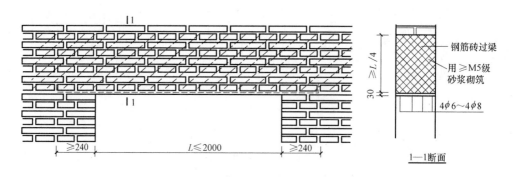

图 4-9　钢筋砖过梁

3) 钢筋混凝土过梁。有现浇和预制两种，梁高及配筋按计算确定。为方便施工，梁高是砖厚度的倍数，常见的梁高有 60mm、120mm、180mm、240mm。梁的宽度一般与墙厚相同，梁的两端支撑在墙上的长度每边不少于 250mm。当洞口上部的圈梁可兼作过梁时，过梁部分的钢筋应按计算用量另行增配。过梁的断面有矩形和 L 形，矩形多用于内墙和混水墙面，L形多用于外墙和清水墙面。在寒冷地区，为了防止过梁内产生冷凝水，可采用L形过梁或组合过梁（见图4-10）。钢筋混凝土过梁坚固耐用，施工方便，适用于门窗洞口宽度和荷载较大且可能产生不均匀沉降的墙体中，目前应用较广泛。

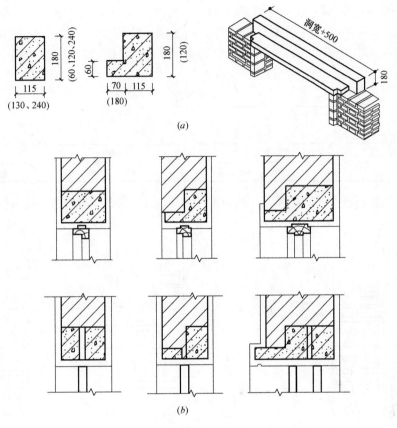

图 4-10 钢筋混凝土过梁形式

（a）过梁的断面形式；（b）过梁的组合方式

（5）圈梁

圈梁是沿房屋外墙和部分内墙设置的连续封闭的梁，它的主要作用是增强房屋的整体刚度，防止由于地基不均匀沉降引起的墙体开裂。对于抗震设防地区，利用圈梁加固墙身更加必要。

1）圈梁的设置原则

① 采用装配式钢筋混凝土楼盖、屋盖或木楼盖、屋盖的砖房，横墙承重时应按表4-1的要求设置；

现浇钢筋混凝土圈梁设置 表 4-1

墙类	抗震烈度		
	6度、7度	8度	9度
外墙和内纵墙	屋盖处及每层楼盖处	屋盖处及每层楼盖处	屋盖处及每层楼盖处
内横墙	屋盖处间距不应大于7m；楼盖处间距不应大于15m；构造柱对应部位	屋盖处沿所有横墙，且间距不应大于7m；楼盖处间距不应大于7m；构造柱对应部位	各层所有横墙

② 纵墙承重时，每层应设置圈梁；

③ 有抗震设防要求的房屋，横墙上的圈梁间距应比表 4-1 内适当加密。

2）圈梁的构造

圈梁有钢筋砖圈梁和钢筋混凝土圈梁两种（见图 4-11）。钢筋砖圈梁与钢筋砖过梁的做法基本相同，只是圈梁必须交圈封闭。钢筋混凝土圈梁的高度应是砖厚度的倍数，并不小于 120mm，宽度与墙厚相同，在寒冷地区，为避免出现冷桥，圈梁的宽度可以略小于墙厚，但不宜小于墙厚的 2/3。配筋应符合表 4-2 的要求。

圈梁配筋 表 4-2

配　　筋	抗震设防烈度		
	6 度、7 度	8 度	9 度
最小纵筋	$4\phi10$	$4\phi12$	$4\phi14$
最大箍筋间距	$\phi6@250mm$	$\phi6@200mm$	$\phi6@150mm$

圈梁宜与预制板设在同一标高，称为板平圈梁；或紧靠预制板板底，称为板底圈梁（见图 4-11）。

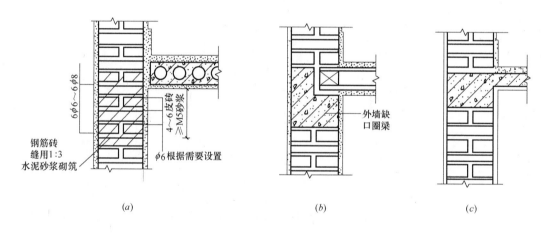

图 4-11　圈梁的构造

（a）钢筋砖圈梁；（b）板底圈梁；（c）板平圈梁

圈梁宜连续地设置在同一水平面上，形成闭合状，当圈梁被门窗洞口截断时，应在洞口上部设置相同截面的附加圈梁。附加圈梁与圈梁的搭接长度不应小于两者中心线垂直距离的两倍，且不得小于 1m（见图 4-12）。

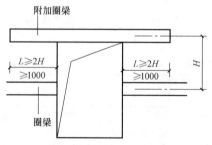

图 4-12　附加圈梁与圈梁的搭接

（6）构造柱

构造柱是设置在墙体内的混凝土现浇柱，是房屋抗震的主要措施。

在抗震设防地区，为了增加建筑物的整体刚度和稳定性，在多层砖混结构房屋的墙体中，需要设置钢筋混凝土构造柱，并与圈梁连接，形成空间骨架，提高建筑物的整体性和刚度，使墙体在破坏过程中具有一定的延性，减缓墙体酥脆现象的发生。构造柱是防止房屋倒塌的有效措施。

1）构造柱的设置要求

多层砌体房屋构造柱一般设置在建筑物的四角，外墙错层部位横墙与纵墙的交接处，楼梯间以及某些较长的墙体中部。除此之外，根据房屋层数和抗震设防烈度的不同，构造柱的设置要求参见表 4-3。

砖房构造柱设置要求 表 4-3

房屋层数				设 置 部 位
6 度	7 度	8 度	9 度	
四、五	三、四	二、三		7、8 度时，楼、电梯间的四角；隔 15m 或单元横墙与外纵墙交接处
六、七	五	四	二	隔开间横墙（轴线）与外墙交接处，山墙与内纵墙交接处；7～9 度时，楼、电梯间的四角
八	六、七	五、六	三、四	内墙（轴线）与外墙交接处，内墙的局部较小墙垛处；7～9 度时，楼、电梯间的四角；9 度时内纵墙与横墙（轴线）交接处

2）构造柱的构造要点

① 构造柱的截面尺寸不小于 240mm×180mm，纵向钢筋采用 4ϕ12，箍筋间距不大于 250mm，且在靠近楼板的位置适当加密。

② 施工时，应先放构造柱的钢筋骨架，再砌筑砖墙，最后浇筑混凝土。构造柱与墙体连接处应砌马牙槎，并应沿墙高每隔 500mm 设 2ϕ6 拉结钢筋，每边伸入墙内不宜小于 1m。

③ 构造柱可不单独设基础，但应伸入室外地面以下 500mm，或与埋深不小于 500mm 的基础梁相连。构造柱顶部应与顶层圈梁或女儿墙压顶拉结。

构造柱的做法示例如图 4-13 所示。

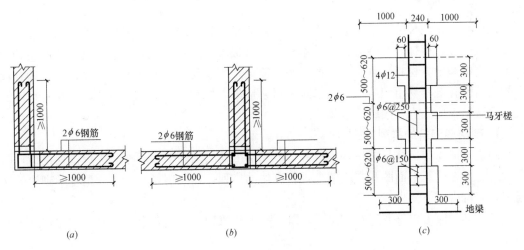

图 4-13　构造柱做法

（a）墙体转角处；（b）墙体 T 形接头处；（c）构造柱截面

（7）窗台

为避免雨水积聚在窗下渗入墙内并沿窗缝渗入室内，常在窗洞下部靠室外一侧设置窗台。窗台向外设置一定的坡度，以利排水。

83

窗台有悬挑窗台和不悬挑窗台两种。常见的构造做法如图 4-14 所示。

悬挑窗台常采用丁砌一皮砖或将一砖侧砌并悬挑 60mm，如图 4-14（b）、（c）所示；也可以预制混凝土窗台，如图 4-14（d）所示。窗台表面用 1：3 水泥砂浆抹面，并做成 10% 左右的坡度，挑砖下缘抹出滴水，以引导雨水沿滴水槽口下落，以防雨水影响窗下墙体。由于悬挑窗台下部容易积灰，并容易污染窗下墙面，影响建筑物的美观，因此大部分建筑物都设计为不悬挑的窗台，如图 4-14（a）所示。外墙为贴面砖墙面时反而易被雨水冲刷干净。

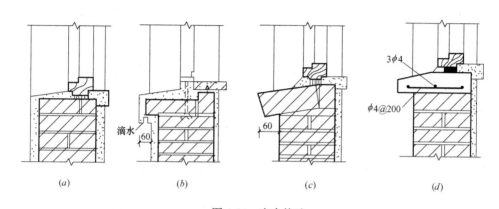

图 4-14　窗台构造

（a）不悬挑窗台；（b）滴水悬挑窗台；（c）侧砌砖窗台；（d）预制混凝土窗台

此外，在做窗台排水坡粉面时，必须注意抹灰与窗下槛的交接处理，防止雨水沿窗下槛处向室内渗透。

4.2.2　砌块墙

砌块墙是指用尺寸大于普通黏土砖的预制块材砌筑的墙体。房屋的其他承重构件，如楼板、屋面板、楼梯等与砖混结构基本相同。其最大优点是可以采用素混凝土或能充分利用工业废料和地方材料，且制作方便，施工简单，不需要大型的起重运输设备，且具有较大的灵活性；既容易组织生产，又能减少对耕地的破坏和节约能源。因此，在缺砖地区的大、中城镇，应大力发展砌块墙体。

1. 砌块墙砌筑的排列方式

砌块不能像砖一样只用一种规格并可砍断，因此必须在多种规格间进行排列设计，即设计时需要在建筑平面图和立面图上进行砌块的排列，并注明每一砌块的型号。砌块的排列设计应符合以下要求。

（1）排列应力求整齐，有规律性，既要考虑建筑物的立面要求，又要考虑建筑施工的要求。

（2）上下皮砌块应错缝搭接，尽量减少通缝。内外墙和转角处砌块应彼此搭接，以加强整体性。

（3）尽量减少砌块规格，并使主规格砌块总数量在 70% 以上。在砌块墙体中允许使用少量的普通砖镶砖填缝，镶砖时尽可能分散、对称。

（4）空心砌块上下皮之间应孔对孔、肋对肋，以保证有足够的受压面积。图 4-15 所示为砌块排列示意图。

2. 砌块墙的构造要点

砌块尺寸较大，垂直缝砂浆不易灌实，相互粘结较差。因此，砌块建筑需采取加固措施，以提高房屋的整体性。砌块墙构造要点如下：

（1）中型砌块两端一般有封闭的灌浆槽，在砌筑、安装时，必须使竖缝填灌密实，水平缝砌筑饱满，使上、下、左、右砌块能更好地连接。一般砌块采用 M5 级砂浆砌筑，水平灰缝、垂直灰缝宽度一般为 15～20mm。当垂直灰缝宽度大于 30mm 时，须采用 C20 的细石混凝土灌实。有时可以采用普通黏土砖填嵌。

（2）当砌块墙上下皮砌块出现通缝或错缝距离不足 150mm 时，应在水平通缝处加 $2\phi4$ 的钢筋网片，使之拉结成整体。

（3）为加强砌块建筑的整体刚度，常于外墙转角和必要的内、外墙交接处设置墙芯柱。墙芯柱多利用空心砌块将其上下孔洞对齐，在孔中配置 $\phi10$ 或 $\phi12$ 的钢筋分层插入，并用 C20 细石混凝土分层夯实（见图 4-16）。墙芯柱与圈梁、基础须有较好的连接，以利于抗震。

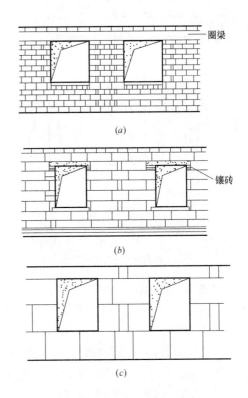

图 4-15　砌块排列示意图

（a）小型砌块排列示例；（b）中型砌块排列（一）；
（c）中型砌块排列（二）

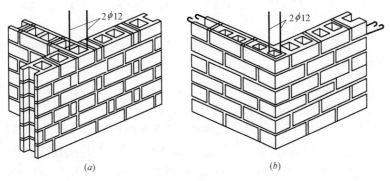

图 4-16　砌块墙墙芯柱构造

（a）内外墙交接处构造柱；（b）外墙砖角处构造柱

（4）砌块建筑每层都应设置圈梁，用以加强砌块墙的整体性。圈梁通常与过梁统一考虑，有现浇和预制钢筋混凝土圈梁两种做法。现浇圈梁整体性强，对加固墙身较为有利，但施工支模较复杂，故不少地区采用 U 型预制构件，在槽内配置钢筋，并浇筑混凝土（见图 4-17）。预制圈梁时，预制构件端部伸出钢筋，拼装时将端部钢筋绑扎在一起，然后局部现浇成整体。

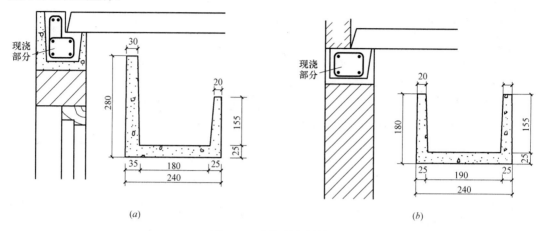

图 4-17　砌块现浇圈梁
（a）L 形现浇圈梁及 U 形构件示意图；（b）矩形现浇圈梁及两端同高 U 形构件示意图

（5）合理选择砌块墙的拼缝做法，砌块墙的拼缝有平缝、凹槽缝和高低缝，平缝制作简单，多用于水平缝；凹槽缝灌浆方便，多用于垂直缝。缝宽视砌块尺寸而定，砂浆强度等级不低于 M5 级。

（6）砌块墙外面宜做饰面，以提高防渗水能力，改善墙体热工性能；室内底层地坪以下及室外明沟或散水以上的墙体内，应设置水平防潮层。一般采用防水砂浆或配筋混凝土。同时，应以水泥砂浆做勒脚抹面。

4.2.3　隔墙

隔墙是根据不同的使用要求把房屋分隔成不同的使用空间的墙体。隔墙不承重，因此，隔墙应满足自重轻、厚度薄、隔声、防火、防潮、便于拆装等要求，以满足不同需要和房屋的平面布局。常用的隔墙有块材隔墙、轻骨架隔墙、轻型板材隔墙等。

1. 块材隔墙

块材隔墙是用普通黏土砖、空心砖以及各种轻质砌块等块材砌筑而成，常用的有普通砖隔墙和砌块隔墙两种。

（1）普通砖隔墙。普通砖隔墙有半砖墙（120mm）和 1/4 砖隔墙（60mm）两种。因砖隔墙自重大、湿作业多、施工麻烦，故目前采用不多。

现以 1/2 砖隔墙为例介绍块材隔墙的构造。1/2 砖隔墙用普通黏土砖采用全顺式砌筑而成，要求砂浆的强度等级不应低于 M5 级。隔墙两端的承重墙须预留出马牙槎，并沿墙高每隔 500mm 埋入 2ϕ6 拉结钢筋，伸入隔墙不小于 500mm。在门窗洞口处，应预埋混凝土块，安装窗框时打孔旋入膨胀螺栓，或预埋带有木楔的混凝土块，用圆钉固定门窗框（见图 4-18）。

（2）砌块隔墙。为减轻自重，常用加气混凝土块、空心砖等砌筑隔墙。加气混凝土块的尺寸以 25mm 为基数，砌筑隔墙的砌块厚度为 100mm 或 125mm。加气混凝土块具有质量轻、隔声性能好等优点，但由于其孔隙率大、极易吸湿，所以不宜用于厨房、卫生间、盥洗室等潮湿的环境，砌块隔墙的加固措施与普通砖隔墙类似。

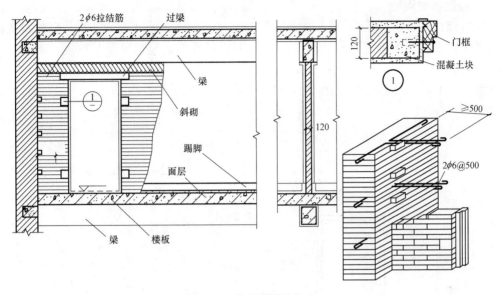

图 4-18　普通砖隔墙构造

2. 轻骨架隔墙

轻骨架隔墙又称立筋隔墙，由骨架和面层两部分组成。常用的轻骨架有木龙骨、轻钢龙骨、铝合金龙骨等。常用的墙面板材有胶合板、纤维板、石膏板等。

现以轻钢龙骨石膏板隔墙为例介绍轻骨架隔墙的构造。轻钢龙骨一般由沿顶龙骨、沿地龙骨、竖向龙骨、横撑龙骨、加强龙骨和各种配套件组成。具体做法是：在楼板垫层上浇筑混凝土墙垫，用射钉将沿地龙骨、沿顶龙骨和边龙骨分别固定在墙垫、楼板底和砖墙上，再安装竖向龙骨和横撑龙骨，竖向龙骨的间距按面板的规格布置，一般为 400～600mm。最后用自攻螺钉将石膏板钉在龙骨上，用 50mm 宽玻璃纤维带粘贴板缝后再做饰面处理（见图 4-19）。这种隔墙强度高、质量轻、整体性好，易于加工和大批量生产且防火，但极易吸湿，所以不宜用于厨房、卫生间等处。

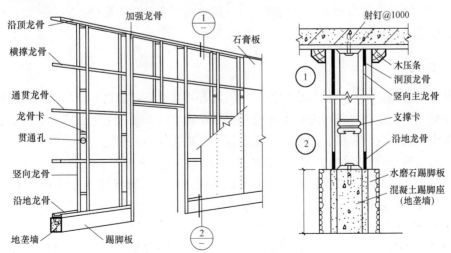

图 4-19　轻钢龙骨石膏板隔墙

3. 轻型板材隔墙

轻型板材隔墙是采用工厂生产的板材，如加气混凝土条板、石膏条板、碳化石灰板、石膏珍珠岩板以及各种复合板，直接安装，不依赖骨架的隔墙。条板厚度一般为 60～100mm，宽度为 600～1000mm，长度略小于房间的净高。安装时，条板下部先用小木楔顶紧后，用细石混凝土堵严，板缝用胶粘剂粘结，并用胶泥刮缝，平整后再进行表面装修（见图 4-20）。

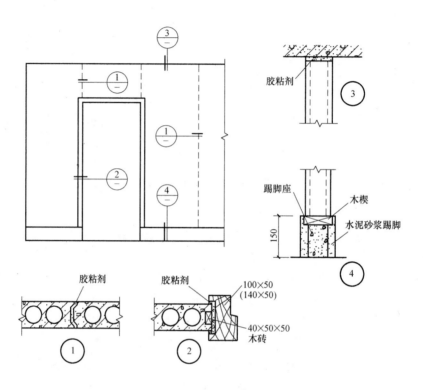

图 4-20　轻质空心条板隔墙

轻型板材隔墙具有易加工、施工速度快、现场湿作业少、自重轻、防火、隔声性能好等优点；缺点是抗侧向推力较差、二次利用性较差。

4.2.4　隔断

隔断是指分隔室内空间的装修构件。与隔墙有相似之处，但也有根本区别。隔断的作用在于变化空间或遮挡视线。利用隔断分隔空间，在空间的变化上可以产生丰富的意境效果，增加空间的层次和深度。当今的居住建筑和公共建筑，如住宅、办公室、旅馆、展览馆、餐厅等，隔断是设计中的一种处理方法。

隔断的形式有很多，按照隔断的外部形式和构造方式一般将其分为花格式、屏风式、移动式、帐幕式和家具式等。

1. 花格式隔断

花格式隔断主要是划分与限定空间，不能完全遮挡视线和隔声，主要用于分隔和沟通。在功能要求上既需隔离，又需保持一定联系的两个相邻空间，具有很强的装饰性，广泛应用于宾馆、商店、展览馆等公共建筑及住宅建筑中。

花格式隔断有木制、金属、混凝土等制品，形式多种多样（见图4-21）。

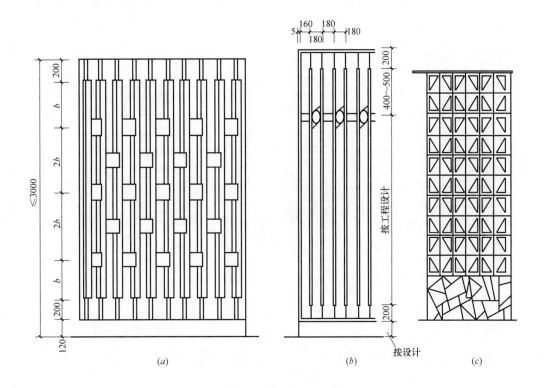

图 4-21　花格式隔断举例

（a）木花格隔断；（b）金属花格隔断；（c）混凝土花格隔断

2. 屏风式隔断

屏风式隔断只有分隔空间和遮挡视线的要求，高度不需很大，一般为 1100～1800mm，常用于办公室、餐厅、展览馆以及门诊室等公共建筑。

屏风式隔断的传统做法是用木材制作，表面做雕刻或裱书画和织物，下部设支架，也有铝合金镶玻璃制作的。现在，人们在屏风下面安装金属支架，支架上安装橡胶滚动轮或滑动轮，增加了分隔空间的灵活性。

屏风式隔断也可以是固定的，其构造做法有两种：一种是立筋骨架式隔断，它与立筋隔墙的做法类似，即用螺栓或其他连接件在地板上固定骨架，然后在骨架两侧钉面板或在中间镶板或玻璃；另一种是用预制板直接拼装，预制板与墙、地板间用预埋铁件固定，板与板之间根据材料的不同，可用硬木销、钢销或铁钉连接。

3. 移动式隔断

移动式隔断可以随意闭合或打开，使相邻的空间随之独立或合成一个大空间。这种隔断使用灵活，在关闭时能起到限定空间、隔声和遮挡视线的作用。

移动式隔断的类型有很多，按其启闭的方式分为拼装式、滑动式、折叠式、卷帘式、起落式等。

4.2.5 复合墙体

为了满足热工要求，寒冷地区的外墙，可以采用砖与其他保温材料相结合的复合墙。一般有在砖墙内贴保温材料和中间填充保温材料以及在墙外贴保温材料等形式（见图 4-22）。

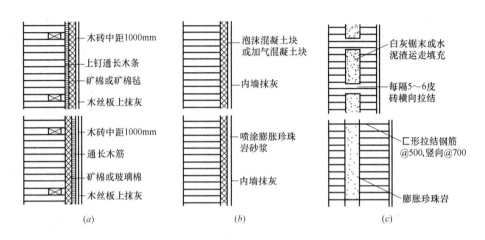

图 4-22 复合墙构造

（a）墙内贴软质保温材料；（b）墙内贴硬质保温材料；（c）墙中间填充保温材料

目前常用的保温材料有很多种，如矿渣、泡沫混凝土、蛭石、玻璃棉、膨胀珍珠岩、泡沫塑料等。

4.3 钢筋混凝土柱

柱是建筑物主体结构的重要组成部分，承重柱承受屋顶和楼层传来的全部竖向荷载及其他各种类型的荷载，如风载、地震作用、吊车垂直轮压、吊车水平制动力等，是结构重要的竖向受力构件。

柱为竖向构件，在工业厂房、钢筋混凝土框架结构中，柱是竖向受力构件的主体。除此之外，还有加强墙体承载能力和稳定性的墙垛、工业厂房山墙上的抗风柱、挡土墙上的扶壁柱等，它们可以改变结构的受力状态、增强墙体的抗弯能力。柱的截面形式有正方形、矩形、工字形、双肢柱、圆形、管型等。图 4-23 为几种钢筋混凝土柱的类型。

4.3.1 柱承受的荷载

不同的结构，柱所承受的荷载类型各有不同，现以工业厂房柱承受的荷载为例说明。见图 4-24，柱顶荷载 N_1，即柱顶屋面梁或屋架传来的集中荷载；风荷载和地震作用是排架柱和框架柱承受的主要水平荷载；吊车垂直轮压力 P 和吊车横向制动力 T；连系梁传来的集中荷载 N_2；柱自重以及作用于柱上的其他荷载，如架设在柱上的设备、管道等。单层工业厂房中，较小的管子可在吊车梁边部空隙穿行，如图 4-25（a）所示；一般情况下是在柱内预

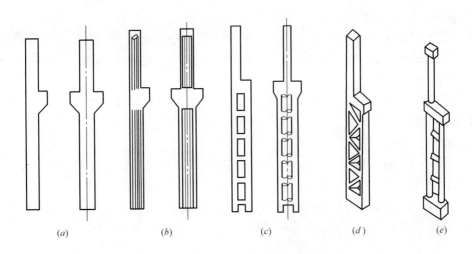

图 4-23　几种常用的有吊车厂房的预制钢筋混凝土柱

(a) 矩形柱；(b) 工字形柱；(c) 腹板开洞工字形柱；(d) 双肢柱；(e) 管柱

留预埋件，用于安装和固定钢支架支承管道设备，如图 4-25 (b) 所示；双肢柱在柱的中部有空洞（肢间空隙），管道可穿过肢间空洞设于柱上，如图 4-25 (c) 所示。

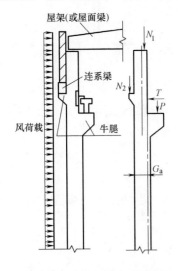

图 4-24　单层厂房柱荷载图

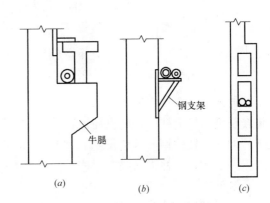

图 4-25　管道与柱关系示意图

(a) 管在吊车梁边部空隙穿行；

(b) 柱内预留预埋件用于安装和固定钢支架支承管道；

(c) 双肢柱中部空洞供穿管

4.3.2　钢筋混凝土柱的构造要求

1. 钢筋混凝土柱的钢筋构造

现浇柱和预制柱的纵向钢筋配置，通常均采用对称配筋，箍筋则采用封闭式箍筋。而现浇柱的纵向钢筋的连接，则成为柱配筋构造的重要内容。

（1）柱纵向钢筋

1）纵向钢筋的选择

纵向受力钢筋直径不宜小于12mm；净间距不应小于50mm（水平浇筑的预制柱，其纵向钢筋间的最小净距可按梁的规定采用），中距不应大于300mm（包括垂直于弯矩作用平面的钢筋中距）。

全部纵向钢筋的配筋率不宜大于5％；圆柱中的纵向钢筋宜沿周边均匀布置，根数不应少于6根，不宜少于8根。

2）纵向构造钢筋

① 当偏心受压柱截面高度 $h \geqslant 600$mm 时，在柱侧面应设置直径为 10～16mm 的纵向构造钢筋，并相应设置复合箍筋或拉筋。

② 柱中纵向钢筋的接头应符合下列要求（见图4-26）：柱每边钢筋不多于4根，可在一个水平面上接头；柱每边钢筋为5～8根时，可在两个水平面上接头。

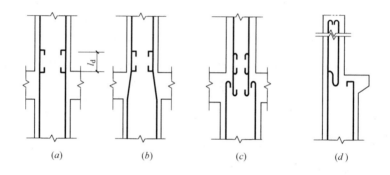

图 4-26　柱中纵向钢筋接头

（a）上下柱钢筋搭接；（b）下柱钢筋弯折伸入上柱；（c）加插筋搭接；（d）上柱钢筋伸入下柱

下柱伸入上柱搭接钢筋的根数及直径应满足上柱要求。当上、下柱内钢筋直径不同时，搭接长度应按上柱内钢筋直径计算。

下柱伸入上柱的钢筋折角长度不大于1：6时，下柱钢筋可不切断而弯伸至上柱；否则应设置插筋或将上柱钢筋锚在下柱内。

（2）箍筋

1）箍筋的形状、直径、间距

柱及其他受压构件中的周边箍筋必须做成封闭。对于圆柱中的箍筋，其搭接长度不小于 l_a（混凝土结构规范要求的锚固长度），且末端应做成 135°弯钩，弯钩末端直段长度不应小于箍筋直径的5倍。

箍筋直径不应小于6mm，且不应小于 $d/4$，d 为纵向钢筋的最大直径。当柱中全部纵向受力钢筋配筋率大于3％时，箍筋直径不应小于8mm。

箍筋间距不应大于400mm及构件截面短边尺寸，也不应大于15d，d 为纵向受力钢筋最小直径。当配筋率大于3％时，箍筋间距不应大于200mm且不应大于纵向受力钢筋最小直径的10倍；此时箍筋末端应做成135°弯钩且弯钩末端平直段长度不应小于箍筋直径的10倍，箍筋也可焊成封闭环式。

2）复合箍筋

当柱短边截面尺寸大于 400mm 且各边纵向钢筋多于 3 根时，或当柱短边尺寸不大于 400mm 但各边纵向钢筋多于 4 根时，应设置复合箍筋（见图 4-27）。

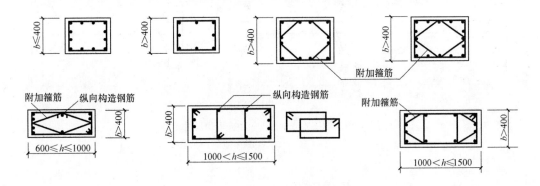

图 4-27　柱复合箍筋设置

复合箍筋的设置原则是：每隔 1 根纵向钢筋，箍筋对纵向钢筋有两个方向的约束（即除周边基本箍筋外，对纵筋应隔一拉一），图 4-28 给出了各种类型的箍筋组合形式，其中类型 1 的箍筋肢段又可有多种组合。

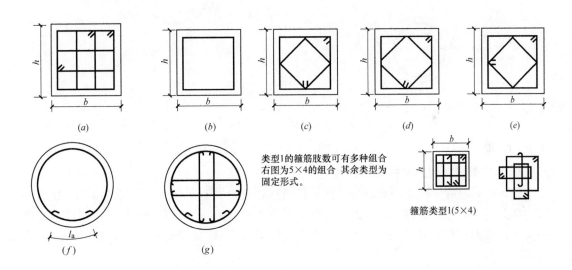

图 4-28　箍筋的类型组合

（a）类型 1；（b）类型 2；（c）类型 3；（d）类型 4；（e）类型 5；（f）类型 6；（g）类型 7

（3）工字形截面柱

工字形截面柱的截面配筋和尺寸要求如图 4-29 所示。

（4）螺旋箍筋柱

螺旋箍筋柱只适用于轴心受压短柱，截面为圆形或正多边形。其关键是螺旋箍筋的配置，构造如图 4-30 所示。

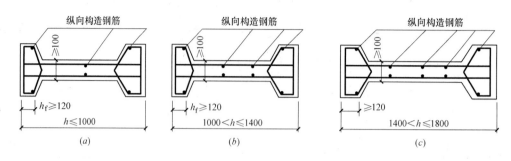

图 4-29　工字形截面柱截面配筋和尺寸要求

(a) $h \leqslant 1000$；(b) $1000 < h \leqslant 1400$；(c) $1400 < h \leqslant 1800$

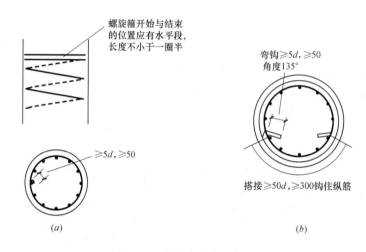

图 4-30　圆柱螺旋箍筋构造

(a) 端部构造；(b) 搭接构造

2. 非抗震设计时的梁柱节点构造

现浇钢筋混凝土框架的梁、柱连接，是通过钢筋在节点处的锚固实现的。在中间层，柱的纵向钢筋应连续穿过节点，然后根据需要在上柱的适当位置进行连接（连接宜采用焊接接头，当钢筋直径 $d < 22mm$ 时，也可采用搭接接头）；顶层的柱纵向钢筋则锚固在顶层节点内。

（1）中间层梁柱节点

1）中间层端节点

框架梁上部纵向钢筋伸入中间层端节点的锚固长度，当采用直线锚固形式时，不应小于 l_a（受拉钢筋锚固长度），且伸过柱中心线不宜小于 $5d$，d 为梁上部纵向钢筋直径（见图 4-31（a））；当柱截面尺寸不足时，梁上部纵向钢筋应伸至节点对边并向下弯折，其包括弯弧段在内的水平投影长度不应小于 $0.4l_a$，包括弯弧段在内的竖直投影长度取为 $15d$（见图 4-31（b））。

柱纵向钢筋应贯穿节点，接头设在节点区外。

2）中间层中间节点

在框架梁柱的中间节点处，梁的上部纵向钢筋应连续穿过节点；柱纵向钢筋连续穿过

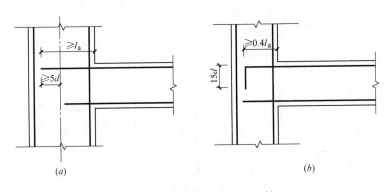

图 4-31　中间层端节点的钢筋

(a) 梁上部钢筋直线锚固；(b) 梁上部钢筋弯折锚固

节点，在节点外接头；框架梁的下部纵向钢筋则根据其受力状况分别满足相应锚固要求。

① 计算中不利用该钢筋强度时，锚固长度 $l_{as} \geqslant 15d$（光圆钢筋）或 $l_{as} \geqslant 12d$（带肋钢筋），并宜伸至节点中心线；

② 当计算中充分利用钢筋抗拉强度时，可采用三种锚固方式：直线锚固，钢筋锚固长度不小于受拉钢筋锚固长度 l_a（见图 4-32 (a)）；弯折锚固，采用带 90°弯折的锚固形式，其水平段不小于 $0.4l_a$，竖直段长度为 $15d$（见图 4-32 (b)）；伸过节点，并在梁中弯矩较小处设搭接接头（见图 4-32 (c)）。

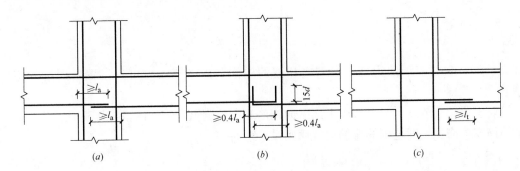

图 4-32　框架梁中间节点下部钢筋的受拉锚固

(a) 直线锚固；(b) 弯折锚固；(c) 伸过节点搭接

（2）顶层梁柱节点

1）顶层端节点

在框架顶层端节点处，梁柱钢筋的连接方式有两种：一种方式称为梁内连接（见图 4-33 (a)），另一种方式称为柱内连接（见图 4-33 (b)）。

2）顶层中间节点

顶层中间节点的钢筋锚固和连接无特殊之处（见图 4-34），其中梁的钢筋与中间层节点相同，柱纵筋锚入梁内的长度不小于 l_a，水平段向内或向外弯折长度不小于 $12d$。

（3）节点内的箍筋

在框架梁柱节点内应设置水平箍筋，箍筋应符合柱内箍筋的一般构造规定，且间距不

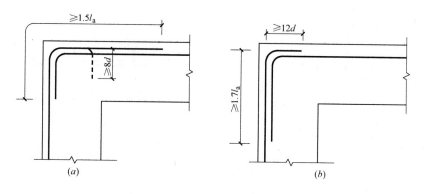

图 4-33　顶层端节点处的梁柱钢筋搭接

（a）柱外侧纵向钢筋与梁端顶部钢筋搭接；（b）柱顶部外侧纵向钢筋与梁钢筋直线搭接

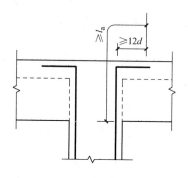

图 4-34　顶层中间节点

宜大于 250mm。对于四边均有梁与之相连的中间节点，节点内可只设置沿周边的矩形箍筋。

对于顶层端节点，当设有梁上部纵向钢筋和柱外侧纵向钢筋的搭接接头时，节点内水平箍筋应按搭接长度范围的箍筋设置原则设置箍筋。

第5章 楼 地 面

5.1 概述

楼地层包括楼盖层和地坪层，是水平方向分隔房屋空间的承重构件，楼盖层分隔上下楼层空间，地坪层分隔大地与底层空间。由于它们均是供人们在上面活动的，因而有相同的面层；但由于它们所处位置不同、受力不同，因而结构层有所不同。楼盖层的结构层为楼板，楼板将所承受的上部荷载及自重传递给墙或柱，并由墙、柱传给基础；楼盖层有隔声等功能要求。地坪层的结构层为垫层，垫层将所承受的荷载及自重均匀地传给夯实的地基（见图 5-1）。

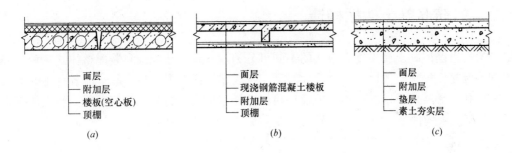

图 5-1 楼地层的组成

(*a*) 楼盖层（一）；(*b*) 楼盖层（二）；(*c*) 地坪层

5.2 地坪层构造

地坪层是建筑物底层与土壤相接的构件，和楼板层一样，它承受着底层地面上的荷载，并将荷载均匀地传给地基。

地坪层由面层、垫层和素土夯实层构成。根据需要还可以设各种附加构造层，如找平层、结合层、防潮层、保温层、管道敷设层等。

1. 素土夯实层

素土夯实层是地坪的基层，也称地基。素土即为不含杂质的砂质黏土，经夯实后，才能承受垫层传递下来的地面荷载。通常是填 300mm 厚的土夯实成 200mm 厚，使之能均匀承受荷载。

2. 垫层

垫层是承受并传递荷载给地基的结构层，垫层有刚性垫层和非刚性垫层之分。刚性垫层常用低强度等级混凝土，一般采用 C15 混凝土，其厚度为 80～100mm；非刚性垫层常用 50mm 厚砂垫层、80～100mm 厚碎石灌浆、50～70mm 厚石灰炉渣、70～120mm 厚三合土。

刚性垫层用于地面要求较高及薄而性脆的面层，如水磨石地面、瓷砖地面、大理石地面等。

非刚性垫层常用于厚而不易断裂的面层，如混凝土地面、水泥制品块地面等。

对某些室内荷载大且地基又较差并且有保温等特殊要求的地方，或面层装修标准较高的地面，可在地基上先做非刚性垫层，再做一层刚性垫层，即复式垫层。

3. 面层

地坪面层与楼盖面层一样，是人们日常生活、工作、生产直接接触的地方，不同房间对面层有不同的要求，面层应坚固耐磨、表面平整、光洁、易清洁、不起尘。对于居住和人们长时间停留的房间，要求有较好的蓄热性和弹性；浴室、厕所则要求耐潮湿、不透水；厨房、锅炉房要求地面防水、耐火；实验室则要求耐酸碱、耐腐蚀等。

5.3 钢筋混凝土楼板构造

根据钢筋混凝土楼板施工方法的不同可分为现浇式、装配式和装配整体式三种。现浇式钢筋混凝土楼板整体性好、刚度大、利于抗震、梁板布置灵活、能适应各种不规则形状和需留孔洞等特殊要求的建筑，但模板材料的耗用量大。装配式钢筋混凝土楼板能节省模板，并能改善构件制作时工人的劳动条件，有利于提高劳动生产率和加快施工进度，但楼板的整体性较差，房屋的刚度也不如现浇式房屋的刚度好。一些房屋为节省模板、加快施工进度和增强楼板的整体性，常做成装配整体式楼板。

5.3.1 装配式钢筋混凝土楼板

装配式钢筋混凝土楼板是把楼板分成若干构件，在工厂或预制场预先制作好，然后在施工现场进行安装。

常用的预制钢筋混凝土板，根据其截面形式可分为平板、槽形板和空心板三种类型（见图 5-2）。

1. 平板

实心平板一般用于小跨度（1500mm 左右），板的厚度为 60mm。平板板面上下平整、制作简单，但自重较大、隔声效果差。常用作走道板、卫生间楼板、阳台板、雨篷板、管沟盖板等。

2. 槽形板

当板的跨度较大时，为了减轻板的自重，根据板的受力情况，可将板做成由肋和板构成的槽形板。槽形板减轻了板的自重，具有节省材料、便于在板上开洞等优点，但隔声效果差。当槽形板正放（肋向下）时，板底不平整；当槽形板倒放（肋向上）时，需在板上进行构造处理，使其平整，槽内可填轻质材料起保温、隔声作用。槽形板正放常用作厨房、卫生间、库房等楼板。当对楼板有保温、隔声要求时，可考虑采用倒放槽形板。

3. 空心板

根据板的受力情况，考虑隔声要求，并使板面上下平整，可将预制板抽孔做成空心板，空心板的孔洞有矩形、方形、圆形、椭圆形等。矩形孔较为经济但抽孔困难；圆形孔的板刚度较好，制作也较方便，因此使用较广。根据板的宽度，孔数有单孔、双孔、三孔、多孔。

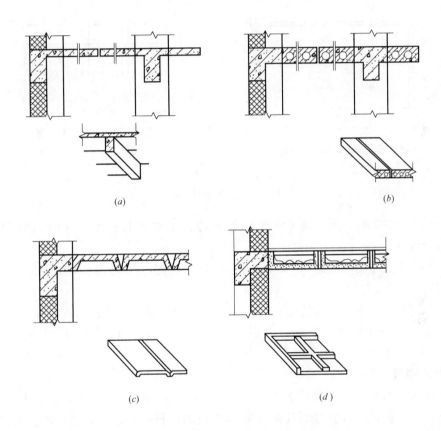

图 5-2　预制钢筋混凝土板的类型

（a）平板；（b）空心板；（c）正放槽形板；（d）倒放槽形板

5.3.2　现浇式钢筋混凝土楼板

1. 现浇肋梁楼板

现浇肋梁楼板由板、次梁、主梁现浇而成。根据板的受力状况不同，有单向板肋梁楼板、双向板肋梁楼板。单向板的平面长边与短边之比≥3，可认为这种板受力后仅向短边传递。双向板的平面长边与短边之比≤2，受力后向两个方向传递，短边受力大，长边受力小。如图 5-3 所示，板由次梁支撑，次梁的荷载传给主梁。在进行肋梁楼板的布置时，应遵循以下原则：

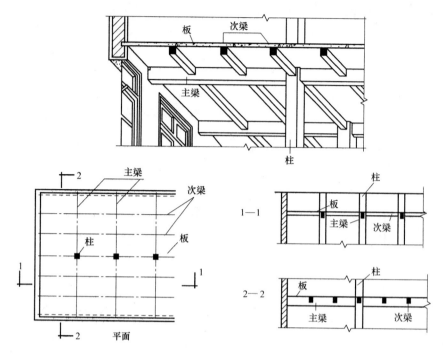

图 5-3　现浇肋梁楼板

（1）承重构件如柱、梁、墙等应有规律地布置，宜做到上下对齐，以利于结构传力直接、受力合理。

（2）板上不宜布置较大的集中荷载，自重较大的隔墙和设备宜布置在梁上，梁应避免支承在门窗洞口上。

（3）满足经济要求。一般情况下，常采用的单向板跨度尺寸为 1.7～3.6m，不宜大于4m。双向板短边的跨度宜小于 4m；方形双向板宜小于 5m×5m。次梁的经济跨度为 4～6m；主梁的经济跨度为 5～8m。

2. 井式楼板

当肋梁楼板两个方向的梁不分主次、高度相等、同位相交、呈井字形时则称为井式楼板（见图 5-4）。因此，井式楼板实际是肋梁楼板的一种特例。井式楼板的板为双向板，所以，井式楼板也是双向板肋梁楼板。

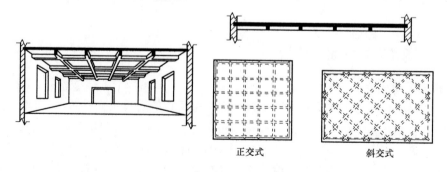

图 5-4　井式楼板

井式楼板宜用于正方形平面，长短边之比≤1.5的矩形平面也可采用。梁与楼板平面的边线可以正交也可以斜交。此种楼板的梁板布置图案美观，有装饰效果，为创造较大的建筑空间创造了条件。

3. 无梁楼板

无梁楼板不设梁，是一种双向受力的板柱结构（见图5-5）。为了提高柱顶处平板的受冲切承载力，往往在柱顶设置柱帽。无梁楼板采用的柱网通常为正方形或接近正方形，这样较为经济。常用的柱网尺寸为6m左右。采用无梁楼板顶棚平整，有利于室内的采光、通风，视觉效果较好，且能减少楼板所占的空间高度。但楼板较厚，当楼面荷载较小时不经济。无梁楼板常用于商场、仓库、多层车库等建筑内。

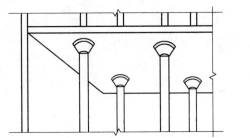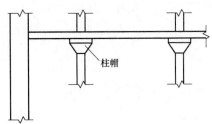

图5-5　无梁楼板

5.3.3　装配整体式钢筋混凝土楼板

1. 密肋填充块楼板

密肋填充块楼板由密肋楼板和填充块叠合而成。

密肋楼板有现浇密肋楼板、预制小梁现浇楼板等。

密肋楼板由布置得较密的肋（梁）与板构成，肋的间距及高度应与填充物尺寸配合。

密肋楼板间填充块常采用陶土空心砖或焦渣空心砖。密肋填充块楼板板底平整，有较好的隔声、保温、隔热效果。密肋填充块楼板由于肋间距小，肋的截面尺寸不大，使楼板结构所占的空间较小。此种楼板由于施工较麻烦，大中城市采用较少。

2. 叠合式楼板

现浇式钢筋混凝土楼板的整体性好，但施工速度慢、耗费模板多；装配式钢筋混凝土楼板的整体性差，但施工速度快、节省模板；预制薄板与现浇混凝土面层叠合而成的装配整体式楼板，或称叠合式楼板，则既省模板，整体性又好，但施工较麻烦（见图5-6）。叠合式楼板的预制钢筋混凝土薄板既是永久性模板承受施工荷载，也是整个楼板结构的一个组成部分。预应力混凝土薄板内配以高强钢丝作为预应力筋，同时也是楼板的跨中受力钢筋，板面现浇混凝土叠合层，只需配置少量的支座负弯矩钢筋。所有楼盖层中的管线均事先埋在叠合层内，现浇层内预制薄板底面平整，作为顶棚可直接喷浆或粘贴装饰顶棚壁纸。预制薄板叠合楼板常在住宅、宾馆、学校、办公楼、医院以及仓库等建筑中应用。

为保证预制薄板与叠合层有较好的连接，薄板上表面需作处理，常见的处理方式有两种：一种是在上表面作刻槽处理，如图5-6（a）所示，刻槽直径50mm、深20mm、间距

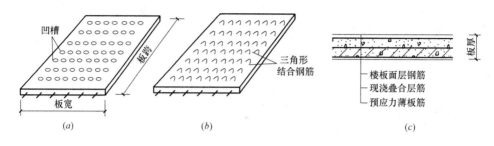

图 5-6 叠合式楼板
(a) 板面刻槽楼板；(b) 板面露出三角形结合钢筋；(c) 叠合组合楼板结合钢筋

150mm；另一种是在薄板上表面露出较规则的三角形结合钢筋，如图 5-6（b）所示。现浇叠合层的混凝土强度等级为 C20，厚度一般为 70～120mm。叠合楼板的总厚度取决于板的跨度，一般为 150～250mm，楼板厚度以薄板厚度的两倍为宜。

5.4 预应力混凝土构件

由于混凝土的抗拉性能很差，使钢筋混凝土存在两个问题：一是在使用荷载作用下，钢筋混凝土受拉、受弯等构件通常是带裂缝工作的；二是从保证结构刚度和耐久性出发，必须限制挠度与裂缝宽度。为了满足变形和裂缝控制的要求，需增大构件的截面尺寸和用钢量，这将导致构件自重过大，使钢筋混凝土构件用于大跨度或承受动力荷载的结构很不经济或成为不可能。于是，人们便想到了预应力。

5.4.1 预应力混凝土的原理及特点

预应力是指对物体或构件在受荷前预先施加一定的应力，使其在受外荷载作用时所产生的应力与之抵消以达到所要求的应力状态。预应力的概念在生产实践和日常生活中早已有所运用，如制作木桶时用铁箍箍紧木板，当木桶盛水后，只要桶壁所受的环向拉应力不超过铁箍预先施加的压应力，木桶就不会漏水。

1. 预应力混凝土的原理

预应力混凝土就是用人工的方法在构件受荷前预先对受拉区的混凝土施加一定的压应力。这种预压应力可以部分或全部抵消外荷载产生的拉应力，因而可推迟甚至避免裂缝的出现，有效地提高构件的抗裂性，从而改善钢筋混凝土结构在使用荷载作用下的性能，使混凝土结构得到更广泛的应用。

预应力原理如图 5-7 所示，图中（a）为在构件的底部施加了一对压应力，使其产生了反拱；图（b）是普通构件受外荷载作用时的状况；图（c）则是施加了预应力的构件受荷载后两种应力叠加的状况。

2. 预应力混凝土的特点

预应力混凝土与普通钢筋混凝土相比，有如下特点：

（1）提高了构件的抗裂能力。因为承受外荷载之前预应力混凝土构件的受拉区已有预压应力存在，所以在外荷载作用下，只有当混凝土的预压应力被全部抵消转而受拉且拉应

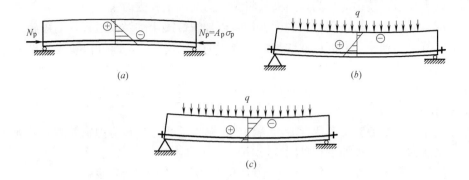

图 5-7 梁中预应力原理图

(a) 预应力作用；(b) 使用荷载作用；(c) 预应力和使用荷载共同作用

变超过混凝土的极限拉应变时，构件才会开裂。

（2）增大了构件的刚度。由于预应力混凝土构件正常使用时，在荷载效应标准组合下可能不开裂或只有很小的裂缝，混凝土基本上处于弹性阶段工作，因而构件的刚度比普通钢筋混凝土构件有所增大。

（3）充分利用高强度材料。普通钢筋混凝土构件不能充分利用高强度材料，而预应力混凝土构件中，预应力钢筋先被预拉，然后在外荷载作用下钢筋应力进一步增大，因而始终处于高拉应力状态，即能够有效利用高强度钢筋，而且钢筋的强度高，可以减小所需要的钢筋截面面积。与此同时，应该尽可能采用高强度等级的混凝土，以便与高强度钢筋相配合，获得较经济的构件截面尺寸。

（4）扩大了构件的应用范围。由于预应力混凝土改善了构件的抗裂性能，因而可用于有防水、抗渗透及抗腐蚀要求的环境；采用高强度材料，结构轻巧、刚度大、变形小，可用于大跨度、重荷载及承受反复荷载的结构。

值得注意的是，对于同样尺寸、同样材料及相同钢筋数量的普通钢筋混凝土及预应力混凝土，其极限承载力是一样的，即预应力混凝土构件并不能提高极限承载力。同时，预应力混凝土施工工序多、对施工技术要求高，需要张拉设备、锚具，劳动力费用高，因而存在一定的局限性。而普通钢筋混凝土结构由于施工较方便、造价较低等特点，在允许带裂缝工作的一般工程结构中仍然广泛应用。

5.4.2　预应力混凝土的分类及制作工艺

按照施加预应力的工艺可将预应力混凝土的制作方法分为先张法、后张法和电张法；按照使用荷载下截面应力控制程度的不同可分为全预应力、有限预应力和部分预应力；按照预应力筋与其周围的混凝土是否粘结、握裹在一起而分为有粘结预应力与无粘结预应力等。下面简单介绍先张法、后张法与电张法。

1. 先张法

张拉预应力筋在混凝土浇筑结硬之前进行的方法叫先张法。先张法的施工过程如下（见图 5-8（a））：

（1）在固定台座（或钢模）上，穿预应力筋，使之就位。

（2）用千斤顶张拉预应力筋，用夹具将预应力筋固定在支墩上。

（3）浇筑混凝土。按特定养护制度养护，以加快混凝土的结硬过程，缩短施工周期。

（4）混凝土达到一定强度后（约为设计强度的75％以上），即可切断或放松钢筋，简称放张。预应力筋回缩时靠钢筋与混凝土之间的粘结力，由端部通过一定长度挤压混凝土，建立预压应力，这种方式称为自锚，有时也补充设置特殊的锚具。

2. 后张法

后张法是先浇筑混凝土，待混凝土达到规定强度后再张拉预应力钢筋的一种预加应力方法。后张法的施工过程如下（见图5-8（b））：

（1）浇筑混凝土构件。必须注意要预留穿预应力筋的孔道和灌浆孔。

（2）当混凝土达到要求的强度后，将预应力筋穿入预留孔道，用千斤顶张拉预应力筋，构件混凝土同时受压。当张拉力达到设计要求后，用锚具将预应力筋锚固在构件端部（锚具留在构件上，不再取下）。

（3）在孔道内灌浆，即成有粘结预应力构件；也可以不灌浆，形成无粘结预应力构件。

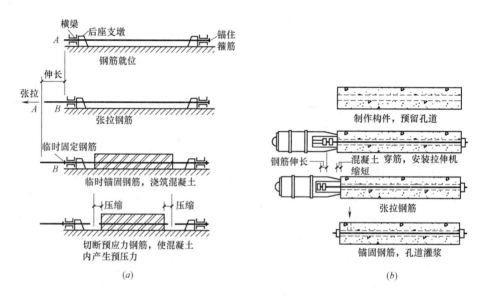

图 5-8　施加预应力工序图
（a）先张法；（b）后张法

3. 电张法

电张法是利用钢筋热胀冷缩的原理来完成的。电热张拉时用低压强电流通过钢筋，由于钢筋的电阻较大，致使钢筋发热，其长度随温度的升高而成正比例伸长，待伸长值达到预定长度时，立即进行锚固并切断电流，钢筋降温由冷缩而建立预应力。

4. 张拉法优缺点比较

（1）先张法。先张法的优点是：张拉工序比较简单；不需在构件上放置永久性锚具；能成批生产，特别适合量大面广的中小型构件。缺点是：需要较大的台座或成批的钢模、养护池等固定设备，一次性投资较大；预应力筋布置多数为直线型，曲线布置比较困难。

（2）后张法。后张法的优点是：张拉预应力筋可以直接在构件上或整个结构上进行，

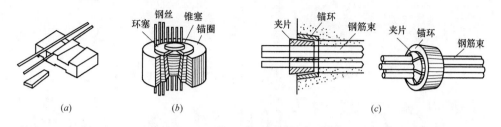

图 5-9　锚具

(a) 楔形锚具；(b) 锥形锚具；(c) JM12 型锚具

因而可根据不同荷载性质合理布置各种形状的预应力筋；适用于运输不便、只能在现场施工的大型构件及特殊结构或可由块体拼接而成的特大构件。缺点是：用于永久性的工作锚具耗钢量很大；张拉工序比先张法要复杂，施工周期长。

（3）电张法。电张法既可用于后张构件，也可用于先张构件。电热张拉与机械张拉相比，优点是设备简单、操作方便、速度快、效率高，可用于曲线配筋的结构构件（如圆水池、油罐等）以及高空作业的结构。缺点是由于对钢筋的材性掌握不好而不易控制准确。

预应力混凝土既是一种施工工艺（技术），也是一种结构形式，已在建设领域广泛应用。但预应力混凝土与普通钢筋混凝土在设计理论与制作工艺上有很大的不同，如预应力混凝土对材料（预应力钢筋、混凝土）的要求、锚具（见图 5-9）的要求、张拉应力的控制及预应力损失的计算问题，限于篇幅此处不再叙述。

第6章 斜向构件与悬挑构件

楼梯是联系建筑竖向空间的一种斜向构件，阳台、雨篷是悬挂于建筑外墙上的悬挑构件。本章主要介绍斜向构件楼梯及台阶、悬挑构件阳台与雨篷的构造。

6.1 楼梯概述

楼梯是建筑内部的垂直交通设施，是人员上下楼层和紧急疏散的必经之路。因此，楼梯设计首先应满足坚固耐久、安全防火、通行顺畅、行走舒适的要求；其次，楼梯造型要美观大方，与室内外环境相协调。

6.1.1 楼梯的类型

楼梯的类型较多，按所用材料可分为木楼梯、钢筋混凝土楼梯、钢楼梯，其中钢筋混凝土楼梯在现代建筑中最为常见；按布置形式可分为直行单（多）跑楼梯、折行多跑楼梯、平行双跑楼梯、平行双分（双合）楼梯、交叉楼梯、剪刀楼梯、螺旋楼梯、弧形楼梯等，如图 6-1 所示。

在诸多形式的楼梯中，使用最为广泛的是平行双跑楼梯。因为平行双跑楼梯所占的开间进深尺寸近似于一般房间的平面尺寸，所以在建筑平面设计时容易布置。

6.1.2 楼梯的组成

楼梯由梯段、平台和栏杆扶手三部分组成，如图 6-2 所示。

1. 梯段

梯段是联系两个不同标高平台，带有踏步供人员上下通行的倾斜受力构件。为减轻疲劳，每一梯段的踏步数量不宜太多，一般不超过 18 级，但也不宜少于 3 级，以免步数太少不易察觉而被忽略踩空。

2. 平台

平台按所处位置不同有中间平台和楼层平台之分。位于两楼层之间的部分叫中间平台，它具有缓解疲劳和转换梯段的作用。在各楼层楼梯起步部位与楼面平齐相接的部分叫楼层平台，用于分配从楼梯到达各楼层的人流。

3. 栏杆扶手

栏杆是设在梯段及平台临空一侧的安全围护构件，扶手安装在栏杆顶部，供人员上下楼梯时扶持。扶手一般设在临空一侧的栏杆上，当公共建筑梯段设计净宽达三股人流时，靠墙一侧也应设置扶手；达四股人流时，还应加设中间扶手。

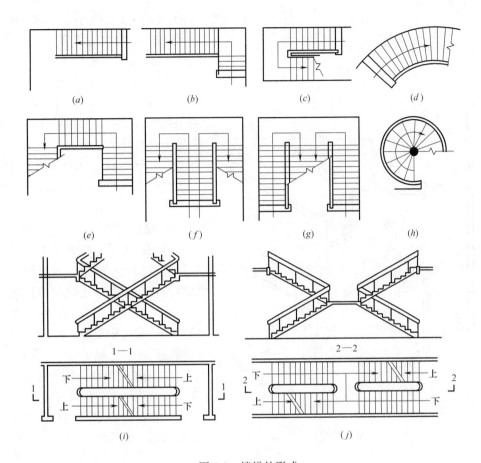

图 6-1 楼梯的形式

(a) 直上式（单跑）；(b) 曲尺式；(c) 双折式（双跑）；(d) 弧形；(e) 三折式（三跑）；

(f) 双分式；(g) 双合式；(h) 螺旋形；(i) 交叉楼梯；(j) 剪刀楼梯

6.1.3 楼梯的基本尺寸

楼梯的基本尺寸，要满足人员通行顺畅、行走舒适的要求，就必须符合人体活动的基本生理条件。此外，还应适当考虑搬运物件的使用要求及安全、经济的原则。

1. 楼梯坡度

楼梯是倾斜构件，倾斜坡度多在 20°～45°之间。一般人流密集、使用频繁的楼梯，坡度应平缓一些，以 30°左右为宜。人流不多或不经常使用的辅助楼梯，坡度可以陡一些，但也不宜超过 38°。

2. 梯段宽度

梯段宽度应根据建筑物的使用性质确定，须满足通行人流量的需要和紧急情况下防火疏散的要求。供日常主要交通所用楼梯的梯段净宽，一般按每股人流宽 0.55＋（0～0.15）m 计算。供单人通行的梯段宽度应不小于 900mm，以满足单人携带物品时自由通过；供双人通行时一般为 1100～1400mm；供三人通行时为 1650～2100mm。

3. 楼梯净空高度

楼梯各部位的净空高度要满足人员通行和搬运物件的要求。一般情况下，中间平台部

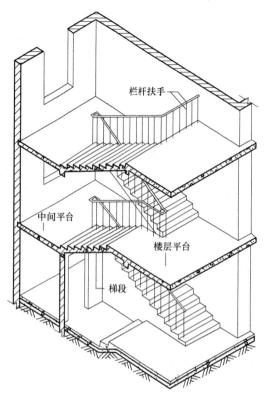

图 6-2 楼梯的组成

分的净空高度不应小于 2000mm，梯段部分的净空高度不应小于 2200mm，如图 6-3 所示。

当楼梯首层休息平台下作通道时，为满足其下部净空高度的要求，可采取增加第一跑梯段踏步级数的办法或降低首层休息平台下地面标高的办法，以提高首层休息平台的高度，一般是将上述两种办法结合起来处理较为适宜。

4. 踏步尺寸

楼梯踏步尺寸应根据人体尺度和楼梯坡度的大小确定。为了使人在上楼时与在平地上行走时感觉接近，踏步高 h 与人的步距有关，踏步宽 b 则应与人的脚长相适应。一般民用建筑楼梯的踏步尺寸见表 6-1。

常用的踏步尺寸以高 150mm、宽 300mm 为宜。在踏步宽一定的情况下，常将踏步出挑 20~25mm，以增加行走的舒适度，如图 6-4 所示。

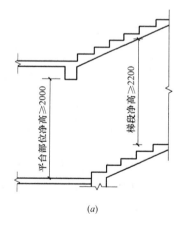

(a)

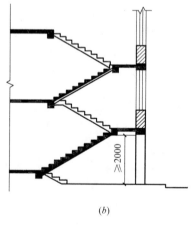

(b)

图 6-3 楼梯净空高度
(a) 中间层平台和梯段净高；(b) 直层平台净高

常用踏步尺寸 表 6-1

名称	踏步高(mm)	踏步宽(mm)	名称	踏步高(mm)	踏步宽(mm)
住宅	150~175	250~300	剧院、会堂	120~150	300~350
幼儿园	120~150	250~280	医院	120~150	300~350
学校、办公楼	140~160	280~340			

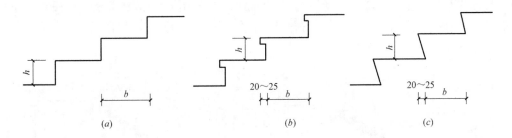

图 6-4　楼梯踏步尺寸

(*a*) 未出挑踏步；(*b*) 出挑踏步（一）；(*c*) 出挑踏步（二）

5. 扶手高度

楼梯栏杆扶手高度是指从楼梯踏步的踏面至扶手顶面的垂直距离，一般为成人900mm，儿童 500～600mm，如图 6-5 所示。顶层平台栏杆扶手的安全高度应不小于 1050mm。

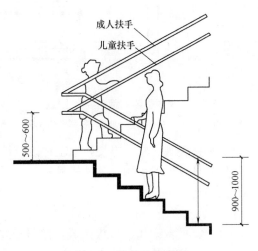

图 6-5　楼梯扶手高度

6.2　钢筋混凝土楼梯

钢筋混凝土楼梯具有坚固耐久、防火性能好等优点，被广泛用于各类建筑中。钢筋混凝土楼梯按施工方式不同，可分为现浇整体式和预制装配式两类。

6.2.1　现浇整体式钢筋混凝土楼梯

现浇整体式钢筋混凝土楼梯结构整体性好，可塑性强，能适应各种楼梯间平面和楼梯形式，但施工复杂，现场支模浇筑混凝土费时耗工，多用于楼梯形式复杂或对抗震设防要求较高的建筑中。现浇整体式钢筋混凝土楼梯的结构形式有板式和梁板式两种类型。

1. 板式楼梯

板式楼梯一般由梯段板、平台梁、平台板组成，如图 6-6（a）所示。梯段板上下两端分别支承在上下平台梁上，其全部荷载通过平台梁传递给两侧的墙体或柱子。底层梯段板下端直接支承在地垄墙或地梁上。

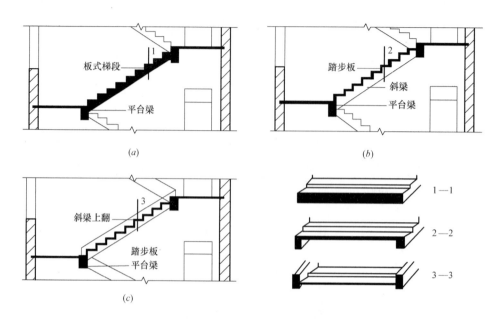

图 6-6　现浇整体式钢筋混凝土楼梯
（a）板式楼梯；（b）梁板式楼梯（明步）；（c）梁板式楼梯（暗步）

板式楼梯结构简单、底面平整美观、施工方便，但在梯段较长和荷载较大时，由于板的厚度增加，材料耗费较多且自重较大，采用这种楼梯显然是不经济的。因此，板式楼梯只宜用在荷载不大、跨度不大的建筑中。

2. 梁板式楼梯

梁板式楼梯由踏步板、斜梁、平台梁和平台板组成，踏步板左右两侧支承在斜梁上，斜梁上下两端支承在平台梁上，荷载由踏步板传给斜梁，再由斜梁传给平台梁，而后传到两侧的墙体或柱子上，如图 6-6（b）、（c）所示。

梁板式楼梯的斜梁一般为两根，布置在踏步板的两侧，也可取消靠墙一侧的斜梁，把踏步板一侧直接支承在墙上。斜梁在踏步板的下面，踏步明露的称为明步，如图 6-6（b）所示；斜梁上翻在踏步板的上面，踏步包在梁内的称为暗步，如图 6-6（c）所示。

当跨度较大时，梁板式楼梯比板式楼梯经济。但施工复杂，斜梁尺寸较大时楼梯外观显得笨重。

6.2.2　预制装配式钢筋混凝土楼梯

预制装配式钢筋混凝土楼梯按构件尺寸大小不同，大致可分为小型预制构件装配式楼梯和大型预制构件装配式楼梯两类。

1. 小型预制构件装配式楼梯

小型预制构件装配式楼梯的主要特点是构件种类多、尺寸小、容易制作。其踏步和支承结构是分开的，预制踏步的断面形式一般有一字形、L形和三角形三种，如图 6-7 所示；支承结构包括斜梁和平台梁，一般做成锯齿形和矩形，如图 6-8 所示，可与踏步形式配套。

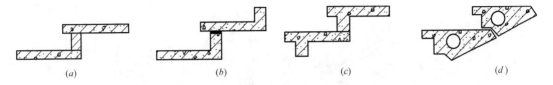

图 6-7　预制板踏步

（a）一字形踏步；（b）L 形踏步（一）；（c）L 形踏步（二）；（d）三角形踏步

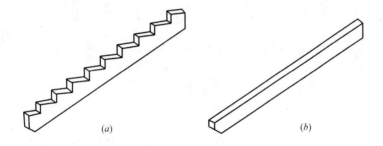

图 6-8　预制斜梁

（a）锯齿形；（b）矩形

预制踏步的结构支承方式一般有梁承式、墙承式和悬臂式三种。

（1）梁承式楼梯

梁承式楼梯的结构形式是将预制踏步的两端搁置在斜梁上形成梯段，斜梁搁置在平台梁上，平台梁搁置在两侧的墙体或柱子上，如图 6-9 所示。平台板可用空心板或槽形板搁置在两边横墙上，也可搁置在平台梁和纵墙上。

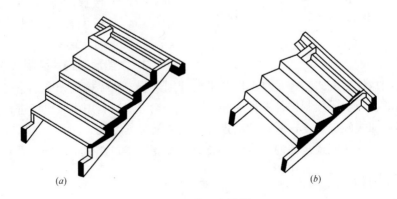

图 6-9　梁承式楼梯

（a）锯齿形斜梁与 L 形踏步配套使用；（b）矩形斜梁与三角形踏步配套使用

（2）墙承式楼梯

墙承式楼梯是把预制踏步板两端直接搁置在两侧墙上，省去了斜梁，如图 6-10 所示。

这种形式的楼梯一般适用于单向楼梯或中间有电梯间的三折楼梯。对于双跑楼梯，楼梯间中间梯井处必须加一道墙作为踏步板的支座，中间墙使楼梯间封闭、狭窄，两个梯段的视线受阻，搬运家具及较多人流上下时均感不便。

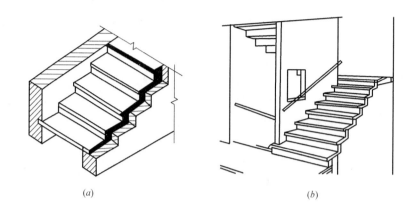

图 6-10　墙承式楼梯
（a）局部示意图；（b）整体示意图

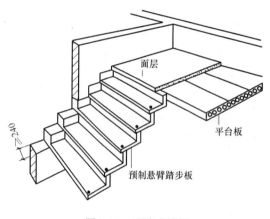

图 6-11　悬臂式楼梯

（3）悬臂式楼梯

悬臂式楼梯是将预制踏步板一端嵌固于楼梯间侧墙内，另一端凌空悬挑的楼梯形式，如图 6-11 所示。悬臂式楼梯踏步板的悬挑长度一般为 1.5m 左右，一般选用肋在上面的 L 形踏步板，压入墙内的部分扩大成矩形，压在墙内的长度不小于一砖。

悬臂式楼梯无平台梁和斜梁，也无中间墙，其造型轻巧。但不宜用在有抗震设防要求的建筑中。

2. 大型预制构件装配式楼梯

大型预制构件装配式楼梯是将梯段和平台分别预制成整体构件，个别也有将梯段与平台整体预制的，减少了预制构件的种类和数量。在施工现场利用吊装设备进行安装，可简化施工过程，加快施工速度，减轻劳动强度，其装配化程度较高。

大型预制构件装配式楼梯的结构形式类似于现浇整体式楼梯，这里不再赘述。

6.2.3　楼梯细部

楼梯的细部构造主要包括踏步面层和栏杆扶手的做法，它们直接影响到楼梯的使用安全和美观。

1. 踏步面层及防滑处理

楼梯踏步面层要求耐磨、防滑、便于清洁。所用材料一般与楼地面相同，特别是与门厅或走廊的面层材料一致。现浇楼梯在拆模后表面粗糙不平，为了便于行走，一般常用水泥砂浆抹面。标准较高的建筑，可做成水磨石面层或用缸砖、大理石等贴面。

对于人流密集的公共建筑的主要楼梯，踏步表面应有防滑措施，以防行走时滑跌。通常是在踏步口做防滑条，如图 6-12 所示。防滑条材料可用铁屑水泥、金刚砂、金属条、橡胶条等，最简单的做法是做踏步面层时，在踏步口留两三道凹槽。

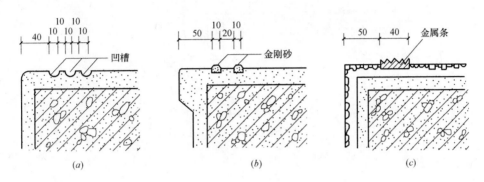

图 6-12　踏步口做法
(a) 凹槽防滑条；(b) 金刚砂防滑条；(c) 金属条防滑条

2. 栏杆扶手构造

栏杆扶手是楼梯的安全围护设施，它既有防护作用，又有装饰作用。因此，构造上要求坚固耐久、造型美观。

栏杆形式可分为空花式、栏板式和组合式三种，如图 6-13 所示。空花式栏杆一般采用方钢、圆钢、扁钢等金属材料制作。为了保证安全，空花式栏杆的空格间距应不大于120mm。栏板式栏杆可采用砖砌、钢筋混凝土等材料制作。组合式栏杆是将空花式栏杆与栏板式栏杆组合在一起的一种栏杆形式。

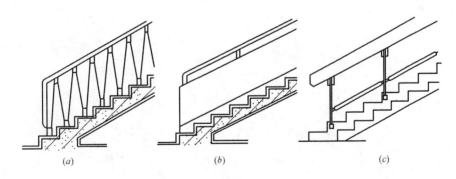

图 6-13　栏杆形式
(a) 空花式；(b) 栏板式；(c) 组合式

栏杆下端应与踏步连接牢固，常用做法是：栏杆立柱与梯段的连接采用预埋铁件焊接固定，也可将栏杆立柱下端做成开脚状插入预留孔洞后，用水泥砂浆或细石混凝土填埋固定，如图 6-14 所示。

栏杆顶部设置扶手，扶手材料可视栏杆材料不同，分别用硬木、钢管、塑料、水磨石等材料制成，形式以美观简洁、扶握舒适为宜。

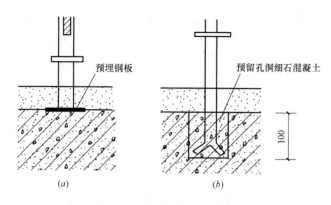

图 6-14 栏杆与踏步连接构造

（a）预埋钢板连接；（b）预留孔洞连接

6.3 台阶与坡道

建筑的室内外地坪常有一定的高差，因此，在其出入口处，常用台阶或坡道来衔接和过渡。

6.3.1 台阶

台阶位于建筑物的出入口处，由平台和一段踏步组成，是联系室内外地面的交通部件。台阶形式一般应根据建筑物出入口处的交通情况进行布置，常见形式如图 6-15 所示。

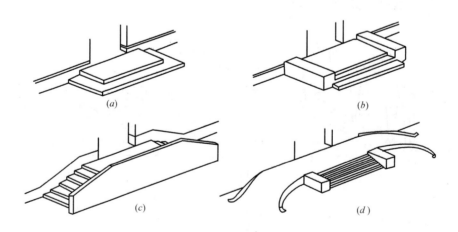

图 6-15 台阶形式

（a）普通台阶；（b）带挡墙台阶；（c）带梯带台阶；（d）带挡墙台阶与坡道组合

室外台阶的坡度一般比室内楼梯平缓，其踏步高度不超过 150mm，宽度不小于 300mm，级数根据室内外地坪的高差确定，但不宜少于 2 级。台阶最上面一级踏步与平台相接，平台宽度应大于出入口门洞宽，两侧应各宽出 500mm 左右，平台深度应保证在出入口门扇向外开启的情况下，至少还有一人站立的位置。平台表面应比室内地面略低10～20mm。在人流密集的公共场所，台阶高度超过1m时，应设护栏保证安全。

台阶构造与地面构造类似，包括面层、垫层及基层几部分。台阶面层应采用防滑、耐久的材料，如混凝土、天然石材、缸砖等。垫层材料可用碎砖、碎石或混凝土。基层一般为夯实的原土。如图6-16所示。

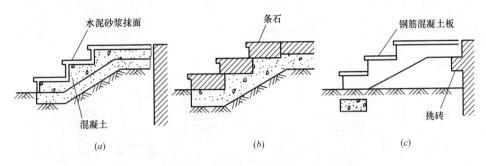

图 6-16　台阶构造

(a) 水泥砂浆面层；(b) 条石面层；(c) 钢筋混凝土板面层

6.3.2　坡道

有些建筑如医院、仓库的出入口处，为便于车辆出入，常做坡道。公共建筑如影剧院、体育场馆安全疏散门的外面也必须设置成坡道，以防人员拥挤时跌倒受伤。目前，大型建筑物的出入口处，都是台阶和坡道同时设置，以满足人员和车辆出入的不同要求。室外坡道的坡度不宜过大，一般为 1：6～1：10，且应做成锯齿形防滑地面，如图6-17所示。

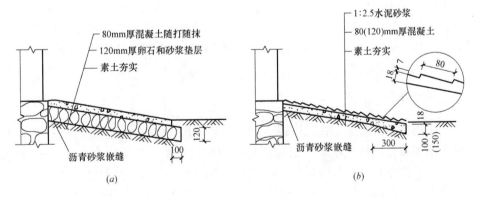

图 6-17　坡道构造

(a) 平整坡道；(b) 锯齿形坡道

6.4　阳台与雨篷

阳台与雨篷都是悬挑于建筑外墙上的悬臂结构。阳台是多高层建筑中房间与室外空间相连的平台，起着观景、纳凉、晾晒、养花等作用。雨篷是位于建筑物出入口上部用以遮挡雨水、保护外门不受雨水侵害的水平构件。阳台与雨篷的设计要求是安全适用、坚固耐久、排水便利、造型美观。

6.4.1 阳台形式和尺度

阳台按其与外墙的关系，可分为挑阳台、凹阳台、半挑半凹阳台三种形式，如图 6-18 所示。其中，挑阳台应用较为普遍。

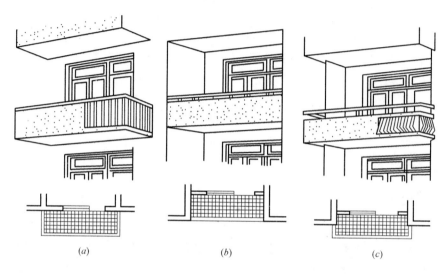

图 6-18 阳台形式
（a）挑阳台；（b）凹阳台；（c）半挑半凹阳台

阳台平面尺寸的确定，要综合考虑阳台的使用功能、结构形式及室内日照、采光等因素。阳台的悬挑长度不宜过大，应保证在荷载的作用下不发生倾覆，并不影响室内的日照和采光，一般以 1～1.5m 为宜。阳台宽度一般不小于 2m，通常与房间的开间相同，这样在结构处理上比较简单。

6.4.2 阳台的结构布置

阳台常采用钢筋混凝土结构，可现浇也可预制，其结构布置一般应与楼板结构统一考虑。凹阳台结构布置比较简单，一般做法是将与楼板板型一致的阳台板简支于两侧墙体上。挑阳台的结构布置较凹阳台复杂，这里着重介绍挑阳台的结构布置。

挑阳台为悬臂结构，按其支承方式不同可分为挑板式、压梁式和挑梁式三种。

1. 挑板式

挑板式阳台是由楼板直接向外延伸作悬臂阳台板，如图 6-19（a）所示。这种方式构造简单，阳台造型轻巧。但这时楼板规格增多，且室内楼板与阳台板在同一标高，不利于防排水，对寒冷地区室内保温也不利。

2. 压梁式

压梁式是挑板式的另一种做法。它将阳台板与墙中的过梁、圈梁整浇在一起，借助梁及其上部墙体的重量防止阳台倾覆，如图 6-19（b）所示。这种形式的阳台外观轻巧，但

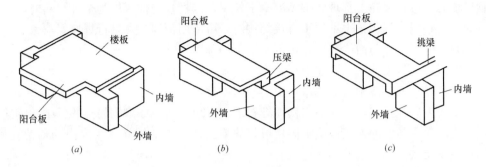

图 6-19　阳台结构布置形式

(a) 挑板式；(b) 压梁式；(c) 挑梁式

抗倾覆能力较差，悬挑长度不能过大。

3. 挑梁式

挑梁式阳台是由横墙向外挑梁，阳台板搁置在挑梁上，如图 6-19（c）所示。挑梁压入墙内的长度一般为悬挑长度的 1.5 倍左右。阳台荷载通过挑梁传递给墙体，由压在挑梁上的墙体或楼板来平衡。这种形式的阳台外观笨重，但安全性好，应用较为普遍。

6.4.3　阳台栏杆

阳台栏杆是设在阳台外围的安全围护设施，对建筑也有一定的装饰作用。栏杆必须牢固美观，且有一定的安全高度，一般不低于 1.0m。

栏杆形式一方面应满足安全防坠落的要求，另一方面应考虑立面造型的需要和地区气候的特点。一般南方地区多采用有助于空气流通的空花式栏杆，北方地区和中高层建筑则采用实体栏杆，实体栏杆又称栏板。栏杆按其所用材料可分为金属栏杆、混凝土栏杆或栏板、砖砌栏杆或栏板等，如图 6-20 所示。

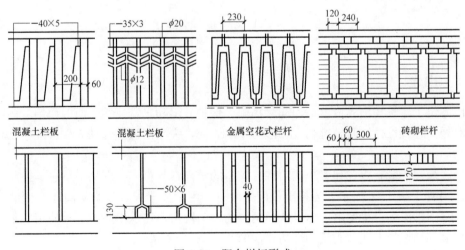

图 6-20　阳台栏杆形式

阳台的细部构造主要包括栏杆与扶手、栏杆与面梁或阳台板、栏杆与墙体的连接，且与其所用材料有关。当栏杆与扶手均为钢筋混凝土时，可采取整体现浇的方法；当栏杆为砖砌栏板时，可直接在上部现浇钢筋混凝土扶手；当栏杆与扶手均为金属材料时，可采用焊接的方法；当栏杆与扶手不便于直接焊接时，可采用预埋铁件进行焊接。

金属栏杆可直接与面梁或阳台板挡水带上的预埋铁件焊接；现浇钢筋混凝土栏板可直接从面梁或阳台板内伸出锚固筋现浇制作；砖砌栏板直接砌在面梁或阳台板上；预制钢筋混凝土栏杆可与面梁或阳台板挡水带中的预埋铁件焊接。

栏杆与墙体连接时，应在墙内预埋细石混凝土块，从中伸出钢筋与扶手中的钢筋绑扎后再现浇。扶手与墙的连接也应牢固，可将扶手或扶手中的钢筋伸入墙内的预留孔洞中，用细石混凝土或水泥砂浆填实。

6.4.4 阳台排水

由于阳台外露，为防止落入阳台上的雨水或其他积水流入室内，阳台面标高一般低于室内地面标高 20～30mm，并应将阳台地面抹出一定坡度将水导向排水孔以顺利排出。

阳台排水有内排水和外排水两种方式。内排水适用于高层建筑和高标准建筑，即在阳台内侧设置排水立管和地漏，将雨水或其他积水经水落管排到地面或排入地下管网，以保证建筑物立面的美观，如图 6-21（a）所示。外排水适用于低层和多层建筑，即在阳台一侧栏杆下设泄水管将水排出，如图 6-21（b）所示。泄水管可采用 $\phi40$ 或 $\phi50$ 的镀锌铁管或塑料管，外挑长度不少于 80mm，以防排水溅到下层阳台。

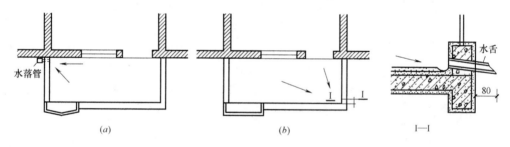

图 6-21　阳台排水构造
（a）内排水；（b）外排水

6.4.5 雨篷

雨篷位于建筑物出入口上部，起着挡雨、保护外门和丰富建筑立面的作用。雨篷多为钢筋混凝土悬挑构件，其悬挑长度一般为 1～1.5m，大型雨篷下常加立柱形成门廊，如图 6-22 所示。

雨篷结构一般有板式和梁板式两种。较小的雨篷常为板式，即从门洞过梁或圈梁上挑出板，如图 6-23（a）所示。当挑出长度较大时，可做成梁板式，梁从门厅两侧的墙体挑出或由室内进深梁直接挑出，也可从门两侧的柱上挑出，支承雨篷板。为使板底平整，可将挑梁上翻到板的上面形成反梁结构，如图 6-23（b）所示。

由于雨篷承受的荷载不大，因而雨篷板的厚度一般较薄，常做成变截面，根部稍厚，外沿处较薄，一般为 50～70mm。在雨篷板的外沿通常做向上的翻口，并在两端留出泄水孔，以利集中排水。雨篷底面边缘应做滴水，顶面须做防水处理，并在雨篷根部靠墙处做泛水。

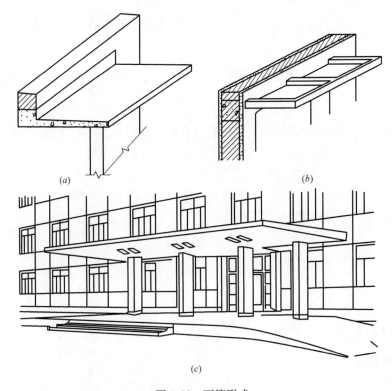

图 6-22　雨篷形式

（*a*）板式雨篷；（*b*）梁板式雨篷；（*c*）雨篷整体示意图

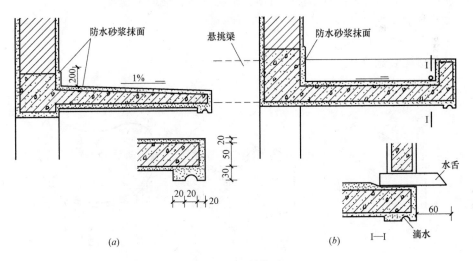

图 6-23　雨篷构造

（*a*）板式；（*b*）梁板式（反梁结构）

第7章 屋 顶

屋顶是房屋最上层的水平构件，主要起围护和承重两个方面的作用，同时也有造型的功能。屋顶要防御自然界的风、雨、雪、太阳辐射和冬季低温等气候影响，是建筑中重要的围护构件。因此要求它具有防水、保温、隔热、隔声和防火等作用。屋顶也是重要的承重构件，承受作用于屋顶上的风载、雪载和屋顶自重。因此要求屋顶具有一定的强度和刚度。本章主要介绍平屋顶和坡屋顶的构造。

7.1 概述

7.1.1 屋顶的类型

1. 按功能划分

保温屋顶、隔热屋顶、采光屋顶、蓄水屋顶、种植屋顶等。

2. 按屋面材料划分

钢筋混凝土屋顶、瓦屋顶、卷材屋顶、金属屋顶、玻璃屋顶等。

3. 按结构类型划分

平面结构、空间结构。

4. 按外观形式划分

平屋顶、坡屋顶及曲面屋顶等，如图7-1所示。

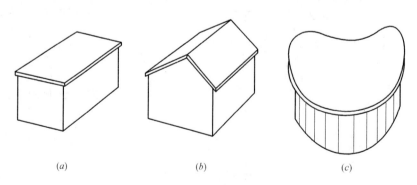

(a) (b) (c)

图7-1 屋顶形式

（a）平屋顶；（b）坡屋顶；（c）曲面屋顶

7.1.2 屋顶的组成

屋顶由面层、附加层、结构层、顶棚等部分组成，如图7-2所示。

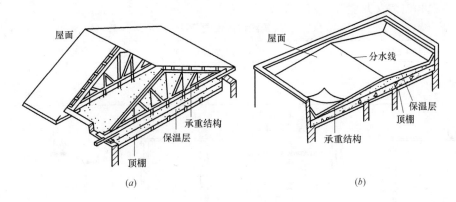

图 7-2　屋顶的组成

（*a*）坡屋顶；（*b*）平屋顶

屋顶面层暴露在大气中，直接承受自然界各种因素的长期影响，因此面层材料应有足够的防水、耐久性能。

附加层包括保温、隔热、隔声等层次。其中保温层是寒冷地区设置的构造层，防止冬季室内热量透过屋顶散失，隔热层为炎热地区所设置。

结构层也即承重层，承受屋面传来的多种荷载和屋顶自重。

顶棚是屋顶的底面。当承重结构采用梁板结构时，一般在梁、板底面直接抹灰，形成直接抹灰顶棚。当承重结构采用屋架或室内顶棚美观要求较高的，可从承重结构向下吊挂顶棚，形成吊顶棚。

7.1.3　屋顶排水

1. 排水方式

屋顶排水方式分为无组织排水和有组织排水两类。

（1）无组织排水

无组织排水又称自由落水。屋面伸出外墙，雨水自由地从檐口落至室外地面，如图 7-3 所示。自由落水构造简单、经济。缺点是雨水落下时会溅湿墙面。一般用于少雨地区（年降雨量 900mm 以下）及低层建筑（檐口高度不超过 8m）。

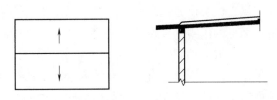

图 7-3　无组织排水

（2）有组织排水

有组织排水是通过排水系统，将屋面积水有组织地排至地面。做法是将屋面划分成若干个排水区，使雨水进入排水天沟，经水落管排至室外地面，最后排往市政排水管网系统。有组织排水的设置条件见表 7-1。

有组织排水根据水落管的位置可分为内排水和外排水。内排水的水落管在室内，主要用于多跨建筑、高层建筑或立面有特殊要求的建筑。此外，在严寒地区为防止水落管冻裂也将其放在室内，如图 7-4（*a*）所示。外排水的水落管在室外，又包括檐沟外排水、女儿墙外排水和檐沟女儿墙外排水，如图7-4（b）、（c）、（d）所示。

有组织排水设置条件　　　　　　　　　　　　　　　　　　　　表7-1

年降雨量(mm)	檐口离地面高度(m)	相邻屋面高度(m)
≤900	>10	>4 的高处檐口
>900	≥4	≥3 的高处檐口

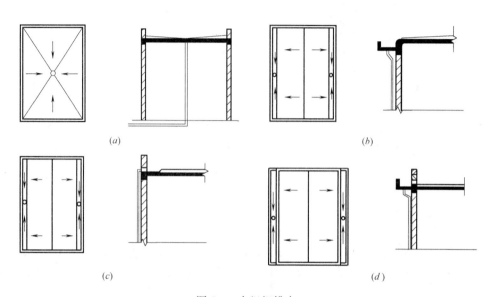

图7-4　有组织排水

（a）内排水；（b）檐沟外排水；（c）女儿墙外排水；（d）檐沟女儿墙外排水

屋顶排水方式的选择应综合考虑结构形式、气候条件、使用特点，并应优先选择外排水。

2. 排水坡度

屋顶面坡度是屋顶面形成排水系统的首要条件。只有形成一定的屋顶面坡度，才能使屋顶面上的雨雪水按设计意图流向一定的处所而达到排水的目的。

（1）坡度的确定

屋顶面坡度是综合各方面的因素决定的。这些因素包括气候条件、当地降雨雪量、屋顶面防水材料的性能、屋顶结构形式及造型要求、经济条件、防水构造方案以及使用方面的要求等。

寒冷地区的屋顶面坡度较陡，可以避免冬季积雪过厚而形成过量的雪荷载。当屋顶面防水材料防水性能较好，接缝处理较合理而且单块面积较大、接缝较少时，如采用水泥波型瓦、防水卷材等，屋顶面坡度可以较小。相比之下，传统的小青瓦屋顶面坡度就要大些。如果屋顶面上经常有人走动，例如利用屋面作为休息娱乐的场地，像屋顶花园之类，则坡度要求相对平缓；不经常上人的屋顶面，坡度就可以适当大些。

（2）坡度表示法

屋顶面坡度可用斜率法、百分比法、角度法表示。斜率法是以屋顶斜面的垂直投影高度与水平投影长度之比来表示，平、坡屋顶面适用。百分比法是以屋顶斜面的垂直投影高度与水平投影长度的百分比值来表示，适用于坡度较小的屋顶面。坡度较大的可用角度表示，即以倾斜屋面和水平面所成夹角表示。工程上，将坡度小于10%的屋顶面称之为平屋顶面，将坡度大于10%的屋顶面称之为坡屋顶面。常用屋顶面坡度范围如图7-5所示。

（3）坡度的形成

形成屋顶面坡度的方法一般有垫置坡度和搁置坡度两种。

垫置坡度又称为建筑找坡或材料找坡，简称填坡、垫坡，它是指屋面板水平搁置，用某些建筑材料在平整的基层上堆出坡度来。

搁置坡度又称为结构找坡，简称撑坡，它是指用结构构件构成坡度后，再在上面构筑屋顶面。

平屋顶面的坡度形成方法可以根据屋顶平面情况选择两种找坡方法中的一种或综合使用，坡屋顶面的坡度则由结构找坡形成。

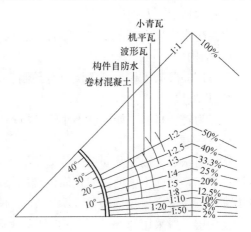

图7-5　常用屋顶面坡度范围

7.2　平屋顶构造

7.2.1　平屋顶防水方法和要求

平屋顶所采取的防水方式主要是材料防水，采用防水材料覆盖整个屋顶面以达到防渗漏的目的。

根据所选防水材料及做法的不同，平屋顶防水构造方案可以分为柔性材料防水、刚性材料防水等方法，它们各有优缺点，适用范围也有所不同。

1. 柔性防水屋顶面

柔性防水（卷材防水）是指用防水卷材与胶粘剂结合在一起形成连续致密的构造层以达到防水的目的。防水层具有一定的延伸性和适应变形（温度、振动、不均匀沉陷）的能力，故称柔性防水。

（1）防水材料

1）沥青防水卷材

以原纸、纤维织物、纤维毡等胎体材料浸涂沥青，表面撒布粉状、粒状或片状材料制成可卷曲的片状防水材料。如玻纤布胎沥青防水卷材、铝箔面沥青防水卷材、麻布胎沥青防水卷材等。

2）合成高分子防水卷材

以合成橡胶、合成树脂或两者的混合体为基料，加入适量的化学助剂和填充剂等，采用橡胶或塑料的加工工艺所制成的可卷曲片状防水材料。如三元乙丙橡胶（简称EPODM）、氯化聚乙烯-橡胶共混防水卷材、聚氯乙烯防水卷材等。

3）改性沥青防水卷材

以聚乙烯膜为胎体，以氧化改性沥青、丁苯橡胶改性沥青或高聚物改性沥青为涂盖层，表面覆盖聚乙烯薄膜，经滚压成型水冷新工艺加工制成的可卷曲片状防水材料。如SBS改性沥青防水卷材、APP改性沥青防水卷材等。

（2）构造层次及做法

柔性防水屋顶面由防水层、结合层、找平层、结构层等组成。

1）结构层

多为钢筋混凝土板，可现浇也可预制。

2）找坡层

一般为轻质材料，如厚度不小于30mm的1∶8水泥焦砟。

3）找平层

卷材防水层要铺在坚固而平整的基层上，以防止卷材凹陷或断裂。因而在松软材料上应设找平层，在施工中铺设屋顶面板难以保证平整，所以在屋顶面板上也要设找平层，无论用哪种方法形成屋顶面坡度，只要表面不平整，都必须先做找平层之后再做柔性防水层。找平层一般采用20mm厚1∶3水泥砂浆，也可采用1∶8沥青砂浆等。

4）结合层

为了使卷材与基层黏结牢固，在基层与卷材胶粘剂间形成一层胶质薄膜。沥青卷材常用冷底子油，改性沥青卷材常用改性沥青胶粘剂。

5）防水层

防水卷材2～3层。

6）保护层

为了保护柔性防水层少受气候变化的影响，提高其耐久性，往往在其表面上再做一层保护层。例如，在传统的油毡防水屋面上撒一层粗砂（俗称绿豆砂），由于其表面颜色较浅，可以反射部分阳光，达到降温的效果，还可以保护防水层表面的沥青，使其不至于在高温下流淌、破坏。通常用作保护层的材料还有铝箔、云母、硅石、水泥砂浆、细石混凝土以及各种块材。上人屋顶面在防水层上另加面层作保护层。一般浇筑30～40mm厚的细石混凝土面层，也可用水泥砂浆铺预制混凝土块或大阶砖，还可将预制板或大阶预制板或大阶砖架空铺设以利通风。

7）隔离层

在柔性防水层与水泥砂浆、细石混凝土等保护层之间还需要设置隔离层，以便防水层检修与更新之用。隔离层的材料可选用干铺卷材、纸筋石灰等。

图7-6所示是较典型的柔性防水屋顶面的做法。

2. 刚性防水屋顶面

刚性防水屋顶面是以防水砂浆或防水细石混凝土等刚性材料作为防水层的屋面。其优点是耐久性好、

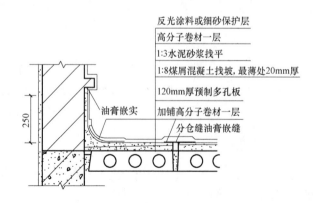

反光涂料或细砂保护层
高分子卷材一层
1∶3水泥砂浆找平
1∶8煤屑混凝土找坡，最薄处20mm厚
120mm厚预制多孔板
油膏嵌实
加铺高分子卷材一层
分仓缝油膏嵌缝
250

图7-6　柔性防水屋顶面

维修方便、造价低，缺点是表观密度大、抗拉强度低、对温度及结构变形敏感、易产生裂缝渗水。故适用于无保温要求的屋顶面，不适用于高温、有振动和基础有较大不均匀沉降的建筑。

（1）构造层次及做法

刚性防水屋顶面由防水层、隔离层、找平层、结构层组成。

1）结构层

多为钢筋混凝土板，可现浇也可预制。

2）找平层

作用和做法见柔性防水屋顶面，若屋顶面为整体现浇混凝土则可不设。

3）隔离层（浮筑层）

其作用是将防水层和结构层分离，以适应各自的变形，从而避免由于变形的相互制约造成防水层或结构部分破坏。隔离层一般铺设在找平层上，常用的材料有沥青、黏土、纸筋灰、低强度砂浆等。

4）防水层

刚性防水屋顶面最严重的问题是防水层在施工完成后出现裂缝而渗漏。为了防止防水层变形，通常会在细石混凝土中配置钢筋来加以弥补。一般用不低于 C20 的细石混凝土整体现浇而成，厚度不小于 40mm，内配 $\phi4@100\sim200mm$ 双向钢筋网片。配筋位置应接近混凝土的上表面，一般只要留有 15mm 厚的保护层即可。采取掺外加剂和提高砂浆混凝土的密实性来提高防水层抗裂和抗渗性能。

图 7-7 所示是较典型的刚性防水屋顶面的做法。

（2）刚性防水屋顶面的分仓缝

为了抵御因热胀冷缩及建筑结构变形所造成的刚性防水层开裂，除了在细石混凝土中配筋、设置浮筑层之外，还可以设置分仓缝。

分仓缝又称分格缝，是设置在刚性防水层中的变形缝。可起到分散变形应力的效果，其作用具体表现在两方面：

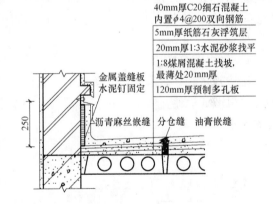

40mm厚C20细石混凝土
内置$\phi4@200$双向钢筋
5mm厚纸筋石灰浮筑层
20mm厚1:3水泥砂浆找平
1:8煤屑混凝土找坡，
最薄处20mm厚
120mm厚预制多孔板

金属盖缝板
水泥钉固定

沥青麻丝嵌缝　分仓缝　油膏嵌缝

250

图 7-7　刚性防水屋顶面

1）减少单块混凝土防水层的面积，从而减少其伸缩变形，防止和限制裂缝产生。

2）支承端部位预留分格缝可避免防水层开裂。

刚性材料本身存在着抗拉能力差的缺陷，分仓缝纵横间距不宜大于 6m，缝宽 20～40mm。设置在结构变形敏感的部位，如不同方向搁置的预制屋顶面板的支座轴线处、预制板和现浇板的交接处、屋顶面转折处、防水层与凸出屋顶面的结构交接处，尤其是屋面檐口处等，如图 7-8 所示。刚性防水屋顶面防水层内钢筋在分格缝处需断开，板缝内填入具有弹性的材料如塑胶条或沥青麻丝等之后再用防水油膏嵌缝。

3. 平屋顶防水节点构造

（1）泛水构造

图 7-8　分仓缝的划分

女儿墙、山墙、烟囱、变形缝等屋顶面与垂直墙面相交部位，雨水容易积聚，直墙内表面上流下来的雨水也增加了该处的水流量。一旦直墙檐口开裂，将造成渗漏现象，防水对策是做泛水处理。

泛水是指屋顶面与垂直墙面相交处的防水处理，其构造要求为：将防水层沿直墙根部向上翻起一定高度（一般大于 250mm）以阻挡屋顶面方向来的水向裂缝中灌注；交接缝处，砂浆找平层应抹成圆弧形或 45°斜面；做好泛水上口的收头处理，在垂直墙中凿出通长凹槽，将卷材收头压入凹槽内，用防水压条钉压后再用密封材料嵌填封严，外抹水泥砂浆保护。凹槽上部的垂直墙体也要做好防水处理。泛水的形式及构造如图 7-9 所示。

（2）檐口构造

檐口部位在屋顶面坡度走向最低处，雨雪水容易在此积聚。且檐口为屋顶面自由端，温度应力在檐口附近最为集中，变形最为显著。因此，屋顶面檐口部位既是容易变形开裂的要害部位，又是水最集中的部位，必须作为防水的重点来处理。檐口排水形式如图 7-10 所示。

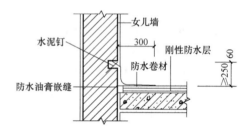

图 7-9　泛水的形式及构造

1）自由落水檐口

挑檐较短时，防水层可直接挑出形成挑檐口。挑檐较长时，采用与屋顶圈梁边为一体的悬挑板形成挑檐，在挑檐板与屋面板上做找平层和隔离层后浇筑混凝土防水层，檐口处应做滴水。

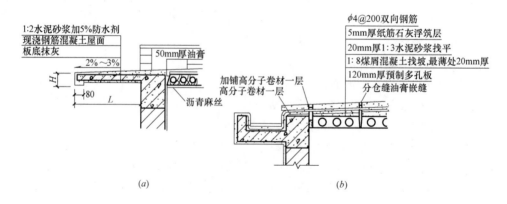

图 7-10　檐口排水形式

（a）刚性防水自由落水挑檐防水构造；（b）挑檐沟刚性防水屋面

2）挑檐沟檐口

平屋顶采用挑檐沟排水时，挑檐沟一般与顶层圈梁或框架梁整浇在一起。檐沟在温度变化作用下往往产生翘曲变形，特别是它的转角部分，变形尤为严重。整浇可以防止檐沟与墙身连接处开裂。挑檐沟的檐口如果产生裂缝渗漏，水的主要来源是屋顶面的雨水，因此，挑檐沟檐口防水构造的主要内容是将防水层一直延伸至檐沟外，并在檐沟处加强。另外，檐沟也需有一定的排水坡度来引水至排水口处。该坡度一般不小于 5‰。

7.2.2 平屋顶的保温

在屋顶中保温层与结构层、防水层的位置关系有两种：

1. 正置式保温

构造层次自上而下为防水层、保温层、结构层。这种形式构造简单、施工方便，目前广泛采用，称为正置式保温。保温材料一般为热导率小的轻质、疏松、多孔或纤维材料，如蛭石、岩棉、膨胀珍珠岩等。这些材料可以直接使用散料，也可以与水泥或石灰拌和后整浇成保温层，还可以制成板块使用。但用松散或块材保温材料时，保温层上需设找平层。

2. 倒置式保温

保温层在防水层之上，其构造层次自上而下为保温层、防水层、结构层。它与传统的屋顶铺设层次相反，称为倒置式保温。其优点是防水层不受太阳辐射和剧烈气候变化的直接影响，不易受外来机械损伤。但保温层应选用吸湿性低、耐候性强的保温材料，如聚苯乙烯泡沫塑料板或聚氨酯泡沫塑料板。保温层上面应设保护层以防表面破损，保护层要有足够的重量以防保温层在下雨时漂浮，可用混凝土板或大粒径砾石。

7.2.3 平屋顶的隔热

隔热降温的原理是：尽量减少直接作用于屋顶表面的太阳辐射能及减少屋面热量向室内散发。主要构造做法有：屋顶通风隔热、屋顶蓄水隔热、种植屋面隔热、反射降温隔热等。

1. 屋顶通风隔热

屋顶通风隔热是在屋顶中设置通风间层，通过屋面到达通风间层的热量，在风压的作用下热空气流出将热量不断带走，使传入室内的热量减少，从而达到降温的目的。通风间层通常有两种设置方式：一种是屋面上架空通风隔热；另一种是利用吊顶通风隔热。

（1）架空通风隔热如图 7-11 所示，架空层材料可以是预制混凝土板、筒瓦及各种形

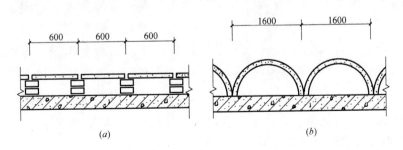

图 7-11　架空通风隔热屋顶

（a）预制混凝土板；（b）筒瓦

式的混凝土构件。架空层的高度与屋面宽度及坡度有关，一般净空高度以180～240mm为宜，不超过360mm。

（2）吊顶通风隔热利用顶棚与结构层之间的空气间层，通过在外墙上开设通风口使内部空气流通，带走屋面传导下来的热量，起到降温的作用。

2. 屋顶蓄水隔热

屋顶蓄水隔热是在屋面上蓄存一层水，利用水的反射和吸热蒸发作用减少下部结构的吸热，降低对室内的热影响，达到降温隔热的目的。蓄水屋面分开敞式和封闭式两种做法，在我国南方多采用开敞式，北方宜采用封闭式。蓄水屋面应设排水管、溢水口、给水管和人行通道。

3. 种植屋面隔热

在屋面防水层上覆盖种植介质，种植各种植物，利用植物的蒸发和光合作用吸收太阳辐射，达到降温的目的。同时种植屋面也有美化环境及改善气候的作用，但也增加了结构负荷，对防水层提出了更高的要求。屋面四周应设置围护墙、泻水管、排水管，内部设上水管、走道板。当屋面防水为柔性防水时，上面应做刚性保护层。

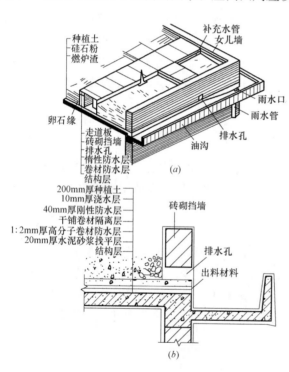

图7-12　种植屋面的构造

（a）种植屋面的构造示意图；（b）种植屋面的剖面构造

种植介质宜采用轻质材料，常用的有谷壳、蛭石、陶粒、泥炭等所谓的无土栽培介质，还有以聚丙乙烯泡沫或岩棉、聚丙烯腈絮状纤维等作栽培介质的。也可用腐殖土作介质，但其自重大且易污染环境。种植介质的四周要设挡墙，挡墙下部应设泻水孔。种植屋面的构造如图7-12所示。

4. 反射降温隔热

太阳辐射到屋面上，其能量一部分被吸收转化成热能对室内产生影响；一部分被反射到大气中，反射量与入射量之比称为反射率，反射率越高越利于屋面降温。因此，可利用材料的颜色和光滑度提高屋顶反射率从而达到降温的目的。如屋面上采用浅色的砾石铺面、在屋面上涂刷一层白色涂料或粘贴云母等，对隔热降温均有一定效果，但浅色表面会随着使用时间的延长、灰尘的增多而使反射效果逐渐降低。如果在架空通风层中加设一层铝箔反射层，其隔热效果更加显著，也减少了灰尘对反射层的污染。

7.3 坡屋顶构造

7.3.1 坡屋顶的形式及组成

1. 坡屋顶的形式

坡屋顶是一种沿用较久的屋面形式，种类繁多，多采用块状防水材料覆盖屋面，故屋面坡度较大，根据材料的不同坡度可取 10％～50％。根据坡面组织的不同，坡屋顶形式主要有单坡、双坡及四坡。

2. 坡屋顶的组成

坡屋顶一般由承重结构、屋面面层组成，根据需要还有顶棚、保温隔热层等。

（1）承重结构

主要承受屋面各种荷载并传到墙或柱上，一般有木结构、钢筋混凝土结构、钢结构等。

（2）屋面

是屋顶上的覆盖层，起抵御雨、雪、风、霜、太阳辐射等自然侵蚀的作用。屋面材料有平瓦、油毡瓦、波形瓦、小青瓦、玻璃板、PC 板等。

（3）顶棚

屋顶下面的遮盖部分，起遮蔽上部结构构件、使室内平整、改变空间形状及保温隔热和装饰作用。

（4）保温隔热层

起保温隔热作用，可设在屋面层或顶棚层。

7.3.2 坡屋顶的承重结构

1. 山墙支承

山墙常指房屋的横墙，利用山墙砌成尖顶形状直接搁置檩条以承载屋顶质量（见图7-13）。这种结构形式叫"山墙承重"或"硬山搁檩"。

檩条可采用木材、预应力钢筋混凝土、型钢等材料。檩条的斜距不得超过 1.2m。木檩条常选用圆杉木，木檩条与墙体交接段应进行防腐处理，常用方法是在山墙上垫一层油毡，并在檩条端部涂刷沥青。

山墙到顶直接搁檩的做法简单经济，一般适用于多数相同开间并列的房屋，如宿舍、办公室等。

2. 屋架支承

当坡屋面房屋内部需要较大空间时，可把部分横向山墙取消，用屋架作为横向承重构件。坡屋面的屋架多为三角形（见图7-14）。屋架可选用木材、型钢（角钢或槽钢）制作，也可用钢木混合制作。

为防止屋架倾覆，提高屋架及屋面结构的空间稳定性，屋架间要设置支撑。主要有垂直剪力撑和水平系杆等。

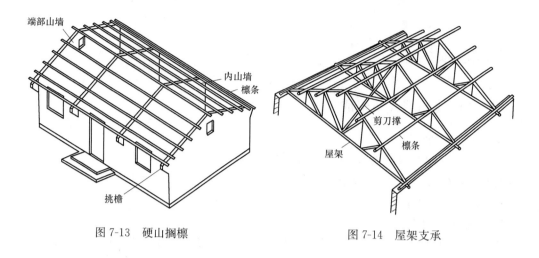

图 7-13　硬山搁檩　　　　　　　　　图 7-14　屋架支承

7.3.3　坡屋顶的屋面构造

1. 平瓦屋面

平瓦有水泥瓦和黏土瓦两种，其外形按防水及排水要求设计制作，平瓦的外形尺寸约为 400mm×230mm，其在屋面上的有效覆盖尺寸约为 330mm×200mm。

平瓦屋面的主要优点是瓦本身具有防水性，不需特别设置屋面防水层，瓦块间搭接构造简单，施工方便。缺点是屋面接缝多，如不设屋面板，雨、雪易从瓦缝中飘进，造成漏水。

平瓦屋面的构造方式有下列几种：

（1）有椽条、有屋面板平瓦屋面

在屋面檩条上放置椽条，椽条上稀铺或满铺厚度为 8～12mm 的木板（稀铺时在板面上还可铺芦席等），板面（或芦席）上方平行于屋脊方向铺干油毡一层，钉顺水条和挂瓦条，安装机制平瓦。采用这种构造方案屋面板受力较小，因而厚度较薄。

（2）屋面板平瓦屋面

在檩条上钉厚度为 15～25mm 的屋面板（板缝不超过 20mm），平行于屋脊方向铺油毡一层，钉顺水条和挂瓦条，安装机制平瓦。这种构造方案屋面板与檩条垂直布置，为受力构件，因而厚度较大。

（3）冷摊瓦屋面

这是一种构造简单的瓦屋面，在檩条上钉上断面尺寸 35mm×60mm、中距 500mm 的椽条，在椽条上钉挂瓦条（注意挂瓦条间距符合瓦的标志长度），在挂瓦条上直接铺瓦。由于构造简单，它只用于简易或临时建筑。

2. 波形瓦屋面

波形瓦包括水泥石棉波形瓦、钢丝网水泥瓦、玻璃钢瓦、钙塑瓦、金属钢板瓦、石棉菱苦土瓦等。根据波形瓦的波浪大小又可分为大波瓦、中波瓦和小波瓦三种。波形瓦具有质量轻、耐火性能好等优点，但易折断、强度较低。

3. 小青瓦屋面

小青瓦屋面在我国传统房屋中采用较多，目前有些地方仍然采用。

小青瓦断面呈弧形，尺寸及规格不统一。铺设时分别将小青瓦仰俯铺排，覆盖成垅。仰铺瓦成沟，俯铺瓦盖于仰铺瓦纵向接缝处，与仰铺瓦间搭接瓦长 1/3 左右。小青瓦可以直接铺设于椽条上，也可铺设于望板（屋面板）上。

小青瓦屋面的细部构造如图 7-15 所示。

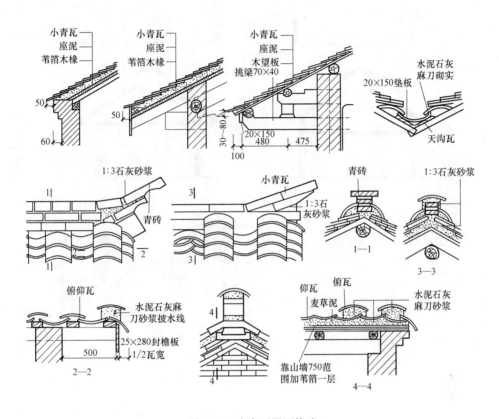

图 7-15　小青瓦屋面构造

7.3.4　坡屋顶的保温

若屋面设有吊顶，保温层可铺设于吊顶棚的上方；不设吊顶时，保温层可铺设于屋面板与屋顶面层之间，保温材料可选用木屑、膨胀珍珠岩、玻璃棉、矿棉、石灰稻壳、柴泥等。

7.3.5　坡屋顶的隔热

1. 通风隔热

在结构层下做吊顶，并在山墙、檐口或屋脊等部位设置通风口；也可将屋面做成双层，利用空气流动带走间层中的一部分热量，达到隔热效果。如图 7-16 所示。

2. 材料隔热

通过改变屋面材料的物理性能实现隔热。如提高金属屋面板的反射效率、采用低辐射镀膜玻璃或热反射玻璃等。

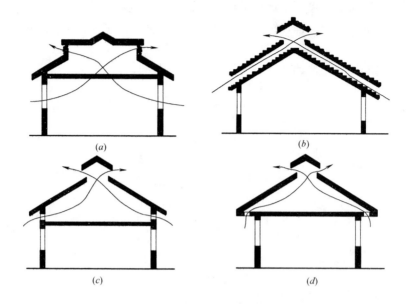

图 7-16 坡屋顶通风隔热

(a) 在顶棚和天窗设通风孔；(b) 在外墙和天窗设通风孔（一）；(c) 在外墙和天窗
设通风孔（二）；(d) 在山墙和檐口设通风孔

第8章 建筑装饰装修工程

建筑装饰已成为现代建筑工程不可缺少的重要组成部分。本章主要介绍建筑装饰工程中的一些基本内容。

8.1 门和窗

门和窗是建筑物的两个重要组成部分，能够保证建筑物正常、安全、舒适地使用。门的主要作用是交通联系、紧急疏散，并兼起采光、通风的作用；窗的主要作用是采光、通风、围护。门窗均属建筑物的围护构件，具有绝热、隔声、防风雨的作用，同时对建筑物的外观形象有很大的影响。门窗的尺度大小、造型比例、材料运用、色彩搭配等，都影响到装饰的艺术效果。

门窗按其制作材料可分为：木门窗、钢门窗、铝合金门窗、塑料门窗等。

8.1.1 门窗的形式与尺度

门窗的形式主要取决于门窗的开启方式，不论其材料如何，开启方式均大致相同。这里所举的例子主要是木门窗。

1. 门窗的形式

（1）门的形式

门按其开启方式通常有：平开门、弹簧门、推拉门、折叠门、转门等（见图8-1）。

平开门是水平开启的门，它的铰链安装在门扇的一侧并与门框相连，使门扇围绕铰链轴转动。其门扇有单扇、双扇，向内开和向外开之分。平开门构造简单，开启灵活，加工制作简便，易于维修，是建筑物中最常见、使用最广泛的门。

弹簧门的开启方式与普通平开门相同，其不同之处在于以弹簧铰链代替普通铰链，借助弹簧的力量使门扇能向内、向外开启并可经常保持关闭。它使用方便，美观大方，广泛用于公共建筑之中。为避免人流相撞，门扇或门扇上部应镶嵌玻璃。

推拉门开启时门扇沿轨道向左右滑行。通常为单扇和双扇，也可做成双轨多扇或多轨多扇，开启时门扇可隐藏于墙内或悬挂于墙外。推拉门多用于工业建筑中的仓库和车间大门。在民用建筑中，一般采用轻便推拉门分隔内部空间。

折叠门可分为侧挂式折叠门和推拉式折叠门两种。由多扇门构成，适用于宽度较大的洞口。

转门是由两个固定的弧形门套和垂直旋转的门扇构成。门扇可分为两扇、三扇或四扇，绕竖轴旋转。转门构造复杂，造价高，不宜大量采用。

（2）窗的形式

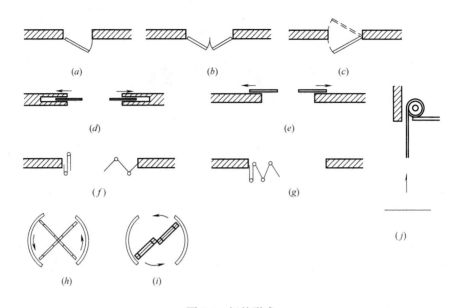

图 8-1　门的形式

(a) 平开门（单扇门）；(b) 平开门（双扇门）；(c) 弹簧门；(d) 推拉门（隐在墙内）；
(e) 推拉门（设在墙外）；(f)、(g) 折叠门；(h)、(i) 转门；(j) 卷帘门

　　窗的形式一般按开启方式而定。而窗的开启方式主要取决于窗扇铰链安装的位置和转动方式。窗的开启方式通常有以下几种：平开窗、固定窗、悬窗、推拉窗等。窗的形式如图 8-2 所示。

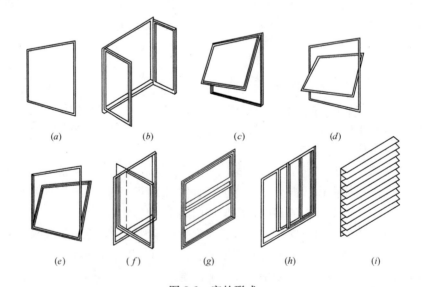

图 8-2　窗的形式

(a) 固定窗；(b) 平开窗；(c) 上悬窗；(d) 中悬窗；(e) 下悬窗；(f) 立转窗；
(g) 垂直推拉窗；(h) 水平推拉窗；(i) 百叶窗

　　平开窗的铰链安装在窗扇一侧与窗框相连，向外或向内水平开启。有单扇、双扇、多扇及向内开与向外开之分。平开窗构造简单，开启灵活，制作维修均方便，是民用建筑中

使用最广泛的窗。

固定窗是指无窗扇且不能开启的窗。固定窗的玻璃直接嵌固在窗框上，可供采光和眺望之用，不能通风。固定窗构造简单，密闭性好，多与门亮子和开启窗配合使用。

悬窗根据铰链和转轴位置的不同，可分为上悬窗、中悬窗和下悬窗。

此外还有立转窗、推拉窗等。

2. 门窗的尺度

（1）门的尺度

门的尺度通常是指门洞的高宽尺寸。门作为交通疏散通道，其尺度取决于人的通行要求、家具器械的搬运及与建筑物的比例关系等，并要符合《建筑模数协调标准》GB/T 50002—2013 的规定。

在一般民用建筑中门的高度不宜小于 2100mm。如门设有亮子时，亮子高度一般为 300～600mm，则门洞高度为门扇高加亮子高，再加门框及门框与墙间的缝隙尺寸，即门洞高度一般为 2400～3000mm。公共建筑大门高度可视需要适当加大。

门的宽度：单扇门为 700～1000mm，双扇门为 1200～1800mm。宽度在 2100mm 以上时，则做成三扇、四扇或双扇带固定扇的门，因为门扇过宽易产生翘曲变形，同时也不利于开启。辅助房间（如浴厕、贮藏室等）门的宽度一般为 700～800mm。

（2）窗的尺度

窗的尺度主要取决于房间的采光、通风、构造做法和建筑造型等要求，并要符合《建筑模数协调标准》GB/T 50002—2013 的规定。为使窗坚固耐久，一般平开木窗的窗扇高度为 800～1200mm，宽度不宜大于 500mm，推拉窗高宽均不宜大于 1500mm。对于一般民用建筑用窗，各地均有通用图，各类窗的高度与宽度尺寸通常采用扩大模数 3M 数列作为洞口的标志尺寸，需要时可根据实际情况直接选用。

3. 门窗五金件

门窗五金件主要包括拉手、铰链、插销、风钩、锁具、滑轮、自动闭门器、门挡等。

8.1.2 木门窗

1. 平开门的构造

（1）平开门的组成

门一般由门框、门扇、亮子、五金件及其附件组成（见图 8-3）。

门扇按其构造方式不同，有镶板门、夹板门、拼板门、玻璃门和纱门等类型。亮子又称腰头窗，在门上方，为辅助采光和通风之用，有平开、固定及上、中、下悬几种。

门框是门扇、亮子与墙的联系构件。

附件有贴脸板、筒子板等。

（2）门框

门框又称门樘，一般由两根竖直的边框和上框组成。当门带有亮子时，还有中横框。多扇门则还有中竖框。

门框的断面形式与门的类型、层数有关，同时应利于门的安装，并应具有一定的密闭性（见图 8-4）。门框的断面尺寸主要考虑榫接牢固与门的类型，还要考虑制作时刨光损耗。故门框的毛料尺寸（厚度×宽度）为：双裁口的木门（门框上安装两层门扇时）为

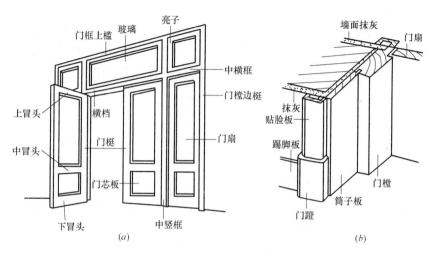

图 8-3　平开门的组成

(a) 木门的组成；(b) 门窗套构造

(60～70) mm×(130～150)mm，单裁口的木门（只安装一层门扇时）为（50～70)mm×（100～120) mm。

　　为了便于门扇密闭，门框上要设置裁口（或铲口）。根据门扇数与开启方式的不同，裁口的形式可分为单裁口与双裁口两种。单裁口用于单层门，双裁口用于双层门或弹簧门。裁口宽度要比门扇宽度大 1～2mm，以利于安装和门扇开启。裁口深度一般为8～10mm。

　　由于门框靠墙一面易受潮变形，故常在该面开 1～2 道背槽，以免产生翘曲变形，同时也利于门框的嵌固。背槽的形状可为矩形或三角形，深度约为8～10mm，宽度约为 12～20mm。

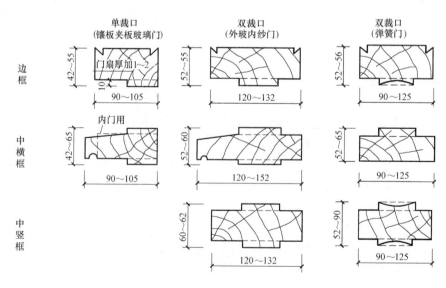

图 8-4　门框的断面形式与尺寸

　　门框的安装根据施工方式分为塞口和立口两种。塞口又称为塞樘子，是在墙砌好后再

136

安装门框。塞口的洞口宽度应比门框大 20～30mm，高度比门框大 10～20mm。门洞两侧砖墙上每隔 500～600mm 预埋木砖或预留缺口，以便用圆钉或水泥砂浆将门框固定。框与墙间的缝隙需用沥青麻丝嵌填。立口又称为立榫子，是在砌墙前即用支撑先立门框然后砌墙。框与墙结合紧密，但是立榫与砌墙工序交叉，施工不便。

门框在墙中的位置，可在墙的中间或与墙的一边平齐（见图 8-5）。一般多与开启方向一侧平齐，尽可能使门扇开启时贴近墙面。门框四周的抹灰极易开裂脱落，因此在门框与墙结合处应做贴脸板和木压条盖缝，贴脸板一般为 15～20mm 厚、30～75mm 宽，木压条厚与宽约为 10～15mm。装饰标准高的建筑，还可在门洞两侧和上方设筒子板。

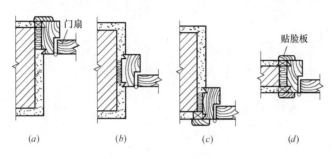

图 8-5　门框位置
(a) 外平；(b) 立中；(c) 内平；(d) 内外平

（3）门扇

常用的木门门扇有镶板门（包括玻璃门、纱门）和夹板门。

镶板门是广泛使用的一种门，门扇由边梃、上冒头、中冒头（可做数根）和下冒头组成骨架，内装门芯板而构成（见图 8-6）。构造简单，加工制作方便，适用于一般民用建筑作内门和外门。门扇的边梃与上、中冒头的断面尺寸一般相同，厚度为 40～45mm，宽度为 100～120mm。为了减少门扇的变形，下冒头的宽度一般加大至 160～250mm，并与边梃采用双榫结合。门芯板一般采用 10～12mm 厚的木板拼成，也可采用胶合板、硬质纤维板、塑料板、玻璃和塑料纱等。当采用玻璃时，即为玻璃门，可以是半玻门或全玻门。若门芯板换成塑料纱（或铁纱），即为纱门。

夹板门是用断面较小的方木做成骨架，两面粘贴面板而成（见图 8-7）。门扇面板可用胶合板、塑料面板和硬质纤维板。夹板门的形式可以是全夹板门、带玻璃或带百叶夹板门。

夹板门的骨架一般用厚约 30mm、宽 30～60mm 的木料做边框，中间的肋条用厚约 30mm、宽 10～25mm 的木条，可以是单向排列、双向排列或密肋形式，间距一般为 200～400mm，安装门锁之处需另加上锁木。为使门扇内通风干燥，避免因内外温湿度差产生变形，在骨架上需设通气孔。

2. 平开窗的构造

窗由窗框、窗扇（玻璃扇、纱扇）、五金件及附件（窗帘盒、窗台板、贴脸板）等组成（见图 8-8）。

（1）窗框

最简单的窗框由边框及上下框组成。当窗尺度较大时，应增加中横框或中竖框；通常

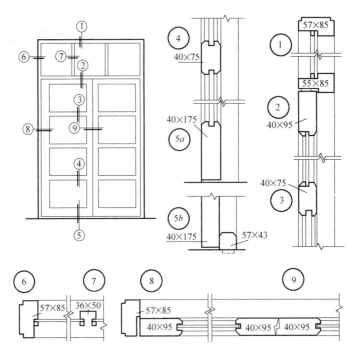

图 8-6　镶板门的构造

在垂直方向有两个以上窗扇时应增加中横框，在水平方向有三个以上窗扇时应增加中竖框。窗框与门框一样，在构造上应有裁口及背槽处理。裁口亦有单裁口与双裁口之分（见图 8-9）。

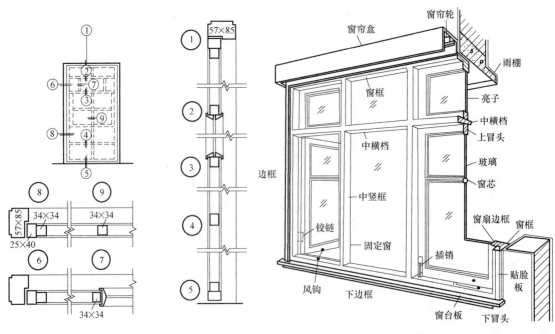

图 8-7　夹板门的构造

图 8-8　窗的组成

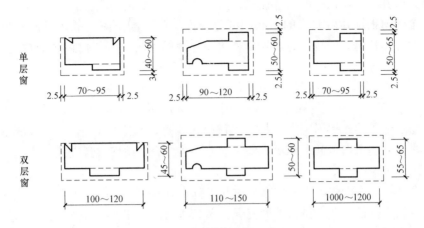

图 8-9 窗框的断面形式与尺寸

窗框的断面尺寸应考虑接榫牢固，一般单层窗窗框的断面厚 40～60mm、宽 70～95 mm（净尺寸），中横框和中竖框因两面有裁口，断面尺寸应相应增大。双层窗窗框的断面宽度应比单层窗宽 20～30mm。

窗框的安装与门框一样，分塞口与立口两种。塞口时洞口的高、宽尺寸应比窗框尺寸大 10～20mm。

窗框在墙上的位置，一般是与墙内表面平齐，安装时窗框凸出砖面 20mm，以便墙面粉刷后与抹灰面平齐。窗框与抹灰面的交接处，应用贴脸板遮盖，以阻止由于抹灰干缩形成缝隙后风透入室内，同时可增强装饰效果。贴脸板的形状及尺寸与门的贴脸板相同。

当窗框立于墙中时，应内设窗台板，外设窗台。窗框外平时，靠室内一面设窗台板，窗台板可用木板或预制水磨石板。

（2）窗扇

常见的木窗扇有玻璃扇和纱窗扇。窗扇由上、下冒头和边梃榫接而成，有的还用窗芯（亦称窗棂）分格。

窗扇的上下冒头、边梃和窗芯均设有裁口，以便安装玻璃或窗纱。裁口深度约 10mm，一般设在外侧。用于玻璃窗的边梃及上冒头，断面厚×宽为（35～42）mm×（50～60）mm，下冒头由于要承受窗扇重量，可适当加大。

建筑用玻璃种类较多，木窗通常选用平板玻璃，也可选用磨砂玻璃、压花玻璃或其他玻璃。玻璃的安装一般用油灰（桐油灰）嵌固。为使玻璃牢固地装于窗扇上，应先用小钉将玻璃卡住，再用油灰嵌固。对于不会受雨水侵蚀的窗扇，玻璃也可用小木压条镶嵌。

8.1.3　钢门窗

钢门窗是用型钢或薄壁空腹型钢在工厂制作而成。它符合工业化、标准化的要求；在强度、刚度、防火、密闭等性能方面，均优于木门窗，但在潮湿环境下易锈蚀，耐久性差。钢门窗可分为实腹钢门窗、空腹钢门窗和镀锌彩板门窗三种。

8.1.4　铝合金门窗

铝合金门窗具有自重轻、强度高、密封性好、变形性小、色彩多样、表面美观、耐蚀性好、易于保养、工业化程度高等优点，因此得到了广泛的使用。

铝合金门窗根据开启方式的不同，可分为推拉门、推拉窗、平开门、平开窗、固定窗、悬挂窗、回转门、回转窗等；根据氧化膜色泽的不同又有银白色、金黄色、青铜色、古铜色、黄黑色等类型。

铝合金门窗安装采用预留洞口后安装的方法，门窗框与洞口的连接采用柔性连接，门窗框的外侧用螺钉固定 1.5mm 厚不锈钢锚板，当外框安装定位后，将锚板与墙体埋件焊牢固定。

门窗与墙体等的连接固定点，每边不得少于两点，间距一般不大于 500mm。框的外侧与墙体之间的缝隙内填沥青麻丝，外抹水泥砂浆，表面用密封膏嵌缝。

1. 推拉窗

铝合金推拉窗有沿水平方向左右推拉和沿垂直方向上下推拉两种形式。沿垂直方向推拉的窗用得较少。铝合金推拉窗外形美观、采光面积大、开启不占空间、防水及隔声效果好，并具有很好的气密性和水密性，广泛用于宾馆、住宅、办公、医疗等建筑。推拉窗可用拼樘料（杆件）组合其他形式的窗或门连窗。推拉窗可装配各种形式的内外纱窗，纱窗可拆卸，也可固定（外装）。推拉窗在下框或中横框两端铣切 100mm，或在中间开设其他形式的排水孔，使雨水能及时排除。

推拉窗常用的有 90 系列、70 系列、60 系列、55 系列等。其中 90 系列是目前广泛采用的品种，其特点是框四周外露部分均等，造型较好，边框内设内套，断面呈"已"型。铝合金推拉窗的组成如图 8-10 所示。

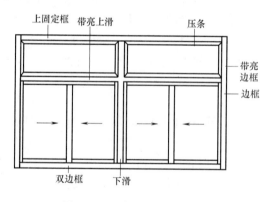

图 8-10 铝合金推拉窗的组成

2. 平开窗

铝合金平开窗分为平开窗（或称合页平开窗）、滑轴平开窗。

3. 地弹簧门

地弹簧门为使用地弹簧作开关装置的平开门，门可以向内或向外开启。铝合金地弹簧门分为有框地弹簧门和无框地弹簧门。地弹簧门通常采用 70 系列和 100 系列。

8.1.5 塑料门窗

塑料门窗是以聚氯乙烯或其他树脂为主要原料，以轻质碳酸钙为填料，添加适量助剂和改性剂，经挤压机挤压成型的各种截面的空腹门窗异型材，以专门的组装工艺将异型材组装而成。由于塑料的刚度较差，一般在空腹内嵌装型钢或铝合金型材进行加强，从而增强了塑料门窗的刚度，因此，塑料门窗又称为"塑钢门窗"。

塑料门窗在密闭性、耐腐蚀性、保温隔声性、耐低温、阻燃、电绝缘性等方面性能良好，造型美观，是一种应用广泛的门窗。

塑料门窗按原材料的不同可以分为：以聚氯乙烯树脂为主要原料的钙塑门窗，以改性聚氯乙烯为主要原料的改性聚氯乙烯门窗，以合成树脂为基料、以玻璃纤维及其制品为增强材料的玻璃钢门窗等。

塑钢门窗框与洞口的连接安装构造与铝合金门窗基本相同。

8.2 墙面装饰装修构造

墙面装饰装修工程按装修所处部位不同，有室外装修和室内装修两类。室外装修要求采用强度高、抗冻性强、耐水性好以及具有抗腐蚀性的材料。室内装修材料则因室内使用功能的不同，要求有一定的强度、耐水性及耐火性。

按饰面材料和构造不同，有清水勾缝、抹灰类、贴面类、涂刷类、裱糊类、板材类、玻璃（或金属）幕墙等。

8.2.1 清水砖墙

清水砖墙是不作抹灰和饰面的墙面。为防止雨水浸入墙身和使墙面整齐美观，可用 1∶1 或 1∶2 的水泥细砂浆勾缝，勾缝的形式有平缝、平凹缝、斜缝、弧形缝等。

8.2.2 抹灰类墙面装修

抹灰类饰面是用各种加色的、不加色的水泥砂浆或石灰砂浆、混合砂浆等做成的各种饰面抹灰层。抹灰分为一般抹灰和装饰抹灰两类。

墙面抹灰一般由底层抹灰、中间抹灰和面层抹灰三部分组成（见图 8-11）。底层抹灰主要是对墙体基层的表面处理，起到与基层黏结和初步找平的作用；中间抹灰的主要作用是找平与黏结，还可以弥补底层砂浆的干缩裂缝；面层抹灰又称"罩面"，主要是满足装饰和其他使用功能要求。

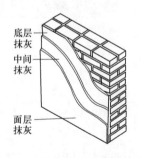

图 8-11 墙面抹灰的分层构造

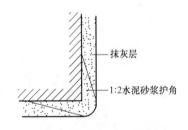

图 8-12 墙和柱的护角

另外，由于抹灰类墙面阳角处很容易碰坏，通常在抹灰前先在内墙阳角、门洞转角、柱子四角等处，用强度较高的 1∶2 水泥砂浆抹制护角，护角高度应高出地面 1.5～2m，每侧宽度不小于 50mm，如图 8-12 所示。

1. 一般抹灰

一般抹灰饰面是指采用石灰砂浆、混合砂浆、聚合物水泥砂浆、麻刀灰、纸筋灰等对建筑物的面层抹灰。外墙抹灰厚度一般为 20～25mm，内墙抹灰厚度为 15～20mm，顶棚抹灰厚度为 12～15mm。在构造上和施工时须分层操作，一般分为底层、中间层和面层，各层的作用和要求不同。

（1）底层抹灰主要起到与基层墙体黏结和初步找平的作用。

（2）中间层抹灰在于进一步找平以减少打底砂浆层干缩后可能出现的裂纹。

（3）面层抹灰主要起装饰作用，因此要求面层表面平整、无裂痕、颜色均匀。

根据房屋使用标准和设计要求，一般抹灰可分为普通、中级和高级三个等级。普通抹灰由底层和面层构成，一般内墙抹灰厚度为18mm，外墙抹灰厚度为20mm。适用于简易住宅、大型临时设施、仓库及高标准建筑物的附属工程等。中级抹灰由底层、中间层和面层构成，一般内墙抹灰厚度为20mm，外墙抹灰厚度为20mm。适用于一般住宅和公共建筑、工业建筑以及高标准建筑物的附属工程等。高级抹灰由底层、多层中间层和面层构成，一般内墙抹灰厚度为25mm，外墙抹灰厚度为20mm。适用于大型公共建筑、纪念性建筑以及有特殊功能要求的高级建筑物。

根据装饰抹灰等级及基层平整度，需要控制其涂抹遍数和厚度，中间层所用材料一般与底层相同。在不同的建筑部位、使用不同基层材料时，砂浆种类和厚度的选择可参考表8-1。

抹灰厚度及适用砂浆种类 　　　　　　　　　　　　　　　　　表 8-1

项目		砂浆种类	底层厚度（mm）	砂浆种类	中间层厚度（mm）	砂浆种类	面层厚度（mm）	总厚度（mm）
内墙	砖墙	石灰砂浆 1∶3	6	石灰砂浆 1∶3	10	纸筋灰浆	2.5	18.5
		混合砂浆 1∶1∶6	6	混合砂浆 1∶1∶6	10			16
	砖墙（高级）	水泥砂浆 1∶3	6	水泥砂浆 1∶3	10	普通级做法一遍	2.5	18.5
	砖墙（防水）	混合砂浆 1∶1∶6	6	混合砂浆 1∶1∶6	10	中级做法两遍	2.5	18.5
	加气混凝土	水泥砂浆 1∶3	6	水泥砂浆 1∶3	10	高级做法三遍，最后一遍用滤浆灰	2.5	18.5
		混合砂浆 1∶1∶6	6	混合砂浆 1∶1∶6	10	高级做法厚度为3.5	2.5	18.5
	钢丝网板条	石灰砂浆 1∶3	6	石灰砂浆 1∶3	10	纸筋灰浆	2.5	18.5
		水泥纸筋砂浆 1∶3∶4	6	水泥纸筋砂浆 1∶3∶4	10			16
外墙	砖墙	水泥砂浆 1∶3	6	水泥砂浆 1∶3	10	水泥砂浆 1∶2.5	10	26
	混凝土	混合砂浆 1∶1∶6	6	混合砂浆 1∶1∶6	10	水泥砂浆 1∶2.5	10	26
		水泥砂浆 1∶3	6	水泥砂浆 1∶3	10	水泥砂浆 1∶2.5	10	26
	加气混凝土	水泥砂浆 1∶3	6	水泥砂浆 1∶3	10	混合砂浆 1∶1∶6	8～10	24～26
梁柱	混凝土梁柱	混合砂浆 1∶1∶4	6	混合砂浆 1∶1∶5	10	纸筋灰浆，三次罩面，第三次用滤浆灰	3.5	19.5
	砖柱	混合砂浆 1∶1∶6	8	混合砂浆 1∶1∶4	10	纸筋灰浆，三次罩面，第三次用滤浆灰	3.5	21.5
阳台雨篷	平面	水泥砂浆 1∶3	10			水泥砂浆 1∶2	10	20
	顶面	水泥纸筋砂浆 1∶3∶4	6	水泥纸筋砂浆 1∶3∶4	10	纸筋灰浆	2.5	18.5
	侧面	水泥砂浆 1∶3	6	水泥砂浆 1∶3	10	水泥砂浆 1∶2	10	26
其他	挑檐、腰线、遮阳板、窗套、窗台	水泥砂浆 1∶3	5	水泥砂浆 1∶2.5	8	水泥砂浆 1∶2	10	23

2. 装饰抹灰

装饰抹灰是指利用材料特点和工艺处理使抹灰面具有不同质感、纹理和色泽效果的抹灰类型。装饰抹灰除了具有与一般抹灰相同的功能外,还具有强烈的装饰效果。装饰抹灰包括拉毛、甩毛、扫毛、搓毛、假面砖饰面和聚合物水泥砂浆饰面等。其中,聚合物水泥砂浆饰面根据施工方法的不同可分为喷涂、弹涂和滚涂三种。常见的装饰抹灰有水刷石、干粘石、斩假石、水泥拉毛等。装饰抹灰一般采用水泥、石灰砂浆等抹灰的基本材料,除对墙面作一般抹灰之外,利用不同的施工操作方法将其直接做成饰面层。

3. 石渣类饰面

石渣类饰面是用以水泥为胶结材料、石渣为骨料的水泥石渣浆抹于墙体的表面,然后用水洗、斧剁、水磨等工艺除去表面水泥皮,露出以石渣的颜色和质感为主的饰面做法。传统的石渣类饰面做法有水刷石、干粘石、斩假石等。

石渣类饰面的装饰效果主要是依靠石渣的颜色和颗粒形状来实现的,色泽较光亮,质感较丰富,耐久性和耐污染性较好。

(1)水刷石饰面

水刷石饰面是用水泥和石子等加水搅拌,抹在建筑物的表面,半凝固后,用喷枪、水壶喷水,或者用硬毛刷蘸水,刷去表面的水泥浆,使石子半露的一种装饰方法。水刷石饰面朴实淡雅、经久耐用、装饰效果好。

水刷石的底灰处理方法与斩假石相同,面层水泥石渣浆的配合比根据石渣粒径大小而定,一般为 1∶1(粒径为 8mm)、1∶1.25(粒径为 6mm)、1∶1.5(粒径为 4mm),水泥用量要恰能填满石渣之间的空隙。面层厚度通常为石渣粒径的 2.5 倍。常在面层中加入不同颜色的石屑、玻璃屑,可获得特殊肌理的装饰效果。

(2)干粘石饰面

干粘石饰面是用拍子将彩色石渣直接黏结在砂浆层上的一种饰面方法,其效果与水刷石饰面相似,但比水刷石饰面节约水泥 30%～40%,节约石渣 50%,提高工效 50%。但其黏结力较低,一般与人直接接触的部位不宜采用。干粘石饰面的构造做法一般是:用 12mm 厚 1∶3 水泥砂浆打底,中间层用 6mm 厚 1∶3 水泥砂浆,面层用黏结砂浆,其常用配合比为水泥∶砂∶107 胶=1∶1.5∶0.15 或水泥∶石灰膏∶砂∶107 胶=1∶1∶2∶0.15。

(3)斩假石饰面

斩假石饰面是以水泥石子浆或水泥石屑浆涂抹在水泥砂浆基层上,待凝结硬化具有一定强度后,用斧子及各种凿子等工具,在面层上剁斩出类似石材经雕琢的纹理效果的一种装饰方法。斩假石饰面质朴素雅、美观大方、耐久性好,但因采用手工操作,所以工效低。

斩假石饰面的构造做法是:先用 15mm 厚 1∶3 水泥浆打底,刮抹一遍素水泥浆(内掺 107 胶),随即抹 10mm 厚水泥∶石渣为 1∶1.25 的水泥石渣浆,石渣一般采用粒径为 2mm 的白色粒石,内掺 30%粒径为 0.3mm 的石屑。在面层配料中加入各种配色骨料及颜料,可以模仿不同天然石材的装饰效果。在分格方式、设缝处理上应符合石材砌筑的一般习惯。

8.2.3 贴面类墙面装修

贴面类饰面是将大小不同的块材通过构造连接或镶贴于墙体表面形成的墙体饰面。常用的贴面材料可分为陶瓷制品、天然石材和预制块材三类。由于块料的形状、质量、适用部位不同，其构造方法也有一定差异。轻而小的块材可以直接镶贴，构造比较简单，由底层砂浆、黏结层砂浆和块状贴面材料面层组成；大而厚重的块材则必须采用一定的构造连接措施，用贴挂等方式加强与主体结构的连接。

1. 面砖饰面

面砖多数是以陶土为原料，压制成型后经 1100°C 左右的温度烧制而成的。面砖类型很多，按其特征有上釉的和不上釉的两种，釉面砖又可分为有光釉和无光釉的两种。面砖的表面有平滑的和带一定纹理质感的，面砖背部质地粗糙且带有凹槽，以增强面砖和砂浆之间的黏结力。

面砖饰面的构造做法是：面砖应先放入水中浸泡，安装前取出晾干或擦干净，安装时先抹 15mm 厚 1∶3 水泥砂浆找底并划毛，再用 1∶0.3∶3 水泥石灰混合砂浆或用掺有 107 胶（水泥用量 5%～7%）的 1∶2.5 水泥砂浆满刮 10mm 厚于面砖背面紧贴于墙上，对贴于外墙的面砖常在面砖之间留出一定缝隙，并用 1∶1 白色水泥砂浆填缝，并清理面砖表面。

2. 陶瓷锦砖饰面

陶瓷锦砖也称为马赛克，有陶瓷锦砖和玻璃锦砖之分。它的尺寸较小，根据其花色品种，可拼成各种花纹图案。铺贴时先按设计的图案将小块材正面向下贴在 500mm×500mm 的牛皮纸上，然后牛皮纸面向外将马赛克贴于饰面基层上，待半凝后将纸洗掉，同时修整饰面。玻璃锦砖的背面略呈锅底形，并有沟槽，断面呈梯形，这有利于提高其黏结性能。

玻璃锦砖饰面的构造做法是：在清理好基层的基础上，用 15mm 厚 1∶3 水泥砂浆做底层并刮糙，分层抹平，两遍即可，若为混凝土墙板基层，在抹水泥砂浆前，应先刷一道素水泥浆（掺水泥质量 5% 的 107 胶）；抹 3mm 厚 1∶（1～1.5）水泥砂浆黏结层，在黏结层水泥砂浆凝固前，适时粘贴玻璃锦砖。粘贴玻璃锦砖时，在其麻面上抹一层约 2mm 厚的白水泥浆，纸面朝外，把玻璃锦砖镶贴在黏结层上。为了使面层黏结牢固，应在白水泥浆中掺水泥质量 4%～5% 的白胶及掺适量与面层颜色相同的矿物颜料，然后用同种水泥色浆擦缝。

3. 天然石材和人造石材饰面

石材按其厚度分为两种，通常厚度为 30～40mm 的为板材，厚度在 40～130mm 以上的为块材。常见天然板材饰面有花岗石、大理石和青石板等，其强度高、耐久性好，多作高级装饰用。常见人造石板有预制水磨石板、人造大理石板等。

（1）石材拴挂法（湿法挂贴）

天然石材和人造石材的安装方法相同，先在墙内或柱内预埋 $\phi6$ 铁箍，间距依石材规格而定，而铁箍内立 $\phi6$～10 竖筋，在竖筋上绑扎横筋，形成钢筋网。在石板上下边钻小孔，用双股 16 号钢丝绑扎固定在钢筋网上。上下两块石板用不锈钢卡销固定。板与墙面之间预留 20～30mm 宽的缝隙，上部用定位活动木楔做临时固定，校正无误后，在板与墙之间浇筑 1∶3 水泥砂浆，待砂浆初凝后，取掉定位活动木楔，继续上层石板的安装。

（2）干挂石材法（连接件挂接法）

干挂石材的施工方法是用一组高强耐腐蚀的金属连接件，将饰面石材与结构可靠地连接，其间形成空气间层不作灌浆处理。

8.2.4　涂料类墙面装修

涂料系指喷涂、刷涂于基层表面后，能与基层形成完整而牢固的保护膜的涂层饰面装修。涂料按其主要成膜物质的不同，可以分为有机涂料和无机涂料两大类。常用的无机涂料有石灰浆、大白浆、可赛银浆、无机高分子涂料等。常用的有机合成涂料依其主要成膜物质和稀释剂的不同，可分为溶剂型涂料、水溶性涂料和乳液型涂料三种。涂刷类饰面与其他种类饰面相比，最为简单，且具有工效高、工期短、材料用量少、自重轻、造价低等优点。涂刷类饰面的耐久性略差，但维修、更新很方便，而且简单易行。

1. 刷浆类饰面

刷浆类饰面是指在表面喷刷浆料或水溶性涂料的一种饰面，主要包括石灰浆、水泥浆、大白浆和可赛银浆等。

2. 涂料类饰面

建筑涂料的种类很多，按建筑涂料的分散介质可分为水溶性涂料、乳液型涂料、溶剂型涂料和硅酸盐无机涂料。

3. 油漆类饰面

油漆涂料是由黏结剂、颜料、溶剂和催干剂组成的混合剂。油漆涂料能在材料表面干结成漆膜，与外界空气、水分隔绝，从而达到防潮、防锈、防腐等保护作用。漆膜表面光洁、美观、光滑，改善了卫生条件，增强了装饰效果。常用的油漆涂料有调合漆、清漆、防锈漆等。

8.2.5　裱糊类墙面装修

裱糊类墙面装修是将各种装饰性的墙纸、墙布、织锦等材料裱糊在内墙面上的一种装修饰面。墙纸品种很多，目前国内使用最多的是塑料墙纸和玻璃纤维墙布等。

1. 基层处理

在基层刮腻子，以使裱糊墙纸的基层表面达到平整光滑。同时为了避免基层吸水过快，还应对基层进行封闭处理，处理方法为：在基层表面满刷一遍按 1∶0.5～1∶1 稀释的 107 胶水。

2. 裱贴墙纸

粘贴墙纸通常采用 107 胶水。其配合比为：107 胶∶羧甲基纤维素（2.5%）水溶液∶水＝100∶（20～30）∶50，107 胶的含固量为 12% 左右。

8.2.6　板材类墙面装修

板材类墙面装修系指采用天然木板或各种人造薄板借助于镶钉胶等固定方式对墙面进行的装饰处理。板材类墙面由骨架和面板组成，骨架有木骨架和金属骨架，面板有硬木板、胶合板、纤维板、石膏板等各种装饰面板和近年来应用日益广泛的金属面板。这些材料有较好的接触感和可加工性，所以在建筑装饰中被大量采用。常见的构造方法如下：

1. 木质板墙面

木质板墙面系用各种硬木板、胶合板、纤维板以及各种装饰面板等作的装修。具有美观大方、装饰效果好、安装方便等优点，但防火、防潮性能欠佳，一般多用于宾馆、大型公共建筑的门厅以及大厅墙面的装修。木质板墙面装修构造是先立墙筋，然后外钉面板。木质类饰面板包括木条、竹条、实木板、胶合板、刨花板等，因具有良好的质感和纹理、导热系数低、接触感好，经常用在室内墙面护壁或其他有特殊要求的部位。木护壁构造如图 8-13 所示。

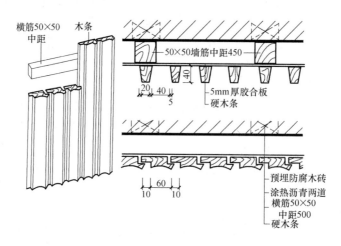

图 8-13　木护壁构造

2. 金属薄板墙面

金属薄板墙面系指利用薄钢板、不锈钢板、铝板或铝合金板作为墙面装修材料。经加工制成各类压型薄板，或者在这些薄板上进行搪瓷、烤漆、喷漆、镀锌、电化覆盖塑料等处理后，用来作室内外墙面装饰的材料。金面薄板以其精密、轻盈的特性，体现着新时代的审美情趣。工程中应用较多的有单层铝合金板、塑铝板、不锈钢板、镜面不锈钢板、钛金板、彩色搪瓷钢板、铜合金板等。金属薄板饰面具有多种性能和装饰效果，自重轻、连接牢固、经久耐用，在室内外装饰中均可采用，但这类饰面板材价格较贵，宜用于重点装饰部位。金属板饰面的构造层次与木质类饰面基本相同，不锈钢板饰面构造如图 8-14 所示。

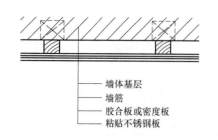

图 8-14　不锈钢板饰面构造

金属薄板墙面装修构造，也是先立墙筋，然后外钉面板。墙筋用膨胀铆钉固定在墙上，间距为 60～90mm。金属板用自攻螺丝或膨胀铆钉固定，也可先用电钻打孔后用木螺丝固定。

3. 其他装饰墙面

其他装饰墙面包括玻璃、石膏板、矿棉板、水泥刨花板、塑料护墙板和装饰吸声板墙面。石膏板饰面的一般构造做法是：首先在墙体上涂刷防潮涂料，然后在墙体上铺设龙骨，将石膏板钉在龙骨上，最后进行板面修饰。

8.2.7 卷材类内墙饰面

卷材类饰面是指用建筑装饰卷材，通过裱糊或铺钉等方式覆盖在墙外表面而形成的饰面。现代室内装修中，经常使用的卷材有壁纸、壁布、皮革、微薄木等。卷材装饰属于较高级的饰面类型。

8.3 楼地面装饰装修构造

楼地面是建筑物底层地面（简称地面）和楼层地面（简称楼面）的总称，是建筑物中使用最频繁的部位。楼地面装饰通常是指在普通的水泥地面、混凝土地面以及灰土垫层等各种地坪的表面上所加的修饰层，楼地面装饰设计在室内整体设计中起着十分重要的作用。楼地面构造基本上可以分为基层、中间层和面层三部分。底层地面的基层是指素土夯实层。中间层主要有垫层、找平层、隔离层（防水防潮层）、填充层、结合层等，应根据实际需要设置。面层是楼地面的最上层，是供人们生活、生产或工作直接接触的结构层次，也是地面承受各种物理化学作用的表面层。

楼地面的材料和做法应根据房间的使用要求和装修要求并结合经济条件加以选用，按材料形式和施工方式可分为四大类，即整体浇筑楼地面、块料楼地面、卷材楼地面和涂料楼地面。

8.3.1 整体浇筑楼地面

整体浇筑楼地面的面层无接缝，包括水泥砂浆楼地面、细石混凝土楼地面、现浇水磨石楼地面等。整体浇筑楼地面一般造价较低，施工方便，通过加工处理可以得到丰富的装饰效果。

1. 水泥砂浆楼地面

水泥砂浆楼地面通常使用水泥砂浆抹压而成，一般采用 1 : 2.5 水泥砂浆一次抹成，即单层做法，但厚度不宜过大，一般为 15～20mm。水泥砂浆楼地面构造简单、施工方便、造价低且耐水，是目前应用最广泛的一种低档楼地面做法，但楼地面易起灰、无弹性、热传导性高，且装饰效果较差。水泥砂浆楼地面构造做法是：抹一层 15～25mm 厚的 1 : 2.5 水泥砂浆或先抹一层 10～12mm 厚的 1 : 3 水泥砂浆找平层，再抹一层 5～7mm 厚的 1 : (1.5～2) 水泥砂浆抹面层（见图 8-15）。

2. 细石混凝土楼地面

细石混凝土楼地面强度高、干缩性小，与水泥砂浆楼地面相比，其耐久性和防水性更好。细石混凝土楼地面构造做法可以直接铺在夯实的素土上或钢筋混凝土楼板上。一般采用由水泥、砂、小石子配置而成的 C20 混凝土（水泥 : 砂 : 小石子＝1 : 2 : 4），厚度为 35mm。

3. 现浇水磨石楼地面

现浇水磨石楼地面是按设计分格，将水泥石渣浆铺设在镶嵌分格条的水泥找平层上，

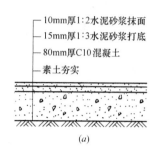
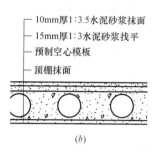

图 8-15　水泥砂浆楼地面

(a). 底层地面；(b) 楼层地面

硬结后用磨石机磨光，并经补浆、细磨、打蜡而成。现浇水磨石楼地面主要适用于卫生间、厨房及公共建筑的门厅、过道、楼梯间等处。

　　水磨石楼地面是以水泥作胶结材料、大理石或白云石等中等硬度石料的石屑作骨料而形成的水磨石屑浆浇抹硬结后，经磨光打蜡而成。水磨石楼地面的常见做法是先用 15～20mm 厚的 1∶3 水泥砂浆找平，再用 10～15mm 厚的 1∶1.5 或 1∶2 水泥石屑浆抹面，待水泥凝结到一定硬度后，用磨光机打磨，再由草酸清洗，打蜡保护。所用水泥为普通水泥，所用石子为中等硬度的方解石、大理石、白云石屑等。水磨石楼地面坚硬、耐磨、光洁、不透水、不起灰，它的装饰效果也优于水泥砂浆楼地面，但造价高、施工复杂、无弹性、吸热强，用于人流量较大的交通空间和房间。

　　为适应楼地面变形可能引起的面层开裂以及方便施工和维修，在做好找平层之后，用分格条把地面分成若干小块，尺寸约为 1000mm。分块形状可以设计成各种图案。分格条用料常为玻璃条、塑料条、铜条或铝条，分格条高度同水磨石面层厚度，用 1∶1 水泥砂浆固定。固定分格条的水泥砂浆高度不宜过大，否则会造成面层在分格条两侧仅有水泥而无石子，影响美观（见图 8-16）。

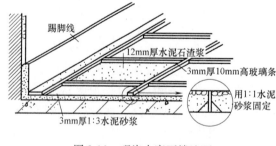

图 8-16　现浇水磨石楼地面

4. 菱苦土楼地面

　　菱苦土楼地面是用菱苦土、锯末、滑石粉和矿物颜料干拌均匀后，加入氯化镁溶液调制成胶泥，铺抹压光，硬化稳定后，用磨光机磨光打蜡而成。菱苦土楼地面易于清洁，有一定的弹性、热工性能好，适用于有清洁、弹性要求的房间。由于这种地面不耐水、不耐高温，因此，不宜用于经常有水

存留及地面温度经常处在 35℃ 以上的房间。

8.3.2　块料楼地面

　　块料楼地面是指用胶结材料将预制加工好的块状地面材料（如预制水磨石板、大理石板、花岗岩板、陶瓷锦砖、水泥砖等）通过铺砌或粘贴的方式与基层连接固定所形成的地面。块料楼地面属于中、高档装饰，具有花色品种多样，可供拼图方案丰富；强度高、刚

性大、经久耐用、易于保持清洁；施工速度快、湿作业量少等优点。但这类地面属于刚性地面，不具有弹性、保温、消声等性能，又有造价偏高、工效偏低等缺点。

目前块料楼地面在我国应用十分广泛。一般适用于人流活动较大，在耐磨损、保持清洁等方面要求高的地面或经常比较潮湿的场所；不宜用于寒冷地区的居室、宾馆客房，也不宜用于人们长时间逗留或需要保持高度安静的地方。块料楼地面要求铺砌和粘贴平整，可先做找平层再做胶结层。一般胶结材料既起胶结作用又起找平作用。块料楼地面按材料不同有陶瓷板块楼地面、石材楼地面、塑料楼地面和木楼地面等。

1. 陶瓷板块楼地面

用作楼地面的陶瓷板块有陶瓷锦砖、缸砖、陶瓷彩釉砖和瓷质无釉砖等各种陶瓷地砖。

陶瓷锦砖（又称马赛克）是以优质瓷土烧制而成的小块瓷砖，有各种颜色、多种几何形状，并可拼成各种图案。

缸砖用陶瓷烧制而成，可加入不同的颜料烧制成各种颜色，以红棕色缸砖最常见。

陶瓷彩釉砖和瓷质无釉砖是较理想的新型地面装饰材料，其规格尺寸一般较大，如200mm×200mm、300mm×300mm、600mm×600mm等。

陶瓷板块楼地面的特点是坚硬耐磨、色泽稳定、易于保持清洁，而且具有较好的耐水和耐酸碱腐蚀的性能，但造价较高，一般适用于用水的房间以及有腐蚀的房间。

2. 石材楼地面

石材楼地面包括天然石楼地面和人造石楼地面。

天然石有大理石和花岗岩等。天然大理石色泽艳丽，具有各种斑驳纹理，可取得较好的装饰效果。大理石板的规格尺寸一般为 300mm×300mm～500mm×500mm，厚度为20～30mm。天然石楼地面具有较好的耐磨、耐久性能和装饰性，但造价很高。

人造石板有预制水磨石板、人造大理石板等，价格低于天然石板。

3. 塑料楼地面

随着石油化工业的发展，塑料楼地面的应用日益广泛。塑料楼地面材料种类很多，目前聚氯乙烯塑料楼地面应用最广泛，它是以聚氯乙烯树脂为主要胶结材料，添加增塑剂、填充料、稳定剂、润滑剂和颜料等经塑化液压而成，可加工成块材，也可加工成卷材，其材质有软质和半硬质两种。目前在我国应用较多的是半硬质聚氯乙烯块材，其规格尺寸一般为 100mm×100mm～500mm×500mm，厚度为 1.5～2.0mm。

4. 木楼地面

木楼地面按照结构构造形式不同可分为实铺式、粘贴式和架空式三种。

（1）实铺式木楼地面

实铺式木楼地面是将木搁栅直接固定在结构基层上，构造比较简单，在实际工程中应用较多。

实铺式木楼地面的基层一般由木搁栅、横撑及木垫块等部分组成。木搁栅由于直接放在结构层上，其断面尺寸较小，一般为50mm×（50～70）mm，中距为400mm。木搁栅通过预埋在结构层中的铁丝或螺栓等固定。横撑设置在木搁栅之间，以提高其整体性，中距为800～1200mm，断面一般为50mm×50mm，用铁钉固定在木搁栅上。为了使木楼地面达到设计高度，必要时可在搁栅下设置木垫块，尺寸一般为20mm×40mm×50mm，中距大于 400mm，与木搁栅钉牢。为了防止潮气入侵地面层，底层地面木搁栅下的结构层应做防潮层。为了满足减震和弹性要求，往往还要加设弹性橡胶垫层。需注意的是，在施工之前木搁栅、横撑应进行防腐处理，防火要求高的应进行防火处理。

实铺式木楼地面面层的构造是将长条形面板直接固定在木搁栅上，有明钉和暗钉两种钉法，一般多采用暗钉法，面板与周边墙之间留出 10～20mm 宽的缝隙，最后由踢脚板封盖。为使潮气散发，可在踢脚板上开设通风口。图 8-17 为实铺式木楼地面构造。

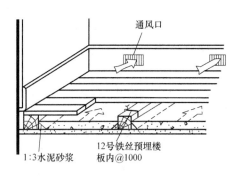

图 8-17 实铺式木楼地面构造

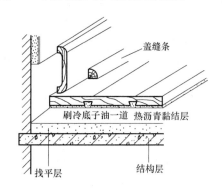

图 8-18 粘贴式木楼地面构造

（2）粘贴式木楼地面

粘贴式木楼地面是在结构层（钢筋混凝土楼板或底层素混凝土）上做好找平层，再用黏结材料将各种木板直接粘贴而成，具有构造简单、占用空间高度小、经济等优点，但弹性较差，若选用软木地板，可取得较好的弹性。

粘贴式木楼地面通常做法是：在结构层上用 15mm 厚 1∶3 水泥砂浆找平，上面刷冷底子油一道，然后铺设 5mm 厚沥青胶结材料（或其他胶粘剂），最后粘贴木地板，随涂随粘。图 8-18 为粘贴式木楼地面构造。

（3）架空式木楼地面

架空式木楼地面因其木材消耗量大，现已很少采用。

8.3.3 卷材楼地面

卷材楼地面采用成卷的卷材铺贴而成，常见的楼地面卷材有软质聚氯乙烯塑料地毡、油地毡、橡胶地毡和地毯等，这类楼地面材料自重轻、柔韧、耐磨、耐腐蚀且美观。

1. 塑料地板楼地面

塑料地板楼地面是指用聚氯乙烯树脂塑料地板作为饰面材料铺贴的楼地面。

塑料地板楼地面的基本构造包括基层处理和铺贴两部分。

塑料地板的基层一般是混凝土及水泥砂浆类，基层应平整、干燥，有足够的强度，各个阴阳角方正，无油脂尘垢。当表面有麻面、起砂和裂缝等缺陷时，应用水泥腻子修补平整。

塑料地板的铺贴有两种方式。一种方式是直接铺贴（干铺），主要用于人流量小及潮湿房间的地面。铺设大面积塑料卷材要求定位截切，足尺铺贴，同时应注意在铺设前进行裁边，并留有 0.5% 的余量。对于不同的基层还应采取相应的构造措施，如在首层地坪上，应加做防潮层；在金属基层上，应加橡胶垫层。另一种方式是胶粘铺贴，适用于半硬质塑料地板。胶粘铺贴采用胶粘剂与基层固定，胶粘剂多与地板配套供应。在选择胶粘剂时要注意其特性和使用方法。

2. 橡胶地毡楼地面

橡胶地毡是以天然橡胶或合成橡胶为主要原料，加入适量的填充料加工而成的地面覆盖材料。

橡胶地毡楼地面具有良好的弹性、保温、耐磨、消声性能，具有防滑、不导电等特性，适用于展览馆、疗养院、实验室、游泳馆、运动场地等楼地面。

橡胶地毡表面有光滑和带肋两类，带肋的橡胶地毡一般用在防滑走道上，其厚度为4～6mm。橡胶地毡地板可制成单层或双层，也可根据设计制成各种颜色和花纹。

橡胶地毡与基层的固定一般用胶结材料粘贴的方法，粘贴在水泥砂浆或混凝土基层上。

3. 地毯楼地面

地毯是一种高级地面装饰材料，地毯楼地面具有吸声、隔声、弹性好、保温性能好、脚感舒适等特点，地毯色彩图案丰富，本身就是工艺品，能给人以华丽、高雅的感觉。一般地毯具有较好的装饰效果，而且施工、更换简单方便，适用于展览馆、疗养院、实验室、游泳馆、运动场地以及其他重要建筑空间的地面装饰。

地毯按材质可分为真丝地毯、羊毛地毯、混纺地毯、化纤地毯、麻绒地毯、塑料地毯、橡胶绒地毯；按编织结构可分为手工编制地毯、机织地毯、无纺黏合地毯、簇绒地毯、橡胶地毯等。

铺设地毯的基层即楼地面面层，一般要求基层具有一定的强度，表面平整并保持洁净；木地板上铺设地毯应注意钉子或其他凸出物，以免挂坏地毯；底层地面的基层应做防潮处理。

8.3.4 涂料楼地面

涂料楼地面利用涂料涂刷或涂刮而成，是水泥砂浆楼地面的一种表面处理方式，用以改善水泥砂浆楼地面在使用和装饰方面的不足。楼地面涂料品种较多，有溶剂型、水溶性和水乳型等类型。涂布楼地面可保护楼地面，丰富装饰效果，具有施工简便、造价较低、维修方便、整体性好、自重轻等优点，故应用较广泛。

涂料楼地面所用材料主要有两大类：酚醛树脂地板漆等地面涂料和合成树脂及其复合材料等无缝地面涂布材料。涂料楼地面一般采用涂刮方式施工，故对基层要求较高，基层必须平整光洁且充分干燥。基层的处理方法是清除浮砂、浮灰及油污，地面含水率控制在6％以下（采用水溶性涂布材料者可略高）。为了保证面层质量，基层还应进行封闭处理，一般根据面层涂饰材料调配腻子，将基层孔洞及凸凹不平的地方填嵌平整，而后在基层上满刮腻子若干遍，干燥后用砂纸打磨平整，清扫干净。

面层根据涂饰材料及使用要求，涂刷若干遍面漆，层与层之间的间隔时间应以前一层面漆干透为主，并进行相应处理。面层厚度应均匀，不宜过厚或过薄，控制在1.5mm左右。根据需要进行后期装饰处理，如磨光、打蜡、涂刷罩光剂、养护等。

为保护墙面，防止外界碰撞损坏墙面或擦洗地面时弄脏墙面，通常在墙面靠近地面处设踢脚线（又称踢脚板）。踢脚线的材料一般与地面相同，故可看作是地面的一部分，即地面在墙面上的延伸部分。踢脚线通常凸出墙面，也可与墙面平齐或凹进墙面，其高度一般为 120～150mm。

8.4 吊顶装饰装修构造

吊顶又称"悬吊式顶棚"，其装饰表面与结构底表面之间留有一定的距离，通过悬挂物与结构连接在一起。

通常要利用顶棚和结构之间的空间布设备种管道和设备，还可利用吊顶的悬挂高度使顶棚在空间高度上产生变化，形成一定的立体感。吊顶的装饰效果较好，形式变化丰富，但构造复杂，对施工技术要求高，造价较高。

在一般情况下，悬吊式顶棚内部空间的高度不宜过大，以节约材料和降低造价；若利用其作为敷设管线设备的技术空间或有隔热通风需要时，则可根据情况适当加大，必要时可铺设检修走道以免踩坏面层，保障安全。饰面应根据设计留出相应灯具、空调等设备的安装检修孔及送风口、回风口位置。

8.4.1 悬吊式顶棚构造组成

悬吊式顶棚在构造上一般由吊筋、基层、面层三部分组成。

1. 顶棚吊筋

吊筋是连接龙骨和承重结构的承重传力构件。吊筋的主要作用是承受顶棚的荷载，并将荷载传递给屋面板、楼板、屋顶梁、屋架等。通过吊筋还可以调整、确定悬吊式顶棚的空间高度，以适应不同场合、不同艺术处理上的需要。

吊筋的形式和材料选用，与顶棚的自重及顶棚所承受的灯具等设备的质量有关，也与龙骨的形式和材料及屋顶承重结构的形式和材料等有关。

吊筋可采用钢筋、型钢、镀锌铁丝或方木等。钢筋吊筋用于一般顶棚，直径不小于6mm；型钢吊筋用于重型顶棚或整体刚度要求特别高的顶棚；方木吊筋一般用于木基层顶棚，其截面尺寸可采用 50mm×50mm。

2. 顶棚基层

顶棚基层是一个由主龙骨、次龙骨（或称主搁栅、次搁栅）形成的网格骨架体系。主要承受顶棚的荷载，并通过吊筋将荷载传递给楼盖或屋顶的承重结构。

常用的顶棚龙骨分为木龙骨和金属龙骨两种，龙骨断面尺寸应根据其材料的种类、是否上人和面板做法等因素而定。

（1）木基层

木基层由主龙骨、次龙骨、横撑龙骨三部分组成。其中，主龙骨断面尺寸为 50mm×（70～80）mm，主龙骨间距一般为 0.9～1.5m。次龙骨断面尺寸一般为 30mm×（30～50）mm，次龙骨间距依据次龙骨截面尺寸和板材规格而定，一般为 400～600mm。用50mm×50mm 的方木吊筋将次龙骨钉牢在主龙骨的底部，并用 8 号镀锌铁丝绑扎。其中龙骨组成的骨架既可以是单层的，也可以是双层的，固定板材的次龙骨通常为双向布置。

双层木龙骨构造如图 8-19 所示。

木基层的耐火性较差，应用时需采取相应措施处理，常用于传统建筑的顶棚和造型特别复杂的顶棚装饰。

（2）金属基层

金属基层常见的有轻钢龙骨、铝合金龙骨和普通型钢龙骨等。

轻钢龙骨一般采用特制的型材，断面多为 U 形，故又称为 U 形龙骨系列。U形龙骨系列由大龙骨、中龙骨、小龙骨、

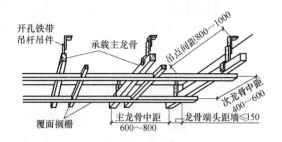

图 8-19 双层木龙骨构造

横撑龙骨及各种连接件组成。其中，大龙骨按其承载能力分为三级：轻型大龙骨不能承受上人荷载；中型大龙骨能承受偶然上人荷载，也可在其上铺设简易检修走道；重型大龙骨能承受上人的 800N 检修集中荷载，可在其上铺设永久性检修走道。大龙骨的截面高度分别为 30～38mm、45～50mm、60～100mm，中龙骨的截面高度为 50mm 或 60mm，小龙骨的截面高度为 25mm。轻钢龙骨配件组合示意图如图 8-20 所示。

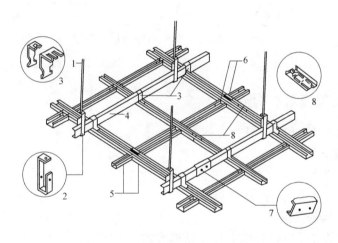

图 8-20 轻钢龙骨配件组合示意图

1—吊筋；2—吊件；3—挂件；4—主龙骨；5—次龙骨；6—龙骨支柱（挂插件）；7—连接件；8—插接件

铝合金龙骨常用的有 T 形、U 形、LT 形及特制龙骨。应用最多的是 LT 形龙骨。LT 形龙骨主要由大龙骨、中龙骨、小龙骨、边龙骨及各种连接件组成。大龙骨也分为轻型系列、中型系列、重型系列。轻型系列龙骨高 30mm 和 38mm，中型系列龙骨高 45mm和 50mm，重型系列龙骨高 60mm。中部中龙骨的截面为倒 T 形，边部中龙骨的截面为 L 形，中龙骨的截面高度为 32mm 和 35mm。小龙骨的截面为倒 T 形，截面高度为 22mm和 23mm。

普通型钢龙骨适用于顶棚荷载较大、悬吊点间距很大或其他特殊环境，常采用角钢、槽钢、工字钢等型钢进行拼装。

3. 顶棚面层

顶棚面层的作用是装饰室内空间，一般还具有吸声、反射等一些特定功能。面层的构

造设计通常要结合灯具、风口布置等一起进行。顶棚面层分为抹灰类、板材类和搁栅类。最常用的是板材类，常用板材类型及特性见表8-2。

常用板材类型及特性

表 8-2

名称	材料性能	适用范围
纸面石膏板、石膏吸声板	质量轻、强度高、阻燃防火、保温隔热，可锯、钉、刨、粘贴，加工性能好，施工方便	适用于各类公共建筑的顶棚
矿棉吸声板	质量轻、吸声、防火、保温隔热、美观、施工方便	适用于公共建筑的顶棚
珍珠岩吸声板	质量轻、吸声、防火、防潮、防蛀、耐酸，装饰效果好，可锯、可割、施工方便	适用于各类公共建筑的顶棚
钙塑泡沫吸声板	质量轻、吸声、隔热、耐水、施工方便	适用于公共建筑的顶棚
金属穿孔吸声板	质量轻、强度高、耐高温、耐压、耐腐蚀、吸声、防火、防潮、化学稳定性好、组装方便	适用于各类公共建筑的顶棚
石棉水泥穿孔吸声板	质量大、耐腐蚀、防火、吸声效果好	适用于地下建筑、需降低噪声的公共建筑和工业厂房的顶棚
金属面吸声板	质量轻、吸声、防火、保温隔热、美观、施工方便	适用于各类公共建筑的顶棚
贴塑吸声板	导热系数低、不燃、吸声效果好	适用于公共建筑的顶棚
珍珠岩植物复合板	防火、防水、防霉、防蛀、吸声、隔热，可锯、可钉，加工方便	适用于各类公共建筑的顶棚

8.4.2 悬吊式顶棚基本构造做法

悬吊式顶棚的基本构造做法要点如下：

1. 吊筋设置

吊筋与楼屋盖连接的节点称为吊点，吊点应均匀布置，一般间距为 900～1200mm，主龙骨端部距第一个吊点不超过 300mm。

2. 吊筋与结构的连接

吊筋与结构的连接一般有以下几种处理方式：①吊筋直接插入预制板的板缝，并用 C20 细石混凝土灌缝。②将吊筋绕在钢筋混凝土梁板底预埋件焊接的半圆环上。③吊筋与预埋钢筋焊接。④通过连接件（钢筋、角钢）两端焊接，使吊筋与结构连接。

3. 吊筋与龙骨的连接

若为木吊筋木龙骨，则将主龙骨钉在木吊筋上；若为钢筋吊筋木龙骨，则将主龙骨用镀锌铁丝绑扎、钉接在钢筋吊筋上，或采用螺栓连接；若为钢筋吊筋金属龙骨，则将主龙骨用连接件与吊筋钉接，或用吊钩、螺栓连接。

4. 面层与基层的连接

抹灰类顶棚的抹灰层必须附着在木板条、钢丝网等材料上，因此首先应将这些材料固定在龙骨架上，然后再做抹灰层，抹灰层的构造做法与内墙饰面构造做法相同。单纯用抹灰层作饰面层的方法目前在较高档装饰中已经不多见，常用的做法是在抹灰层上再做贴面饰面层，贴面材料主要有墙纸、壁布及面砖等。

板材类顶棚饰面板与龙骨之间的连接一般需要连接件、紧固件等连接材料，有钉、粘、卡、挂、搁等连接方式。连接方式与连接材料有关，面板与木基层连接可采用木螺钉或圆钉；面板与金属基层连接可采用自攻螺钉；钙塑板、矿棉板则可采用相应胶粘剂黏结或粘、钉结合的方式；如果是搁置连接，一般不需要连接材料。拼缝是影响顶棚面层装饰效果的一个重要因素，一般有对缝、凹缝、盖缝等几种方式，其构造与墙面拼缝相同。

第9章 土石方工程施工技术

9.1 土石方工程分类

土石方工程是建设工程施工的主要工程之一，包括土石方的开挖、运输、填筑、平整与压实等主要施工过程，以及场地清理、测量放线、排水、降水、土壁支护等准备工作和辅助工作。土木工程中常见的土石方工程有：

（1）场地平整。场地平整前必须确定场地设计标高，计算挖方和填方的工程量，确定挖方、填方的平衡调配，选择土方施工机械，拟定施工方案。

（2）基坑（槽）开挖。一般开挖深度在 5m 及其以内的称为浅基坑（槽），开挖深度超过 5m 的称为深基坑（槽）。应根据建筑物、构筑物的基础形式，坑（槽）底标高及边坡坡度要求开挖基坑（槽）。

（3）基坑（槽）回填。为了确保填方的强度和稳定性，必须正确选择填方土料与填筑方法。填土必须具有一定的密实度，以避免建筑物产生不均匀沉降。填方应分层进行，并尽量采用同类土填筑。

（4）地下工程大型土石方开挖。对人防工程、大型建筑物的地下室、深基础施工等进行的地下大型土石方开挖涉及降水、排水、边坡稳定与支护、地面沉降与位移等问题。

（5）路基修筑。建设工程所在地的场内外道路以及公路、铁路专用线，均需修筑路基，路基挖方称为路堑，填方称为路堤。路基施工涉及面广，影响因素多，是施工中的重点与难点。

9.2 土石方工程的准备与施工技术

土石方工程施工前应做好下述准备工作：

（1）场地清理。包括清理地面及地下各种障碍。

（2）排除地面水。地面水的排除一般采用排水沟、截水沟、挡水土坝等措施。

（3）修筑好临时道路及供水、供电等临时设施。

（4）做好材料、机具及土方机械的进场工作。

（5）做好土方工程测量、放线工作。

（6）根据土方施工设计做好土方工程的辅助工作，如边坡稳定、基坑（槽）支护、降低地下水等。

9.2.1 土方边坡及其稳定性

土方边坡坡度以其高度 H 与底宽度 B 之比表示。边坡可做成直线形、折线形或踏步形。边坡坡度应根据土质、开挖深度、开挖方法、施工工期、地下水位、坡顶荷载及气候条件等因素确定。

施工中除应正确确定边坡外，还要进行护坡，以防边坡发生滑动。因此，在土方施工中，要预估各种可能出现的情况，采取必要的措施护坡防塌，特别要注意及时排除雨水、地面水，防止坡顶集中堆载及振动，必要时可采用钢丝网细石混凝土（或砂浆）对护坡面层进行加固。如果是永久性土方边坡，则应做好永久性加固措施。

9.2.2 基坑（槽）支护

开挖基坑（槽）时，如地质条件及周围环境许可，采用放坡开挖是较经济的。但在建筑稠密地区施工，或有地下水渗入基坑（槽）时，往往不可能按要求的坡度放坡开挖，这时就需要进行基坑（槽）支护，以保证施工的顺利进行和安全，并减少对相邻建筑、管线等的不利影响。

基坑（槽）支护结构的主要作用是支撑土壁，此外，钢板桩、混凝土板桩及水泥土搅拌桩等围护结构还兼有不同程度的隔水作用。基坑（槽）支护结构的形式有多种，根据受力状态可分为横撑式支撑、重力式支护结构、板桩式支护结构等，其中，板桩式支护结构又分为悬臂式和支撑式。

1. 横撑式支撑

开挖较窄的沟槽，多用横撑式土壁支撑。横撑式土壁支撑根据挡土板的不同，分为水平挡土板式和垂直挡土板式两类（见图9-1）。前者挡土板的布置又分间断式和连续式两种。湿度小的黏性土挖土深度小于3m时，可用间断水平挡土板支撑；对松散、湿度大的土可用连续式水平挡土板支撑，挖土深度可达5m。对松散和湿度很高的土可用垂直挡土板式支撑，其挖土深度不限。挡土板、立柱及横撑的强度、变形性及稳定性等可根据实际布置情况进行结构计算。

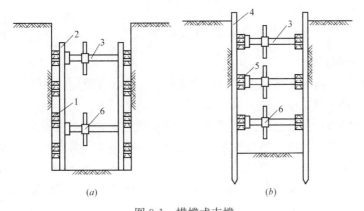

图9-1 横撑式支撑

(a) 水平挡土板支撑；(b) 垂直挡土板支撑

1—水平挡土板；2—立柱；3—工具式横撑；4—垂直挡土板；5—横楞木；6—调节螺丝

2. 重力式支护结构

基坑支护结构一般根据地质条件、基坑开挖深度以及对周边环境的保护要求采取重力式支护结构、板式支护结构、土钉墙等形式。在支护结构设计中首先要考虑对周边环境的保护，其次要满足本工程地下结构施工的要求，再则应尽可能降低造价、便于施工。

重力式支护结构是指通过加固基坑周边土形成一定厚度的重力式墙，以达到挡土的目的。水泥土搅拌桩（或称深层搅拌桩）支护结构是近年来发展起来的一种重力式支护结构。它是通过搅拌桩机将水泥与土进行搅拌，形成柱状的水泥加固土（搅拌桩）。这种支护墙具有防渗和挡土的双重功能。由水泥土搅拌桩搭接而形成水泥土墙，既具有挡土作用，又兼有隔水作用，适用于4～6m深的基坑，最大可达7～8m。

搅拌桩成桩工艺可采用"一次喷浆、二次搅拌"或"二次喷浆、三次搅拌"工艺，主要依据水泥掺入比及土质情况而定。水泥掺量较小，土质较松时，可用前者；反之，可用后者。"一次喷浆、二次搅拌"的施工工艺流程如图9-2所示。当采用"二次喷浆、三次搅拌"工艺时可在图示步骤⑤作业时也进行注浆，以后再重复一次④与⑤的过程。

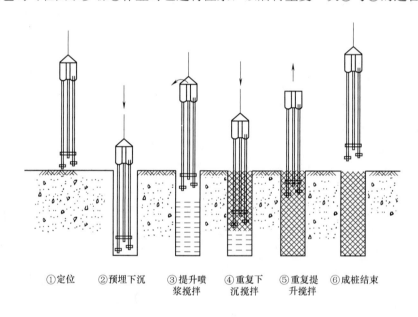

①定位　②预埋下沉　③提升喷　④重复下　⑤重复提　⑥成桩结束
　　　　　　　　　浆搅拌　　沉搅拌　　升搅拌

图9-2　"一次喷浆、二次搅拌"施工工艺流程图

3. 板桩式支护结构

板桩式支护结构由两大系统组成：挡墙系统和支撑（或拉锚）系统（见图9-3）。悬臂式板桩支护结构则不设支撑（或拉锚）。

挡墙系统常用的材料有槽钢、钢板桩、钢筋混凝土板桩、灌注桩及地下连续墙等。钢板桩有平板形和波浪形两种，钢板桩之间通过锁口互相连接，形成一道连续的挡墙，由于锁口，使钢板桩连接牢固，形成整体，同时也具有较好的隔水能力。钢板桩截面面积小，易于打入，U形、Z形等波浪式钢板桩截面抗弯能力较好。钢板桩在基础施工完毕后还可拔出重复使用。

支撑系统一般采用大型钢管、H型钢或格构式钢支撑，也可采用现浇钢筋混凝土支撑。拉锚系统一般采用钢筋、钢索、型钢或土锚杆，根据基坑开挖的深度及挡墙系统的截

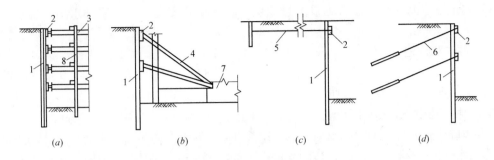

图 9-3　板桩式支护结构

（a）水平支撑式支护；（b）斜撑式支护；（c）水平拉锚支护；（d）土层锚杆支护

1—板桩墙；2—围檩；3—钢支撑；4—斜撑；5—拉锚；6—土锚杆；7—先施工的基础；8—竖撑

面性能可设置一道或多道支点。基坑较浅、挡墙具有一定刚度时，可采用悬臂式挡墙而不设支撑点。支撑或拉锚与挡墙系统通过围檩、冠梁等连接成整体。

板桩墙的施工根据挡墙系统的形式选取相应的方法。一般钢板桩、混凝土板桩采用打入法，而灌注桩及地下连续墙则采用就地成孔（槽）现浇的方法。

9.2.3　降水与排水

降水方法可分为重力降水（如积水井、明渠等）和强制降水（如轻型井点、深井泵、电渗井点等）。土石方工程中采用较多的是明排水法和井点降水法。

排除地面水一般采取在基坑周围设置排水沟、截水沟或筑土堤等办法，并尽量利用原有的排水系统，使临时排水系统与永久排水设施相结合。

1. 明排水法

明排水法是在基坑开挖过程中，在坑底设置集水坑，并沿坑底周围或中央开挖排水沟，使水流入集水坑，然后用水泵抽走（见图 9-4）。抽出的水应予以引开，以防倒流。

明排水法由于设备简单、排水方便，采用较为普遍，宜用于粗粒土层，也可用于渗水量小的黏土层。但当土为细砂和粉砂时，地下水渗出会带走细粒，发生流砂现象，导致边坡坍塌、坑底涌砂，难以施工，此时应采用井点降水法。

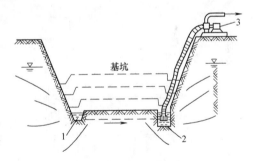

图 9-4　集水坑降水法

1—排水沟；2—集水坑；3—水泵

集水坑应设置在基础范围以外，地下水走向的上游。根据地下水量大小、基坑平面形状及水泵能力，集水坑每隔 20~40m 设置一个。

集水坑的直径或宽度一般为 0.6~0.8m，其深度随着挖土的加深而加深，要经常低于挖土面 0.7~1.0m，坑壁可用竹、木或钢筋笼等简易加固。当基础挖至设计标高后，坑底应低于基础底面标高 1~2m，并铺设碎石滤水层，以免在抽水时间较长时将泥沙抽出，并防止坑底的土被搅动。

采用集水坑降水时，根据现场土质条件，应能保持开挖边坡的稳定。边坡坡面上如有局部渗出地下水时，应在渗水处设置过滤层，防止土粒流失，并设置排水沟，将水引出坡面。

2. 井点降水法

井点降水法是在基坑开挖之前，预先在基坑四周埋设一定数量的滤水管（井），利用抽水设备抽水，使地下水位降落到坑底以下，并在基坑开挖过程中仍不断抽水。这样，可使所挖的土始终保持干燥状态，也可防止流砂发生，土方边坡也可陡些，从而减少了挖方量。

井点降水法有轻型井点、喷射井点、电渗井点、深井井点及管井井点等，井点降水的方法根据土的渗透系数、降低水位的深度、工程特点及设备条件等，按照表9-1选择。

各种井点的适用范围　　　　　　　　　　　　　　表 9-1

井点类别	土的渗透系数（m/d）	降低水位深度（m）
一级轻型井点	0.1～50	3～6
二级轻型井点	0.1～50	根据井点级数而定
喷射井点	0.1～50	8～20
电渗井点	<0.1	根据选用的井点确定
深井井点	10～250	>15
管井井点	20～200	3～5

（1）轻型井点

1）轻型井点构造

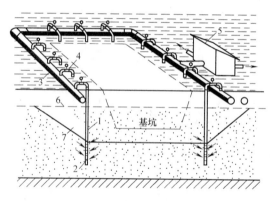

图9-5 轻型井点法示意图

1—井点管；2—滤管；3—集水总管；4—弯联管；
5—水泵房；6—原有地下水位线；7—降低后地下水位线

轻型井点是沿基坑四周以一定间距埋入直径较细的井点管至地下蓄水层内，井点管的上端通过弯联管与总管相连接，利用抽水设备将地下水从井点管内不断抽出，使原有地下水位降至坑底以下（见图9-5）。在施工过程中要不断地抽水，直至基础施工完毕并回填土为止。

井点管采用直径38mm或51mm、长5～7m的钢管，管下端配有滤管。集水总管常用直径100～127mm的钢管，每节长4m，一般每隔0.8m或1.2m设一个连接井点管的接头。

抽水设备由真空泵、离心泵和水气分离器等组成。一套抽水设备能带动的总管长度，一般为100～120m。

2）轻型井点布置

根据基坑平面大小与深度、土质、地下水位高低与流向、降水深度要求，轻型井点可采用单排布置、双排布置以及环形布置；当土方施工机械需进出基坑时，也可采用U形布置。如图9-6所示。

单排布置适用于基坑（槽）宽度小于6m且降水深度不超过5m的情况，井点管应布置在地下水的上游一侧，两端延伸长度不宜小于基坑（槽）的宽度。双排布置适用于基坑

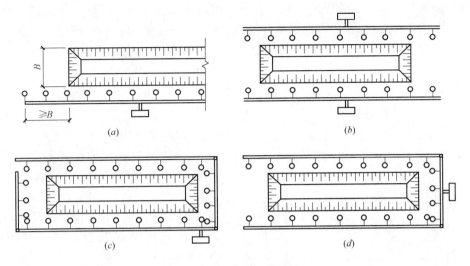

图 9-6　轻型井点的平面布置

(a) 单排布置；(b) 双排布置；(c) 环形布置；(d) U 形布置

宽度大于 6m 或土质不良的情况。环形布置适用于大面积基坑。如采用 U 形布置，则井点管不封闭的一端应设在地下水的下游方向。

3）轻型井点施工

轻型井点系统的施工，主要包括施工准备、井点系统的安装与使用。

井点施工前，应认真检查井点设备、施工用具、砂滤料规格和数量、水源、电源等准备工作情况。同时还要挖好排水沟，以便泥浆水的排放。为检查降水效果，必须选择有代表性的地点设置水位观测孔。

井点系统的安装顺序是：挖井点沟槽、铺设集水总管；冲孔、沉设井点管、灌填砂滤料；用弯联管将井点管与集水总管连接；安装抽水设备；试抽。

井点系统施工时，各工序间应紧密衔接，以保证施工质量。各部件连接头均应安装严密，以防止接头漏气，影响降水效果。弯联管宜采用软管，以便于井点安装，减少可能漏气的部位，避免因井点管沉陷而造成管件损坏。南方地区可采用透明的塑料软管，以便于直接观察井点抽水状况。北方寒冷地区宜采用橡胶软管。

沉设井点管一般可按现场条件及土层情况选用下列方法：用冲水管冲孔后，沉设井点管；直接利用井点管水冲下沉；套管式冲枪水冲法或振动水冲法成孔后沉设井点管。

在亚黏土、轻亚黏土等土层中用冲水管冲孔时，也可同时装设压缩空气冲气管辅助冲孔，以提高效率，减少用水量。在淤泥质黏土中冲孔时，也可使用加重钻杆，提高成孔速度。用套管式冲枪水冲法成孔质量好，但速度较慢。

当采用冲水管冲孔方法沉设井点管时，可分为冲孔与沉管两个过程（见图 9-7）。冲孔时，先用起重设备将冲管吊起并插在井点位置上，然后开动高压水泵，将土冲松，冲管则边冲边沉。冲管采用直径为 50～70mm 的钢管，长度比井点管长 1.5m 左右。冲管下端装有圆锥形冲嘴；在冲嘴的圆锥面上钻有三个喷水小孔，各孔间焊有三角形立翼，以辅助冲水时扰动土层，便于冲管下沉。冲孔所需的水压，根据土质不同，一般为 0.6～1.2MPa。冲孔时应注意冲管垂直插入土中，并作上下、左右摆动，以加剧土层松动。冲孔孔径不应小于 300mm，并保持垂直，上下一致，使滤管有一定厚度的砂滤层。冲孔深度应比滤管底深 0.5m 以上。以保证滤管埋设深度，并防止被井孔中的泥沙所淤塞。

井孔冲成后，应立即拔出冲管，插入井点管，紧接着就灌填砂滤料，以防止塌孔。砂滤料的灌填质量是保证井点管施工质量的一项关键性工作。井点要位于冲孔中央，使砂滤层厚度均匀一致，砂滤层厚度达 100mm；要用干净粗砂灌填，并填至滤管顶以上 1.0～1.5m，以保证水流畅通。

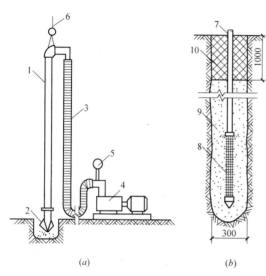

图 9-7　沉设井点管

(a) 冲孔；(b) 沉管

1—冲管；2—冲嘴；3—胶皮管；4—高压水泵；
5—压力表；6—起重机吊钩；7—井点管；
8—滤管；9—填砂；10—黏土封口

（2）喷射井点

当基坑较深而地下水位又较高时，需要采用多级轻型井点，这样会增加基坑的挖土量、延长工期并增加设备数量，是不经济的。因此，当降水深度超过 8m 时，宜采用喷射井点，降水深度可达 8～20m。

喷射井点的平面布置：当基坑宽度小于等于 10m 时，井点可采用单排布置；当基坑宽度大于 10m 时，可采用双排布置；当基坑面积较大时，宜采用环形布置。井点间距一般采用 2～3m，每套喷射井点宜控制在 20～30 根井管。

（3）电渗井点

电渗井点排水是利用井点管（轻型井点管或喷射井点管）本身作阴极，沿基坑外围布置，以钢管（$\phi50～75$）或钢筋（$\phi25$ 以上）作阳极，垂直埋设在井点内侧，阴阳极分别用电线连接成通路，并对阳极施加强直流电电流。应用电压降使带负电的土粒向阳极移动，带正电的孔隙水则向阴极方向集中产生电渗现象。在电渗与真空的双重作用下，强制黏土中的水在井点管附近集聚，由井点管快速排出，使井点管连续抽水，地下水位逐渐降低。而电极间的土层则形成电帷幕，由于电场作用，从而阻止地下水从四面流入坑内。

在饱和黏土中，特别是淤泥和淤泥质黏土中，由于土的透水性较差、持水性较强，用一般喷射井点和轻型井点降水效果较差，此时宜增加电渗井点来配合轻型井点或喷射井点降水，以便对透水性较差的土起疏干作用，使水排出。

电渗井点埋设程序一般是先埋设轻型井点或喷射井点，预留出布置电渗井点阳极的位置，待轻型井点降水不能满足降水要求时，再埋设电渗井点阴极，以改善降水性能。电渗井点阴极埋设与轻型井点、喷射井点相同，阳极埋设可用 75mm 旋叶式电钻钻孔埋设，钻进时加水和高压空气循环排泥，阳极就位后，利用下一钻孔排出泥浆倒灌填孔，使阳极与土接触良好，减少电阻，以利电渗。如深度不大，亦可用锤击法打入。钢筋埋设必须垂直，严禁与相邻阴极相碰，以免造成短路，损坏设备。

（4）深井井点

当降水深度超过 15m 时，在管井井点内采用一般的潜水泵和离心泵满足不了降水要求，此时可加大管井深度，改用深井泵即深井井点来解决。深井井点一般可降低水位30～40m，有的甚至可达百米以上。常用的深井泵有两种类型：电动机在地面上的深井泵及深井潜水泵（沉没式深井泵）。

（5）管井井点

管井井点就是沿基坑每隔一定距离设置一个管井，每个管井单独用一台水泵不断抽水来降低地下水位。在土的渗透系数大、地下水量大的土层中，宜采用管井井点。

管井直径为150～250mm。管井的间距，一般为20～50m。管井的深度为8～15m，井内水位降低可达6～10m，两井中间则为3～5m。

9.3 土石方工程机械化施工

土石方工程的施工过程包括土石方开挖、运输、填筑与压实等。

9.3.1 推土机施工

推土机的特点是操作灵活、运输方便，所需工作面较小，行驶速度较快，易于转移。推土机可以单独使用，也可以卸下铲刀牵引其他无动力的土方机械，如拖式铲运机、松土机、羊足碾等。推土机的经济运距在100m以内，以30～60m为最佳运距。使用推土机推土的几种施工方法：

（1）下坡推土法。推土机顺地面坡势进行下坡推土，可以借助机械本身的重力作用增加铲刀的切土力量，因而可增大推土机铲土深度和运土数量，提高生产效率，在推土丘、回填管沟时，均可采用。

（2）分批集中、一次推送法。在较硬的土中，推土机的切土深度较小，一次铲土不多，可分批集中，再整批推送到卸土区。应用此法，可使铲刀的推送数量增大，缩短运输时间，提高生产效率12%～18%。

（3）并列推土法。在较大面积的平整场地施工中，采用2台或3台推土机并列推土，能减少土的散失，因为2台或3台推土机单独推土时，有四边或六边向外撒土，而并列后只有两边向外撒土，一般可使每台推土机的推土量增加20%。并列推土时，铲刀间距15～30cm。并列台数不宜超过4台，否则互相影响。

（4）沟槽推土法。就是沿第一次推过的原槽推土，前次推土所形成的土埂能阻止土的散失，从而增加推运量。这种方法可以和分批集中、一次推送法联合运用。能够更有效地利用推土机，缩短运土时间。

（5）斜角推土法。将铲刀斜装在支架上，与推土机横轴在水平方向上形成一定的角度进行推土。一般在管沟回填且无倒车余地时可采用这种方法。

9.3.2 铲运机施工

铲运机的特点是能独立完成铲土、运土、卸土、填筑、压实等工作，对行驶道路要求较低，行驶速度快，操作灵活，运转方便，生产效率高。常用于坡度在20°以内的大面积场地平整，开挖大型基坑、沟槽，以及填筑路基等土方工程。铲运机可在Ⅰ～Ⅲ类土中直接挖土、运土，适宜运距为600～1500m，当运距为200～350m时效率最高。

1. 铲运机的开行路线

由于挖填区的分布不同，根据具体条件，选择合理的铲运路线，对生产率影响很大。根据实践，铲运机的开行路线有以下几种：

（1）环形路线。施工地段较短、地形起伏不大的挖、填工程，适宜采用环形路线，如图 9-8（a）、（b）所示。当挖土和填土交替，而挖填之间距离又较短时，则可采用大环形路线，如图 9-8（c）所示。大环形路线的优点是一个循环能完成多次铲土和卸土，从而减少了铲运机的转弯次数，提高了工作效率。

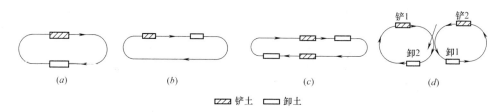

图 9-8　铲运机开行路线
（a）、（b）环形路线；（c）大环形路线；（d）8 字形路线

（2）8 字形路线。对于挖填相邻、地形起伏较大且工作地段较长的情况，可采用 8 字形路线，如图 9-8（d）所示。其特点是铲运机行驶一个循环能完成两次作业，而每次铲土只需转弯一次，比环形路线运行时间短、生产效率高。同时一个循环中两次转弯方向不同，机械磨损较均匀。

2. 铲运机铲土的施工方法

为了提高铲运机的生产效率，除规划合理的开行路线外，还可根据不同的施工条件，采用下列施工方法：

（1）下坡铲土。应尽量利用有利地形进行下坡铲土。这样可以利用铲运机的重力来增大牵引力，使铲斗切土加深，缩短装土时间，从而提高生产效率。一般地面坡度以 5°～7° 为宜。如果自然条件不允许，可在施工中逐步创造一个下坡铲土的地形。

（2）跨铲法。预留土埂，间隔铲土的方法。可使铲运机在挖两边土槽时减少向外撒土量，挖土埂时增加了两个自由面，阻力减小，铲土容易，土埂高度应不大于 300mm，宽度以不大于拖拉机两履带间净距为宜。

（3）助铲法。当地势平坦、土质较坚硬时，可采用推土机助铲以缩短铲土时间。此法的关键是双机要紧密配合，否则达不到预期效果。一般每 3～4 台铲运机配 1 台推土机助铲。推土机在助铲的空隙时间，可作松土或其他零星的平整工作，为铲运机施工创造条件。

当铲运机铲土接近设计标高时，为了正确控制标高，宜沿平整场地区域每隔 10m 左右，配合水平仪抄平，先铲出一条标准槽，以此为准，使整个区域平整达到设计要求。

当场地的平整度要求较高时，还可采用铲运机抄平。此法是铲运机放低斗门，高速行走，使铲土和铺土厚度保持在 50mm 左右，往返铲铺数次。如土的自然含水量在最佳含水量范围内，往返铲铺 2～3 次，表面平整的高差可达 50mm 左右。

3. 单斗挖掘机施工

单斗挖掘机是基坑（槽）土方开挖常用的一种机械。按其行走装置的不同，分为履带式和轮胎式两种；按其工作装置的不同，分为正铲、反铲、拉铲和抓铲四种；按其传动装置的不同，分为机械传动和液压传动两种。

当场地起伏高差较大、土方运输距离超过1000m，且工程量大而集中时，可采用挖掘机挖土，配合自卸汽车运土，并在卸土区配备推土机平整土堆。

（1）正铲挖掘机。正铲挖掘机的挖土特点是：前进向上，强制切土。其挖掘力大，生产效率高，能开挖停机面以内的Ⅰ～Ⅳ级土，开挖大型基坑时需设下坡道，适宜在土质较好、无地下水的地区工作。

根据挖掘机与运输工具相对位置的不同，正铲挖土和卸土的方式有以下两种：正向挖土、侧向卸土；正向挖土、后方卸土。

（2）反铲挖掘机。反铲挖掘机的特点是：后退向下，强制切土。其挖掘力比正铲小，能开挖停机面以下Ⅰ～Ⅲ级的砂土或黏土，适宜开挖深度在4m以内的基坑，对地下水位较高处也适用。反铲挖掘机的开挖方式可分为沟端开挖与沟侧开挖。

（3）拉铲挖掘机。拉铲挖掘机的特点是：后退向下，自重切土。其挖掘半径和挖土深度较大，能开挖停机面以下的Ⅰ～Ⅱ级土，适宜开挖大型基坑及水下挖土。拉铲挖掘机的开挖方式与反铲挖掘机相似，也可分为沟端开挖和沟侧开挖。

（4）抓铲挖掘机。抓铲挖掘机的特点是：直上直下，自重切土。其挖掘力较小，只能开挖Ⅰ～Ⅱ级土，可以挖掘独立基坑、沉井，特别适于水下挖土。

9.4 土石方的填筑与压实

9.4.1 填筑压实的施工要求

（1）填方的边坡坡度，应根据填方高度、土的类别、使用期限及其重要性确定。永久性填方的边坡坡度见表9-2。

表 9-2

永久性填方的边坡坡度

土的种类	填方高度（m）	边坡坡度
黏土	6	1：1.50
亚黏土、泥灰岩土	6～7	1：1.50
轻亚黏土、细砂	6～8	1：1.50
黄土、类黄土	6	1：1.50
中砂、粗砂	10	1：1.50
碎石土	10～12	1：1.50
易风化的岩石	12	—

（2）填方宜采用同类土填筑，如采用不同透水性的土分层填筑时，下层宜填筑透水性较大、上层宜填筑透水性较小的填料，或将透水性较小的土层表面做成适当坡度，以免形成水囊。

（3）基坑（槽）回填前，应清除沟槽内的积水和有机物，当基础结构的混凝土达到一定的强度后方可回填。

（4）填方应按设计要求预留沉降量，如无设计要求时，可根据工程性质、填方高度、填料类别、压实机械及压实方法等，同有关部门共同确定。

（5）填方压实工程应由下至上分层铺填、分层压（夯）实，分层厚度及压（夯）实遍数根据压（夯）实机械、密实度要求、填料种类及含水量确定。

9.4.2 土料选择与填筑方法

为了保证填土工程的质量，必须正确选择土料和填筑方法。

碎石类土、砂土、爆破石渣及含水量符合压实要求的黏性土可作为填方土料。淤泥、冻土、膨胀性土及有机物含量大于8％的土，以及硫酸盐含量大于5％的土均不能作填土。填方土料为黏性土时，填土前应检验其含水量是否在控制范围以内，含水量大的黏性土不宜作填土用。

填方施工应接近水平地分层填土、分层压实，每层的厚度根据土的种类及选用的压实机械而定。应分层检查填土压实质量，符合设计要求后，才能填筑上层。当填方位于倾斜的地面时，应先将斜坡挖成阶梯状，然后分层填筑，以防填土横向移动。

9.4.3 填土压实方法

填土压实方法有：碾压法、夯实法及振动压实法。

平整场地等大面积填土多采用碾压法，小面积填土工程多采用夯实法，而振动压实法主要用于压实非黏性土。

1. 碾压法

碾压法是利用机械滚轮的压力压实土壤，使之达到所需的密实度。碾压法适用于大面积填土工程。碾压机械有平碾（压路机）、羊足碾和气胎碾。平碾（压路机）是一种以内燃机为动力的自行式压路机，质量6～15t。羊足碾一般都没有动力，靠拖拉机牵引，有单筒、双筒两种。根据碾压要求，又可分为空筒及装砂、注水三种。羊足碾虽与土接触面积小，但单位面积的压力比较大，土壤压实效果好。羊足碾一般用于碾压黏性土，不适用于砂性土，因为在砂土中碾压时，土的颗粒受到羊足碾较大的单位压力后会向四周移动而使土的结构破坏。此外，松土不宜用重型碾压机械直接滚压，否则土层有强烈起伏现象，效率不高。如果先用轻碾压实，再用重碾压实，就会取得较好的效果。

2. 夯实法

夯实法利用夯锤自由下落的冲击力来夯实土壤，主要用于小面积回填土，可以夯实黏性土和非黏性土。夯实法分为人工夯实和机械夯实两种，人工夯实所用的工具有木夯、石夯等；常用的夯实机械有夯锤、内燃夯土机和蛙式打夯机等。

3. 振动压实法

振动压实法是将振动压实机放在土层表面，借助振动机构使压实机振动，土颗粒发生相对位移而达到紧密状态。振动碾是一种振动和碾压同时作用的高效能压实机械，比一般的平碾功效高1～2倍，可节省动力30％。这种方法对于振实填料为爆破石渣、碎石类土、杂填土和粉土等的非黏性土效果较好。

第 10 章　地基处理、边坡支护与桩基础工程施工技术

基础工程施工技术在高层建筑、重型厂房、路桥等现代化建设工程中占有极为重要的地位。建设单位和施工单位不断探索高质量、低造价的基础工程设计方法和施工工艺，促进了基础工程施工技术的迅速发展。本章主要对地基加固处理、桩基础施工、深基坑施工和地下连续墙施工技术四个部分进行重点介绍。

10.1　地基加固处理

土木工程的地基问题，概括来说，可包括以下四个方面：

（1）强度和稳定性问题。当地基的承载力不足以支承上部结构的自重及外荷载时，地基就会产生局部或整体剪切破坏。

（2）压缩及不均匀沉降问题。当地基在上部结构的自重及外荷载作用下产生过大的变形时，会影响结构物的正常使用，特别是超过结构物所能容许的不均匀沉降时，结构可能开裂破坏。沉降量较大时，不均匀沉降往往也较大。

（3）地基的渗漏量超过容许值时，会发生水量损失导致发生事故。

（4）地震、机器及车辆的振动、波浪作用和爆破等动力荷载可能引起地基土，特别是饱和无黏性土的液化、失稳和震陷等危害。

当结构物的天然地基存在上述四类问题之一或其中几个时，必须采用相应的地基处理措施以保证结构物的安全与正常使用。地基处理的方法有很多，工程中人们常常采用的一类方法是采取措施使土中孔隙减少，土颗粒靠近，密度加大，土的承载力提高；另一类方法是在地基中掺加各种物料，通过物理化学作用把土颗粒胶结在一起，使地基承载力提高、刚度加大、变形减小。

10.1.1　夯实地基法

夯实地基法主要有重锤夯实法和强夯法两种。

1. 重锤夯实法

重锤夯实法是利用起重机械将夯锤提升到一定的高度，然后自由下落产生较大的冲击能来挤密地基、减少孔隙、提高强度，经不断重复夯击，使地基得以加固，从而达到建筑物对地基承载力和变形的要求。

重锤夯实法适用于地下水距地面 0.8m 以上稍湿的黏土、砂土、湿陷性黄土、杂填土和分层填土，但在有效夯实深度内存在软黏土层时不宜采用。

重锤夯实的效果或影响深度与夯锤的质量、锤底直径、落距、夯实的遍数、土的含水

量及土质条件等因素有关。

2. 强夯法

强夯法是利用起重机械（起重机或起重机配三脚架、龙门架）将大吨位（一般为8~30t）夯锤起吊到6~30m高度后，自由落下，给地基土以强大的冲击能量的夯击，使土中出现冲击波和很大的冲击应力，迫使土层孔隙压缩，土体局部液化，在夯击点周围产生裂隙，形成良好的排水通道，孔隙水和气体逸出，使土料重新排列，经时效压密达到固结，从而提高地基承载力，降低其压缩性的一种有效的地基加固方法，也是我国目前最为常用和最经济的深层地基处理方法之一。

强夯法适用于加固碎石土、砂土、低饱和度粉土、黏性土、湿陷性黄土、高填土、杂填土以及对"围海造地"地基、工业废渣地基、垃圾地基等的处理；也可用于防止粉土及粉砂的液化，消除或降低大孔隙土的湿陷性等级；对于高饱和度淤泥、软黏土、泥炭、沼泽土，如采取一定的技术措施也可采用，还可用于水下夯实。强夯法不得用于不允许对工程周围建筑物和设备有一定振动影响的地基加固，必须采用强夯法时，应采取防振、隔振措施。

强夯法施工程序为：清理、平整场地→标出第一遍夯点位置、测量场地高程→起重机就位、夯锤对准夯点位置→测量夯前锤顶高程→将夯锤吊到预定高度脱钩自由下落进行夯击，测量锤顶高程→往复夯击，按规定夯击次数及控制标准，完成一个夯点的夯击→重复以上工序，完成第一遍全部夯点的夯击→用推土机将夯坑填平，测量场地高程→在规定的间隔时间后，按上述程序逐次完成全部夯击遍数→用低能量满夯，将场地表层松土夯实，并测量夯后场地高程。

10.1.2 砂桩、碎石桩和水泥粉煤灰碎石桩

碎石桩和砂桩合称为粗颗粒土桩，是指用振动、冲击或振动水冲等方式在软弱地基中成孔，再将碎石或砂挤压入孔，形成大直径的由碎石或砂所构成的密实桩体，它具有挤密、置换、排水、垫层和加筋等加固作用。

水泥粉煤灰碎石桩是在碎石桩的基础上加入一些石屑、粉煤灰和少量水泥，加水拌和制成的具有一定黏结强度的桩。桩的承载力来自桩全长产生的摩阻力及桩端承载力，桩越长承载力越高，桩土形成的复合地基承载力提高幅度可达4倍以上且变形量小，其适用于多层和高层建筑地基，是近年来新开发的一种地基处理技术。

10.1.3 土桩和灰土桩

土桩和灰土桩挤密地基是由桩间挤密土和填夯的桩体组成的人工"复合地基"。适用于处理地下水位以上，深度5~15m的湿陷性黄土或人工填土地基。土桩主要用于消除湿陷性黄土地基的湿陷性，灰土桩主要用于提高人工填土地基的承载力。地下水位以下或含水量超过25%的土，不宜采用。

土桩和灰土桩的施工方法是利用打入钢套管（或振动沉管）在地基中成孔，通过挤压作用使地基土得到加密，然后在孔内分层填入素土（或灰土、粉煤灰加石灰）后夯实而成。回填土料一般采用过筛（筛孔不大于20mm）的粉质黏土，并不得含有有机物质；粉煤灰采用含水量为30%~50%的湿粉煤灰；石灰采用块灰消解3~4d形成的粒径不大于

5mm 的粗粒熟石灰。灰土（体积比为 2∶8 或 3∶7）或二灰土应拌和均匀至颜色一致后及时回填夯实。

土桩挤密地基由桩间挤密土和分层填夯的素土桩组成，土桩面积约占地基面积的 10%～23%。土桩桩体和桩间土均为被机械均匀挤密的同类土料，因此，土桩挤密地基可视为厚度较大的素土垫层。

在灰土桩挤密地基中，由于灰土桩的变形模量远大于桩间土的变形模量，因此只占地基面积 20% 的灰土桩可以承担总荷载的 1/2。而占地基总面积 80% 的桩间土仅承担其余 1/2 的荷载。这样就大大降低了基础底面以下一定深度内土中的应力，消除了持力层内产生大量压缩变形和湿陷变形的不利因素。同时，由于灰土桩对桩间土能起到侧向约束作用，限制土的侧向移动，因此桩间土只产生竖向压密，使压力与沉降始终呈线性关系。

除了上述土桩和灰土桩外，还有单独采用石灰加固软弱地基的石灰桩。石灰桩的成孔也是采用钢套管法成孔，然后在孔内灌入新鲜生石灰块，或在生石灰块中掺入适量的水硬性掺合料粉煤灰和火山灰，一般的经验配合比为 8∶2 或 7∶3。在拔管的同时进行振捣或捣密。利用生石灰吸取桩周土体中的水分进行水化反应，生石灰的吸水、膨胀、发热以及离子交换作用，使桩周土体的含水量降低，孔隙比减小，使土体挤密和桩柱体硬化。柱和桩共同承受荷载，成为一种复合地基。

10.1.4 深层搅拌法施工

深层搅拌法是利用水泥、石灰等材料作为固化剂的主剂，通过特制的深层搅拌机械在地基深处就地将软土和固化剂（浆液或粉体）强制搅拌，利用固化剂和软土之间所产生的一系列物理化学反应，使软土硬结成具有整体性并具有一定承载力的复合地基。

深层搅拌法适用于加固各种成因的淤泥质土、黏土和粉质黏土等，用于提高软土地基的承载力，减少沉降量，提高边坡的稳定性，并可用于各种坑槽工程施工的挡水帷幕。

施工前，应依据工程地质勘察资料进行室内配合比试验，结合设计要求，选择最佳水泥掺入比，确定搅拌工艺。

用于深层搅拌的施工工艺目前有两种，一种是用水泥浆和地基土搅拌的水泥浆搅拌（简称旋喷桩），另一种是用水泥粉或石灰粉和地基土搅拌的粉体喷射搅拌（简称粉喷桩）。

10.1.5 高压喷射注浆桩

高压喷射注浆桩是以高压旋转的喷嘴将水泥浆喷入土层与土体混合，形成连续搭接的水泥加固体。

高压喷射注浆法适用于处理淤泥、淤泥质土、流塑及软塑或可塑黏性土、粉土、砂土、黄土、素填土和碎石土等地基。高压喷射注浆法分旋喷、定喷和摆喷三种类别。根据工程需要和土质要求，施工时可分别采用单管法、二重管法、三重管法和多重管法。高压喷射注浆法固结体形状可分为垂直墙状、水平板状、柱列状和群状。

1. 单管法

利用一根单管喷射高压水泥浆液作为喷射流。成桩直径较小，一般为 0.3～0.8m。

2. 二重管法

用同轴双通道二重注浆管复合喷射高压水泥浆和压缩空气两种介质，以浆液作为喷射流，但在其外围裹着一圈空气流成为复合喷射流。成桩直径为 1.0m 左右。

3. 三重管法

使用分别输送水、气、浆三种介质的三重注浆管，在以高压泵等高压发生装置产生 20MPa 左右的高压水喷射流的周围，环绕一股 0.7MPa 左右的圆筒状气流，进行高压水喷射流和气流同轴喷射冲切土体，形成较大的空隙，再另由泥浆泵注入压力 2～5MPa 的浆液填充，当喷嘴作旋转和提升运动时，便在土中凝固为直径较大的圆柱状固结体。成桩直径较大，一般有 1.0～2.0m，但桩身强度较低（0.9～1.2MPa）。

4. 多重管法

首先在地面钻一个导孔，然后置入多重管，用逐渐向下运动的旋转超高压水（压力约为 40MPa）射流，切削破坏四周的土体，经高压水冲击下来的土和水，立即用真空泵从多重管抽出。如此反复的冲和抽，便在土层中形成一个较大的空间，然后根据工程要求选用浆液、砂浆、砾石等材料填充。最终在地层中形成一个大直径的柱状固结体，在砂性土中最大直径可达 4m。

单管法、二重管法、三重管法和多重管法的施工程序基本一致，都是先把钻杆插入或打进预定土层中，然后自上而下进行喷射作业。

10.2 桩基础施工

桩基础是由若干根桩和桩顶的承台组成的一种常用的深基础，具有承载能力大、抗震性能好、沉降量小等特点。采用桩基施工可省去大量土方、排水、支撑、降水设施，而且施工简便，可以节约劳动力和压缩工期。

根据桩在土中受力情况的不同，可分为端承桩和摩擦桩。端承桩是穿过软弱土层到达硬土层或岩层的一种桩，上部结构荷载主要依靠桩端反力支撑；摩擦桩是完全设置在软弱土层一定深度的一种桩，上部结构荷载主要由桩侧的摩擦阻力承担，而桩端反力承担的荷载只占很小的部分。

按施工方法的不同，桩身可分为预制桩和灌注桩两大类。预制桩是在工厂或施工现场制成各种材料和形式的桩（如钢筋混凝土桩、钢桩、木桩等），然后用沉桩设备将桩打入、压入、旋入或振入土中。灌注桩是在施工现场的桩位上先成孔，然后在孔内灌注混凝土，也可加入钢筋后灌注混凝土。根据成孔方法的不同，可分为钻孔、挖孔、冲孔灌注桩及沉管灌注桩、爆扩桩等。

10.2.1 钢筋混凝土预制桩施工

钢筋混凝土桩坚固耐久，不受地下水和潮湿变化的影响，可做成各种需要的断面和长度，而且能承受较大的荷载，在建筑工程中广泛应用。

常用的钢筋混凝土预制桩断面有实心方桩与预应力混凝土空心管桩两种。实心方桩边长通常为 200～550mm，桩内设纵向钢筋或预应力钢筋和横向钢筋，在尖端设置桩靴。预应力混凝土空心管桩直径为 400～600mm，在工厂内用离心法制成。

1. 桩的制作、起吊、运输和堆放

（1）桩的制作

长度在 10m 以下的短桩，一般多在工厂预制；较长的桩，因不便于运输，通常就在打桩现场附近露天预制。

制作预制桩有并列法、间隔法、重叠法、翻模法等。现场预制桩多用重叠法预制，重叠层数不宜超过 4 层，层与层之间应涂刷隔离剂，上层桩或邻近桩的灌注，应在下层桩或邻近桩混凝土达到设计强度等级的 30% 以后方可进行。

（2）桩的起吊和运输

钢筋混凝土预制桩应在混凝土达到设计强度的 70% 以后方可起吊；达到 100% 方可运输和打桩。如提前吊运，应采取措施并经验算合格后方可进行。桩在起吊和搬运时，吊点应符合设计要求，满足吊桩弯矩最小的原则。

（3）桩的堆放

桩堆放时，地面必须平整、坚实，不得产生不均匀沉陷。桩堆放时应设置垫木，垫木的位置与吊点位置相同，各层垫木应上下对齐，堆放层数不宜超过 4 层。不同规格的桩应分别堆放。

2. 沉桩

沉桩的施工方法是将各种预先制作好的桩（主要是钢筋混凝土或预应力混凝土实心桩或空心管桩）以不同的沉入方式沉至地基内达到所需的深度。沉桩的方式主要有锤击沉桩（打入桩）、静力压桩（压入桩）、射水沉桩（旋入桩）和振动沉桩（振入桩）。

（1）锤击沉桩

锤击沉桩是利用桩锤下落时的瞬时冲击机械能，克服土体对桩的阻力，使其静力平衡状态遭到破坏，导致桩体下沉，达到新的静压平衡状态，如此反复地锤击桩头，桩身也就不断地下沉。锤击沉桩是预制桩最常用的沉桩方法。

1）适用范围

锤击沉桩法适用于桩径较小（一般桩径 0.6m 以下），地基土土质为可塑性黏土、砂性土、粉土、细砂以及松散的碎卵石类土的情况。此方法施工速度快、机械化程度高、适应范围广、现场文明程度高，但施工时有挤土、噪声和振动等公害，对城市中心和夜间施工有所限制。

2）锤击沉桩法施工

① 打桩机具的选择。打桩机具主要包括桩锤、桩架和动力装置三部分。桩锤是对桩施加冲击力，将桩打入土中的主要机具；桩架是将桩吊到打桩位置，并在打桩过程中引导桩的方向，保证桩锤能沿要求方向冲击的打桩设备；动力装置包括驱动桩锤及卷扬机用的动力设备。在选择打桩机具时，应根据地基土壤的性质、工程的大小、桩的种类、施工期限、动力供应条件和现场情况确定。

桩锤的选择应先根据施工条件确定桩锤的类型，然后再决定锤重。要求锤重应有足够的冲击能，锤重应大于等于桩重。实践证明，当锤重大于桩重的 1.5～2 倍时，能取得良好的效果，但桩锤亦不能过重，过重易将桩打坏；当桩重大于 2t 时，可采用比桩轻的桩锤，但亦不能小于桩重的 75%。这是因为在施工中，宜采用"重锤低击"，即锤的质量大而落距小，这样，桩锤不易产生回跃，不致损坏桩头，且桩易打入土中，效率高；反之，若"轻捶高击"，则桩锤易产生回跃，易损坏桩头，桩难以打入土中。

② 打桩准备。打桩前，应认真处理地上、地下（地下管线、旧有基础、树木等）障碍物，打桩机进场及移动范围内的场地应平整压实，以使地面有一定的承载力，并保证桩机的垂直度。在打桩前应根据设计图纸确定桩基轴线，并将桩的准确位置测设到地面。

③ 确定打桩顺序。打桩顺序是否合理，直接影响打桩进度和施工质量。确定打桩顺序时应综合考虑桩的密集程度、基础的设计标高、现场地形条件、土质情况等。

一般当基坑不大时，打桩应从中间向两边或四周进行；当基坑较大时，应将基坑分为数段，而后在各段范围内分别进行（见图 10-1）。打桩应避免自外向内或从周边向中间进行。当桩基的设计不同时，打桩顺序宜先深后浅；当桩的规格不同时，打桩顺序宜先大后小、先短后长。

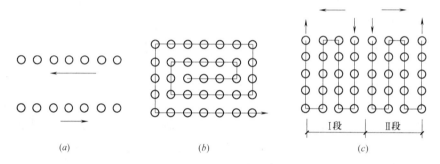

图 10-1　打桩顺序
（a）逐排打设；（b）自中部向四周打设；（c）分段打设

④ 打桩方法。打桩机就位后，将桩锤和桩帽吊起来，然后吊桩并送至导杆内，垂直对准桩位缓缓送下插入土中，垂直度偏差不得超过 0.5%，然后固定桩帽和桩锤，使桩、桩帽、桩锤在同一垂线上，确保桩能垂直下沉。在桩锤和桩帽之间应加弹性衬垫，桩帽与桩顶周围应有 5～10mm 的间隙，以防损伤桩顶。

打桩开始时，锤的落距应较小，待桩入土一定深度（约 2m）并稳定后，再按要求的落距锤击，用落锤或单动汽锤打桩时，最大落距不宜大于 1m；用柴油锤打桩时应使锤跳动正常。在打桩过程中，遇有贯入度剧变，桩身突然发生倾斜、移位或有严重回弹，桩顶或桩身出现严重裂缝或破碎等异常情况时，应暂停打桩，及时研究处理。打桩工程是一项隐蔽工程，为了确保工程质量，必须在打桩过程中做好记录。

（2）静力压桩

静力压桩是利用压桩架的自重及附属设备（卷扬机及配重等）的重量通过卷扬机的牵引，由钢丝绳滑轮及压梁将整个压桩架的重量传至桩顶，将桩逐节压入土中。

静力压桩施工时无冲击力，噪声和振动较小，桩顶不易损坏，且无污染，对周围环境的干扰小，适用于软土地区、城市中心或建筑物密集处的桩基工程，以及精密工厂的扩建工程。

静力压桩由于受设备行程的限制，在一般情况下是分段预制、逐段压入、逐段接长，其施工工艺流程为：测量定位→压桩机就位→吊桩、插桩→桩身对中调制→静压沉桩→接桩→再静压沉桩→送桩→终止压桩→切割桩头。当第一节桩压入土中，其上端距地面2m左右时，将第二节桩接上，继续压入。静力压桩施工顺序见图10-2。

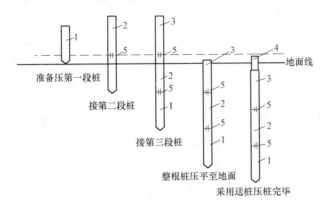

图 10-2　静力压桩施工顺序

1—第一段；2—第二段；3—第三段；4—送桩；5—接桩处

（3）射水沉桩

射水沉桩法是锤击沉桩的一种辅助方法。利用高压水流经过桩侧面或空心桩内部的射水管冲击桩尖附近土层，便于锤击沉桩。一般是边冲水边打桩，当沉桩至最后1～2m时停止冲水，锤击至规定标高。射水沉桩法适用于砂土和碎石土，有时对于特别长的预制桩，单靠锤击有一定困难时，亦可用射水沉桩法辅助之。

射水沉桩法的选择应视土质情况而定，在砂夹卵石层或坚硬土层中，一般以射水为主，锤击或振动为辅；在亚黏土或黏土中，为避免降低承载力，一般以锤击或振动为主，以射水为辅，并应适当控制射水时间和水量；下沉空心桩，一般采用单管内射水。

射水沉桩的施工要点是：吊、插基桩时要注意及时引送输水胶管，防止拉断与脱落；基桩插正立稳后，压上桩帽、桩锤，并开始用较小水压，使桩靠自重下沉。初期应控制桩身不要下沉过快，以免堵塞射水管嘴，并注意随时控制和校正桩的方向；下沉渐趋缓慢时，可开锤轻击，沉至一定深度（8～10m）已能保持桩身稳定后，可逐步加大水压和锤的冲击动能；沉桩至距设计标高一定距离（2.0m以上）时停止射水，拔出射水管，进行锤击或振动使桩下沉至设计标高，以保证桩的承载力。

（4）振动沉桩

振动沉桩的原理是借助固定于桩头上的振动箱所产生的振动力，来减小桩与土壤颗粒之间的摩擦力，使桩在自重与机械力的作用下沉入土中。

振动沉桩主要适用于砂土、砂质黏土、粉质黏土层。在含水砂层中的效果更为显著，但在砂砾层中采用此法时，尚需配以水冲法。

振动沉桩法的优点是：设备构造简单，使用方便，效能高，所消耗的动力少，附属机具设备少；缺点是：适用范围较窄，不宜用于黏性土以及土层中夹有孤石的情况。

3. 接桩与拔桩

钢筋混凝土预制长桩受运输条件和打桩架高度的限制，一般分成数节制作，分节打入，在现场接桩。常用的接桩方式有焊接、法兰连接及硫磺胶泥锚接等几种形式，其中焊接接桩应用最多，前两种接桩方法适用于各种土层；后者只适用于软弱土层。焊接接桩钢板宜用低碳钢，焊条宜用 E43，焊接时应先将四角点焊固定，然后对称焊接。并应确保焊缝质量和设计尺寸。法兰接桩时钢板和螺栓也宜用低碳钢并紧固牢靠。硫磺胶泥锚接桩使用的硫磺胶泥配合比应通过试验确定。

当已打入的混凝土预制桩由于某种原因需拔出时，长桩可用拔桩机进行，一般桩可用人字桅杆借卷扬机拔出或用钢丝绳捆紧桩头部借横梁用液压千斤顶抬起，采用气锤打桩可直接用蒸汽锤拔桩。

4. 桩头处理

各种预制桩在施工完毕后，按设计要求的桩顶标高将桩头多余的部分截去。截桩头时不能破坏桩身，要保证桩身的主筋伸入承台，长度应符合设计要求。当桩顶标高在设计标高以下时，在桩位上挖成喇叭口，凿掉桩头混凝土，剥出主筋并焊接接长至设计要求长度，与承台钢筋绑扎在一起，用与桩身同强度等级的混凝土与承台一起浇筑接长桩身。

10.2.2　混凝土灌注桩施工

灌注桩是直接在桩位上就地成孔，然后在孔内安放钢筋笼（也有直接插筋或不放钢筋的），再灌注混凝土而成。根据成孔工艺不同，分为泥浆护壁成孔、干作业成孔、人工挖孔、套管成孔和爆扩成孔等。

灌注桩能适应地层的变化，无须接桩，施工时无振动、无挤土且噪声小，适合在建筑物密集地区使用。但其操作要求严格，施工后需一定的养护期方可承受荷载，成孔时有大量土基或泥浆排出。

1. 泥浆护壁成孔灌注桩

泥浆护壁成孔灌注桩按成孔工艺和成孔机械的不同，分为正循环钻孔灌注桩、反循环钻孔灌注桩、钻孔扩底灌注桩和冲击成孔灌注桩，其适用范围如下：

（1）正循环钻孔灌注桩适用于黏性土、砂土及强风化、中等—微风化岩石，可用于桩径小于 1.5m、孔深一般小于或等于 50m 的场地。

（2）反循环钻孔灌注桩适用于黏性土、砂土、细粒碎石土及强风化、中等—微风化岩石，可用于桩径小于 2.0m、孔深一般小于或等于 60m 的场地。

（3）钻孔扩底灌注桩适用于黏性土、砂土、细粒碎石土及全风化、强风化、中等风化岩石，孔深一般小于或等于 40m。

（4）冲击成孔灌注桩适用于黏性土、砂土、碎石土和各种岩层。对于厚砂层软塑—流塑状态的淤泥及淤泥质土应慎重使用。

泥浆护壁成孔灌注桩的施工流程如图 10-3 所示。

2. 干作业成孔灌注桩

干作业成孔灌注桩系指在地下水位以上地层采用机械或人工成孔并灌注混凝土的成桩工艺。干作业成孔灌注桩具有施工振动小、噪声低、环境污染少的优点。

干作业成孔灌注桩是不用泥浆或套管护壁措施而直接排出土成孔的灌注桩，是在没有地下水的情况下进行施工的方法。目前干作业成孔灌注桩常用的有螺旋钻孔灌注桩、螺旋钻孔扩孔灌注桩、机动洛阳铲挖孔灌注桩及人工挖孔灌注桩四种。螺旋钻孔灌注桩的施工机械形式有长螺旋钻孔机和短螺旋钻孔机两种，但施工工艺除长螺旋钻孔机为一次成孔、短螺旋钻孔机为分段多次成孔外，其他都相同。

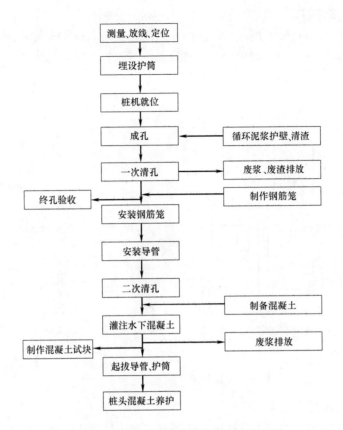

图 10-3 泥浆护壁成孔灌注桩施工流程图

干作业成孔灌注桩的施工流程如图 10-4 所示。

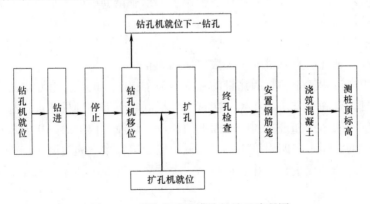

图 10-4 干作业成孔灌注桩施工流程图

3. 人工挖孔灌注桩

人工挖孔灌注桩是采用人工挖土成孔，灌注混凝土成桩。人工挖孔灌注桩的特点是：

(1) 单桩承载力高，结构受力明确，沉降量小。

(2) 可直接检查桩直径、垂直度和持力层情况，桩质量可靠。

(3) 施工机具设备简单，工艺操作简单，占用场地小。

(4) 施工无振动、无噪声、无环境污染，对周边建筑无影响。

4. 套管成孔灌注桩

套管成孔灌注桩是目前采用最为广泛的一种灌注桩，有锤击沉管灌注桩、振动沉管灌注桩和套管夯打灌注桩三种。利用锤击沉桩设备沉管、拔管时，称为锤击沉管灌注桩；利用激振器振动沉管、拔管时，称为振动沉管灌注桩。图 10-5 为沉管灌注桩施工过程示意图。

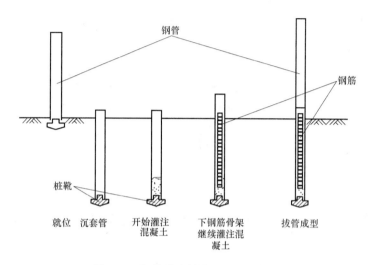

图 10-5　沉管灌注桩施工过程示意图

（1）锤击沉管灌注桩

锤击沉管灌注桩是利用锤击打桩机，将带有活瓣式桩靴或设置有钢筋混凝土预制桩尖的钢套管锤击沉入土中，然后边浇筑混凝土边用卷扬机拔桩管成桩。

施工开始时，将桩管对准预先埋设在桩位上的预制钢筋混凝土桩靴，校正桩管的垂直度后，即可用锤打击桩管。当桩管打至要求的贯入度或标高后，检查管内无泥浆或水进入，即可灌注混凝土。待混凝土灌满桩管后，开始拔管，拔管时速度要均匀，同时使管内混凝土保持略高于地面，直到桩管全部拔出地面为止。

上面所述工艺过程属于单打灌注桩的施工，为了提高桩的质量和承载力，还可以采用复打扩大灌注桩。其施工方法是在第一次打完并将混凝土灌注到桩顶设计标高、拔出桩管后，清除管外壁上的污泥和桩孔周围地面上的浮土，在原桩位上第二次安放桩靴做第二次沉管，使未凝固的混凝土向四周挤压扩大桩径，然后第二次灌注混凝土。桩管在第二次打入时，应与第一次的轴线重合，并必须在第一次灌注的混凝土初凝之前完成扩大灌注第二次混凝土工作。

（2）振动沉管灌注桩

振动沉管灌注桩的机械设备与锤击沉管灌注桩基本相同，不同的是以激振器代替桩锤。桩管下端装有活瓣桩尖，桩管上部与激振器刚性连接。

施工时，将桩管下端活瓣合拢，利用激振器及桩管自重，把桩尖压入土中。当桩管沉到设计标高后，停止振动，将混凝土灌入桩管内，混凝土一般可灌满桩管或略高于地面。混凝土灌注完毕后，再次开动沉桩机和卷扬机拔出桩管，边振边拔，桩管内的混凝土被振实而留在土中成桩。

根据承载力的不同要求，桩可采用单打法、复打法或反插法施工。

1）单打法。即一次拔管法。单打法施工时，在沉入土中的套管内灌满混凝土，开动激振器，振动5～10s，再开始拔管，边振边拔。每拔0.5～1.0m，停拔振动5～10s，如此反复直到套管全部拔出。单打法施工速度快，混凝土用量较小，但桩的承载力较低。

2）复打法。采用单打法施工完成后，再把活瓣闭合起来，在原桩孔混凝土上第二次沉下桩管，将未凝固的混凝土向四周挤压，然后进行第二次灌注混凝土和振动拔管。复打法能使桩径增大，提高桩的承载能力。

3）反插法。施工时，在套管内灌满混凝土后，先振动再开始拔管，每次拔管高度0.5～1.0m，下反插深度0.3～0.5m。如此反复进行并始终保持振动，直至套管全部拔出地面。反插法能使桩的截面增大，从而提高桩的承载力，一般适用于较差的软土地基。

5. 爆扩成孔灌注桩

爆扩成孔灌注桩又称爆扩桩，由桩柱和扩大头两部分组成。爆扩桩的一般施工过程是：采用简易的麻花钻（手工或机动）在地基上钻出细而长的小孔，然后在孔内安放适量的炸药，利用爆炸的力量挤土成孔（也可用机钻成孔）；接着在孔底安放炸药，利用爆炸的力量在底部形成扩大头（见图10-6）；最后灌注混凝土或钢筋混凝土。爆扩桩成孔方法简便，能节省劳动力，降低成本，做成的桩承载力也较大。爆扩桩的适用范围较广，除软土和新填土外，其他各种土层中均可使用。爆扩桩成孔方法有两种，即一次爆扩法及两次爆扩法。

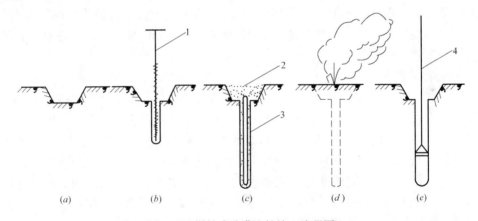

图10-6　爆扩成孔灌注桩施工流程图

（a）挖喇叭口；（b）钻导孔；（c）安装炸药条并填砂；（d）引爆成孔；（e）检查并修整桩孔

1—手提钻；2—砂；3—炸药条；4—太阳铲

10.3　深基坑施工

《危险性较大的分部分项工程安全管理办法》（建质［2009］87号）附件二中对深基坑工程的规定为：①开挖深度超过5m（含5m）的基坑（槽）的土方开挖、支护、降水工程；②开挖深度虽未超过5m，但地质条件、周围环境和地下管线复杂，或影响毗邻建（构）筑物安全的基坑（槽）的土方开挖、支护、降水工程。

深基坑施工是大型建筑和高层建筑施工中极其重要的环节，而深基坑支护结构技术无疑是保证深基坑顺利施工的关键。

10.3.1 深基坑土方开挖施工

深基坑挖土是基坑工程的重要部分，直接影响着工程质量和进度。基坑的土方开挖工艺，主要分为放坡挖土、中心岛式（也称墩式）挖土、盆式挖土和逆作法挖土。前者无支护结构，后三者皆有支护结构。采取哪种形式，主要根据基坑的深浅、围护结构的形式、地基土岩性、地下水位及渗水量、开挖设备及场地大小、周围环境等情况决定。

1. 放坡挖土

放坡开挖通常是最经济的挖土方案。当基坑开挖深度不大（软土地区挖深不超过 4m，地下水位低且土质较好的地区挖深亦可较大）周围环境又允许，经验算能确保土坡的稳定性时，均可采用放坡开挖。基坑采用机械挖土，坑底应保留 200～300mm 厚的基土，用人工清理整平，防止坑底土扰动。待挖至设计标高后，应清除浮土，经验槽合格后，及时进行垫层施工。

开挖深度较大的基坑，当采用放坡挖土时，宜设置多级平台分层开挖，每级平台的宽度不宜小于 1.5m。对土质较差且施工工期较长的基坑，边坡宜采用钢丝网水泥喷浆或用高分子聚合材料覆盖等措施进行护坡。对于地下水位较高的软土地区，应在降水达到要求后再进行土方开挖，宜采用分层开挖的方式进行开挖，分层挖土厚度不宜超过 2.5m。挖土时要注意保护工程桩，防止碰撞或因挖土过快、高差过大使工程桩受到侧压力而倾斜。如有地下水，放坡开挖时应采取有效措施降低坑内水位和排除地表水，严防地表水或坑内排出的水倒流渗入基坑。

2. 中心岛式挖土

中心岛式挖土适用于大型基坑，支护结构的支撑形式为角撑、环梁式或边桁（框）架式，中间具有较大的空间，此时可利用中间的土墩作为支点搭设栈桥。挖土机可利用栈桥下到基坑挖土，运土的汽车亦可利用栈桥进入基坑运土，这样可以加快挖土和运土的速度。中心岛（墩）式挖土，中间土墩的留土高度、边坡坡度、挖土层次与高差都要经过仔细研究确定。由于在雨季遇有大雨时土墩边坡易滑坡，必要时边坡需加固。挖土应分层开挖，多数是先全面挖去第一层，然后中间部分留置土墩，周围部分分层开挖。开挖多用反铲挖土机，如基坑深度大则用向上逐级传递的方式进行装车外运。

整个土方开挖顺序必须与支护结构的设计工况严格一致。要遵循开槽支撑、先撑后挖、分层开挖、严禁超挖的原则。同一基坑内深浅不同时，土方开挖宜先从浅基坑处开始，如条件允许可待浅基坑处底板浇筑后，再挖基坑较深处的土方。当两个深浅不同的基坑同时挖土时，土方开挖宜先从较深基坑开始，待较深基坑底板浇筑后，再开始挖较浅基坑的土方。当基坑底部有局部加深的电梯井、水池等时，如深度较大宜先对其边坡进行加固处理后再进行开挖。

3. 盆式挖土

盆式挖土是先开挖基坑中间部分的土，周围留土坡，土坡最后挖除。这种挖土方式的优点是周边的土坡对围护墙有支撑作用，有利于减少围护墙的变形；缺点是大量的土方不能直接外运，需集中提升后装车外运。

盆式挖土周边留置的土坡其宽度、高度和坡度大小均应通过稳定验算确定。如留得过小，对围护墙支撑作用不明显，失去盆式挖土的意义。如坡度太陡边坡不稳定，在挖土过程中可能失稳滑动，不但失去对围护墙的支撑作用，影响施工，而且有损于工程桩的质量。

盆式挖土需设法提高土方上运的速度，这对加速基坑开挖起很大作用。

10.3.2 深基坑降排水施工

深基坑降排水方法有集水沟明排水法和人工降低地下水位法等，可以根据基坑规模、深度、场地及周边工程、水文与地质条件、需降水深度、周围环境状况、支护结构种类、工期要求及技术经济效益等全面综合考虑、分析、比较后合理选用降水类型，与土石方工程中基坑降水类似。

10.3.3 深基坑支护施工

1. 深基坑支护形式

（1）深基坑支护的基本形式

深基坑支护形式有很多种，工程上常用的典型支护形式按其工作机理和围护墙的形式有下列所示几种，见图10-7。

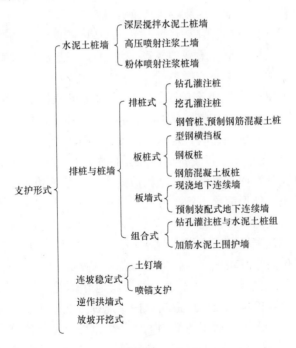

图10-7 深基坑支护基本形式

（2）深基坑支护形式的选择

深基坑支护形式的选择应综合考虑工程地质与水文地质条件、基础类型、基坑开挖深度、降排水条件、周边环境对基坑侧壁位移的要求、基坑周边荷载、施工季节、支护结构使用期限等因素，做到因工程、因地、因时制宜，合理选择、精心施工、严格监控。深基坑支护形式的选择应考虑基坑侧壁的安全等级（见表 10-1）。

基坑侧壁安全等级及重要性系数   表 10-1

安全等级	破坏后果	Γ_0
一级	支护结构破坏、土体失稳或过大变形对基坑周边环境及地下结构施工影响很严重	1.10
二级	支护结构破坏、土体失稳或过大变形对基坑周边环境及地下结构施工影响一般	1.00
三级	支护结构破坏、土体失稳或过大变形对基坑周边环境及地下结构施工影响不严重	0.90

1）水泥土挡墙式。系由水泥土桩相互搭接形成的格栅状、壁状等形式的连续重力式挡土止水墙体。具有挡土、截水双重功能，施工机具设备相对较简单，成墙速度快，使用材料单一，造价较低。其适用条件如下：基坑侧壁安全等级宜为二、三级；水泥土墙施工范围内地基承载力不宜大于 150kPa；基坑深度不宜大于 6m；基坑周围具备水泥土墙的施工宽度。

2）排桩与板墙式。挡土灌注排桩系以现场灌注桩按队列式布置组成的支护结构。地下连续墙系用机械施工方法成槽灌注钢筋混凝土形成的地下墙体，具有刚度大、抗弯强度高、变形小、适应性强、所需工作场地小、振动小、噪声低等特点，但排桩墙不能止水，连续墙施工需要较多机具设备。其适用条件如下：适于基坑侧壁安全等级一、二、三级；悬臂式结构在软土场地中不宜大于 5m；当地下水位高于基坑底面时，宜用降水、排桩与水泥土桩组合截水帷幕或采用地下连续墙；用逆作法施工。

3）边坡稳定式。系用土钉或预应力锚杆加固的基坑侧壁土体与喷射钢筋混凝土护面组成的支护结构，具有结构简单、承载力较高、可阻水、变形小、安全可靠、适应性强、施工机具简单、施工灵活、污染小、噪声低、对周边环境影响小、支护费用低等特点。其适用条件如下：基坑侧壁安全等级宜为二、三级非软土场地；土钉墙基坑深度不宜大于 12m；喷锚支护适用于无流砂、含水量不高、不是淤泥等流塑土层的基坑，开挖深度不大于 18m；当地下水位高于基坑底面时，应采取降水或截水措施。

4）逆作拱墙式。系在平面上将支护墙体或排桩做成闭合拱形的支护结构。该种结构主要承受压应力，可充分发挥材料特性，结构截面小，底部不用嵌固，可减少埋深，具有受力安全可靠、变形小、外形简单、施工方便、快速、质量易保证、费用低等特点。其适用条件如下：基坑侧壁安全等级宜为二、三级；淤泥和淤泥质土场地不宜采用；基坑平面尺寸近似方形或圆形，施工场地适合拱圈布置；拱墙轴线的矢跨比不宜小于 1/8，坑深不宜大于 12m；地下水位高于基坑底面时，应采取降水或截水措施。

5）放坡开挖式。对土质较好、地下水位低、场地开阔的基坑采取规范允许的坡度放坡开挖，或仅在坡脚叠袋护脚，坡面作适当保护。此种方法不用支撑支护，需加强边坡稳定监护，土方量大，需外运。其适用条件如下：基坑侧壁安全等级宜为三级；基坑周围场地应满足放坡条件，土质较好；当地下水位高于坡脚时，应采取降水措施。

2. 深基坑支护技术

（1）复合土钉墙支护技术

复合土钉墙是由普通钉墙与一种或若干种单项轻型支护技术（如预应力锚杆、竖向钢管、微型桩等）或截水技术（深层搅拌桩、旋喷桩等）有机组合而成的支护—截水体系。其主要构成要素有土钉（钢筋土钉或钢管土钉）、预应力锚杆（索）、截水帷幕、微型桩

（树根桩）、挂网喷射混凝土面层、原位土体等。

复合土钉墙支护具有轻型、复合、机动灵活、针对性强、适用范围广、支护能力强的特点，可作超前支护，并兼具支护、截水等效果。复合土钉墙支护技术可用于回填土、淤泥质土、黏性土、砂土、粉土等常见土层，施工时可不降水，在工程规模上，深度 16m 以上的深基坑均可根据已有条件，灵活、合理使用。

1）施工工艺

复合土钉墙目前尚无专用技术规范，其主要组成要素如土钉、预应力锚杆、深层搅拌桩、旋喷桩等应按照现行国家有关标准执行。通常施工顺序为：放线定位→施作截水帷幕或微型桩→分层开挖→喷射第一层混凝土→土钉及预应力锚杆钻孔安装注浆→挂网喷射第二层混凝土→（无预应力锚杆部位）养护 24h 后继续分层开挖→（布置预应力锚杆部位）浆体强度达到设计要求并张拉锁定后继续分层开挖。

2）施工要点

① 土方开挖与土钉喷射混凝土等工艺必须密切配合，这是确保复合土钉墙顺利施工的关键。整个工程最好由一个单位总承包，统一部署、计划、安排和协调。

② 控制开挖时间和开挖顺序，及时施作喷锚支护。土方开挖必须严格遵循分层、分段、平衡、协调、适时等原则，以尽量缩短支护时间。

③ 合理选择土钉。一般来说，地下水位以上或有一定自稳能力的地层中，钢筋土钉和钢管可采用；但是地下水位以下及软弱土层、砂质土层等，由于成孔困难，则应采用钢管土钉。钢管土钉不需打孔，它是通过专用设备直接打入土层，并通过管壁与土层的摩阻力产生锚拉力达到稳定的目的。

选用钢管土钉，施工时还应注意以下要点：

a. 钢管土钉在土层中严禁引孔（帷幕除外），由于设备能力不够而造成土钉不能全部被打进时，则应更换。

b. 钢管土钉外端应有足够的自由段长度，自由段长度一般不小于 3m，不开孔，靠其与土层之间的紧密贴合保证里段有较高的注浆压力和注浆量，提高加固和锚固效果。

c. 在帷幕上开孔的钢管土钉，土钉安装后必须对孔口进行封闭，防止渗水漏水。

（2）组合内支撑技术

组合内支撑技术是建筑基坑支护的一项新技术，是在混凝土内支撑技术的基础上发展起来的一种内支撑结构体系，主要利用组合式钢结构构件截面灵活可变、加工方便等优点。

组合内支撑技术适用于周围建筑物密集，相邻建筑物基础埋深较大，周围土质情况复杂，施工场地狭小，软土场地等深大基坑。该技术可在各种地质情况和复杂周边环境下使用，施工速度快，支撑形式多样，计算理论成熟，并可拆卸重复利用，节省投资。

1）施工工艺

组合钢支撑支护体系施工顺序为：钢支撑吊装、就位、焊接→钢支撑施加预应力→斜撑、纵向系杆安装→临时钢立柱安装。

2）施工要点

① 土方开挖。与钢支撑体系施工配合，土方开挖按照自上而下分层进行，每层由中间向两侧开挖。每层靠近护坡桩的土方保留，作为预留平台。利用预留平台可控制基坑土

体位移，保证基坑稳定；还可利用其作为钢支撑支护体系施工的工作平台。待本层钢支撑施工完成后，将本层预留平台与下一层土方同时开挖。

② 支护体系施工。土方开挖分层、分段进行并预留平台，以控制整个基坑土体的水平位移，增加基坑稳定性。在基坑范围内设置应力监测点，定期（3d）检测支护系统的受力状态，实际受力值小于设计受力值为合格。支护系统施工中，严禁蹬踏钢支撑，操作应在操作平台上进行，并由专人负责。钢立柱四周 1m 范围内预留结构的板筋，待拆除钢立柱后即可焊接钢筋、浇筑楼板混凝土。基础结构施工中，严禁在钢支撑上放置重物及行走。

③ 钢支撑支护体系的拆除。待基础结构自下而上施工到支撑下 1.0m 处且楼板混凝土强度达到 80% 以上时，开始拆除基础结构楼板下的支护体系，否则将使巨大的侧压力传至楼板。

支护体系的拆除顺序为自下而上，先水平构件后垂直构件（钢立柱）。具体步骤为：先拆除斜撑、纵向系杆、柱箍，再用千斤顶卸载主撑，撤除撑端的钢楔块，用塔式起重机将钢支撑吊出基坑。

④ 施工监测。施工全过程应对支护体系的稳定性和相邻建筑物的沉降进行严密的监测和测试。至基础结构施工全部完成，各项监测指标均应在正常范围内。

（3）型钢水泥土复合搅拌桩支护技术（SMW 工法）

型钢水泥土复合搅拌桩支护技术，又称 SMW 工法，也称为加筋水泥地下连续墙工法，是在一排相互连续搭接的水泥土桩中加强芯材（型钢）的一种地下连续墙施工技术。

型钢水泥土复合搅拌桩支护技术基本原理：水泥土搅拌桩作为围护结构无法承受较大的弯矩和剪力，通过在水泥土连续墙中插入 H 型或工字型等型钢形成复合墙体，从而改善墙体受力。型钢主要用来承受弯矩和剪力，水泥土主要用来防渗，同时对型钢还有围箍作用。

型钢水泥土复合搅拌桩支护技术可在黏性土、粉土、砂砾土中使用，目前国内主要在软土地区有成功应用。该技术目前可在开挖深度小于 15m 的基坑围护工程中应用。

型钢水泥土复合搅拌桩支护的施工，首先，通过特制的多轴深层搅拌机（SMW 搅拌桩机）自上而下将施工场地原位土体切碎，同时从搅拌头处将水泥浆等固化剂注入土体并与土体搅拌均匀，通过连续的重叠搭接施工，形成水泥土地下连续墙；然后，在水泥土凝结硬化之前，将型钢插入墙中，形成型钢与水泥土的复合墙体。

型钢水泥土复合搅拌桩支护技术施工工艺流程如图 10-8 所示。

（4）冻结排桩法基坑支护技术

冻结排桩法是一种将冻结施工技术与排桩支护技术科学合理地结合起来的一种新型技术。该技术是以含水地层冻结形成的隔水帷幕墙为基坑的封水结构，以基坑内排桩支撑系统为抵抗水土压力的受力结构，充分发挥各自的优势，以满足大基坑围护要求。

冻结排桩法支护体系由排桩、压顶梁、平面支撑和立柱桩组成。其中，压顶梁为桩顶连接的钢筋混凝土结构，平面支撑由圈梁、对撑、角撑组成，立柱桩设置于平面支撑的节点处，以保证整个支护体系的稳定。隔水帷幕是在基坑四周、排桩外侧采用人工制冷的办法形成的一圈冻土墙，称为"冻土壁"。

冻结排桩法适用于大体积深基础开挖施工、含水量高的地基基础和软土地基基础施工

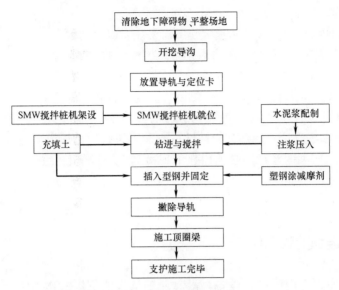

图 10-8　型钢水泥土复合搅拌桩支护技术施工工艺流程图

以及地下水丰富的地基基础施工。

1）施工工艺

冻结排桩法施工，即在基坑开挖之前，根据基坑开挖深度，利用钻孔灌注桩技术沿基坑四周超前施工一排灌注桩，并用现浇钢筋混凝土梁把排桩顶端固定在一起使排桩形成支撑结构体系，并在排桩外侧按设计要求施作一排冻结孔，同时在冻结孔外侧距其中心一定位置处插花布设多个卸压孔；然后利用人工冻结技术形成冻土墙隔水帷幕，与超前施作的排桩支撑结构体系一道形成临时支护结构，在此支护结构的保护下进行基坑开挖，并随着开挖深度的增加支设内支撑以保证支护结构的稳定，当开挖至设计标高时，浇筑垫层混凝土。

冻结排桩法施工工艺流程如图 10-9 所示。

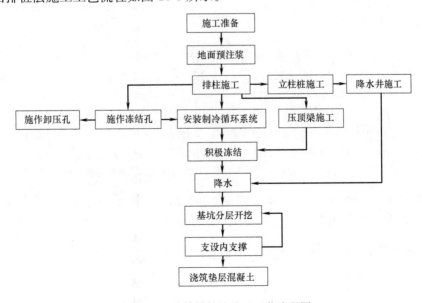

图 10-9　冻结排桩法施工工艺流程图

2）施工要点

应用冻结排桩法进行特大型深基坑施工需要注意以下问题：

① 在冻结过程中土的体积膨胀将对排桩产生较大的水平冻胀压力。

② 排桩靠基坑内侧在基坑开挖过程中与空气接触后，温度将急剧上升，而另外一侧与冻土墙体接触温度非常低，排桩因两侧巨大温度差将产生温度应力。

③ 冻土墙达到设计厚度后，如何对其进行有效控制从而避免产生更大的冻胀力。

④ 岩土力学基本理论不成熟，设计计算所采用的数学力学模型与岩土体的实际应力-应变状态常存在着较大的差距，必须加强工程检测，通过信息化施工及时发现问题，保证工程安全。

10.4 地下连续墙施工技术

地下连续墙是以专门的挖槽设备，沿着深基坑或地下构筑物周边，采用触变泥浆护壁，按设计的宽度、长度和深度开挖沟槽，待槽段形成后，在槽内设置钢筋笼，采用导管法浇筑混凝土，筑成一个单元槽段的混凝土墙体（见图 10-10）。依次继续挖槽、浇筑施工，并以某种接头方式将相邻单元槽段墙体连接起来形成一道连续的地下钢筋混凝土墙或帷幕，以作为防渗、挡土、承重的地下墙体结构。

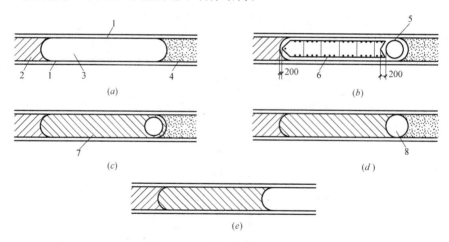

图 10-10 地下连续墙施工程序

（a）开挖槽段；（b）吊放接头管和钢筋笼；（c）浇筑；（d）拔出接头管；（e）形成接头

1—导墙；2—已浇筑混凝土的单元槽段；3—开挖的槽段；4—未开挖的槽段；5—接头管；

6—钢筋笼；7—正浇筑混凝土的单元槽段；8—接头管拔出后的空洞

地下连续墙可以用作深基坑的支护结构，亦可以既作为深基坑的支护又作为建筑物的地下室外墙，后者更为经济。

10.4.1 地下连续墙的方法分类与优缺点

1. 地下连续墙的方法分类

从国内外的使用情况及习惯考虑，地下连续墙有如下几种类型：按槽孔的形式可以分为壁板式和桩排式两种；按开挖方式及机械分类可以分为抓斗冲击式、旋转式和旋转冲击式；按施工方法的不同可以分为现浇、预制和二者组合成墙等；按功能及用途不同可以分为承重基础或地下构筑物的结构墙、挡土墙、防渗心墙、阻滑墙、隔震墙等；按墙体材料不同可以分为钢筋混凝土、素混凝土、黏土、自凝泥浆混合墙等墙体。

2. 地下连续墙的优缺点

（1）地下连续墙的优点

1）施工全盘机械化，速度快、精度高，并且振动小、噪声低，适用于城市密集建筑群及夜间施工。

2）具有多种功能和用途，如防渗、截水、承重、挡土、防爆等，由于采用钢筋混凝土或素混凝土，强度可靠，承压力大。

3）对开挖的地层适应性强，在我国除溶岩地质外，可适用于各种地质条件，无论是软弱地层还是在重要建筑物附近的工程中，都能安全地施工。

4）可以在各种复杂的条件下施工，如美国 110 层世界贸易中心的地基，过去曾为河岸，地下埋有码头等构筑物，用地下连续墙则易处理；我国广州白天鹅宾馆基础施工，地下连续墙呈腰鼓状，两头窄中间宽，形状虽复杂也能施工。

5）开挖基坑无需放坡，土方量小，浇筑混凝土无需支模和养护，并可在低温下施工，降低成本，缩短施工时间。

6）用触变泥浆保护孔壁和止水，施工安全可靠，不会引起水位降低而造成周围地基沉降，保证施工质量。

7）可将地下连续墙与"逆作法"施工结合起来，地下连续墙作为基础墙，地下室梁板作为支撑，地下部分可自上而下与上部建筑同时施工，将地下连续墙筑成挡土、防水和承重的墙，形成一种深基础多层地下室施工的有效方法。

（2）地下连续墙的缺点

1）每段连续墙之间的接头质量较难控制，往往容易形成结构的薄弱点。

2）墙面虽可保证垂直度，但比较粗糙，尚须加工处理或做衬壁。

3）施工技术要求高，如造槽机械选择、槽体施工、泥浆下浇筑混凝土、接头、泥浆处理等环节，均应处理得当，不容疏漏。

4）制浆及处理系统占地较大，管理不善易造成现场泥泞和污染。

由于地下连续墙优点多，适用范围广，广泛应用在建筑物的地下基础、深基坑支护结构、地下车库、地下铁道、地下城、地下电站及水坝防渗等工程中。

10.4.2 施工工艺

地下连续墙由多幅槽段组成，其施工工艺流程见图 10-11。

1. 导墙施工

导墙是地下连续墙挖槽之前修筑的导向墙，两片导墙之间的距离即为地下连续墙的厚度。导墙虽属于临时结构，但它除了引导挖槽方向之外，还起着多方面的重要作用。

（1）导墙的作用

1）作为挡土墙。在挖掘地下连续墙的沟槽时，导墙起到支挡上部土压力、防止槽口崩塌的作用。为防止导墙在土、水压力的作用下产生位移，一般在导墙内侧每隔 1m 左右

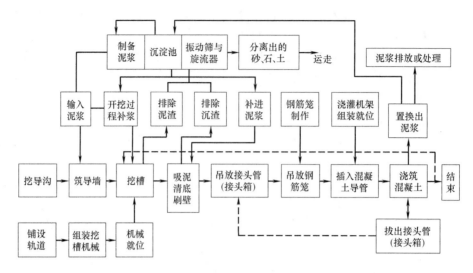

图 10-11　地下连续墙施工工艺流程图

加设上、下两道木支撑；如附近地面有较大荷载或有机械运行时，可在导墙内每隔20～30m设一道钢板支撑。

2）作为测量的基准。导墙上可标明单元槽段的划分位置，亦可将其作为测量挖槽标高、垂直度和精度的基准。

3）作为重物的支承。导墙既是挖槽机械轨道的支承，又是搁置钢筋笼、接头管等重物的支承，有时还要承受其他施工设备的荷载。

4）存储泥浆。导墙内可存储泥浆，以稳定槽内泥浆的液面。泥浆液面应始终保持在导墙顶面以下20cm处，并高于地下水位1.0m以上，使泥浆起到稳定槽壁的作用。

此外，导墙还可以防止雨水等地面水流入槽内；当地下连续墙距离已建建筑物很近时，施工中导墙还可起到一定的补强作用。

（2）导墙的形式

导墙一般为现浇钢筋混凝土结构，但亦有钢制的或预制钢筋混凝土的装配式结构，后者可多次重复使用，可根据表层土质、导墙上荷载及周边环境等情况选择适宜的形式。

一般在表层地基良好的地段采用简易形式的钢筋混凝土导墙；在表层土软弱的地带采用现浇 L 形钢筋混凝土导墙。

（3）导墙施工

现浇钢筋混凝土导墙的施工顺序为：平整场地→测量定位→挖槽及处理弃土→绑扎钢筋→支模板→浇筑混凝土→拆模板并设置横撑→导墙外侧回填土。

2. 开挖槽段

挖槽是地下连续墙施工中的重要工序。挖槽约占地下连续墙工期的一半，因此提高挖槽效率是缩短工期的关键；同时，槽壁的形状决定了墙体的外形，所以挖槽的精度又是保证地下连续墙质量的关键之一。地下连续墙挖槽的主要工作包括：单元槽段的划分；挖槽机械的选择与正确使用；制定防止槽壁坍塌的措施等。

（1）单元槽段的划分

地下连续墙施工前，需预先沿墙体长度方向划分好施工的单元槽段。单元槽段的最小长度不得小于挖土机械挖土工作装置的一次挖土长度（称为一个挖掘段）。单元槽段宜尽量长一些，以减少槽段的接头数量和增加地下连续墙的整体性，而且可以提高其防水性能和施工效率。但在确定其长度时除考虑设计要求和结构特点外，还需考虑以下各方面的因素：

1）地质条件：当土层不稳定时，为防止槽壁坍塌，应减少单元槽段的长度，以缩短挖槽时间。

2）地面荷载：若附近有高大的建筑物、构筑物，或邻近地下连续墙有较大的地面静载或动载时，为保证槽壁的稳定，亦应缩短单元槽段的长度。

3）起重机的起重能力：由于一个单元槽段的钢筋笼多为整体吊装（钢筋笼过长时可水平分为两段），所以应根据起重机械的起重能力估算钢筋笼的质量和尺寸，以此推算单元槽段的长度。

4）单位时间内混凝土的供应能力：一般情况下一个单元槽段长度内的全部混凝土宜在 4h 内一次浇筑完毕，所以可按 4h 内混凝土的最大供应量来推算单元槽段的长度。

5）泥浆池（罐）的容积：泥浆池（罐）的容积应不小于每一单元槽段挖土量的 2 倍，所以该因素亦影响单元槽段的长度。

此外，划分单元槽段时还应考虑接头的位置，接头应避免设在转角处及地下连续墙与内部结构的连接处，以保证地下连续墙有较好的整体性；单元槽段的划分还与接头形式有关。一般情况下，单元槽段的长度多取 3～8m，但也有取 10m 甚至更长的情况。

（2）挖槽方法

地下连续墙挖槽常用的方法有多头钻施工法、钻抓式施工法和冲击式施工法。

1）多头钻施工法。多头钻挖槽机主体由多头钻和潜水电动机组成。挖槽时用钢索悬吊，采用全断面钻进方式，可一次完成一定长度和宽度的深槽。施工槽壁平整，效率高，对周围建筑物影响小，适用于黏性土、砂质土、砂砾层及淤泥等土层。

2）钻抓式施工法。钻抓式钻机由潜水钻机、导板抓斗机架、轨道等组成。抓斗有中心提拉式和斗体推压式两种。钻抓斗式挖槽机构造简单、出土方便，能抓出地层中障碍物，但当深度大于 15m 及挖坚硬土层时，成槽效率显著降低，成槽精度较多头钻挖槽机差，适用于黏性土和 N 值小于 30 的砂性土，不适用于软黏土。

3）冲击式施工法。冲击式钻机由冲击锥、机架和卷扬机等组成，主要采用各种冲击式凿井机械，适用于老黏性土、硬土和夹有孤石等地层，多用于排桩式地下连续墙成孔。其设备比较简单，操作容易。但工效较低，槽壁平整度也较差。桩排对接和交错接头采取间隔挖槽施工方法。

3. 泥浆护壁

（1）泥浆的组成及作用

泥浆的主要成分是膨润土、掺合物和水。泥浆的作用主要有护壁、携砂、冷却和润滑，其中以护壁为主。施工过程中，泥浆要与地下水、砂和混凝土接触，并一同返回泥浆池，经过处理后再继续使用。

（2）泥浆的控制指标

在地下连续墙施工过程中，为使泥浆具有一定的物理和化学稳定性、合适的流动性、良好的泥皮形成能力以及适当的相对密度，需对制备的泥浆或循环泥浆进行质量控制。控制指标有：在确定泥浆配合比时，要测定其黏度、相对密度、含砂量、稳定性、胶体率、静切力、pH 值、失水量和泥皮厚度；在检验黏土造浆性能时，要测定其胶体率、相对密度、稳定性、黏度和含砂量；对新生产的泥浆、回收重复利用的泥浆、浇筑混凝土前槽内的泥浆，主要测定其黏度、相对密度和含砂量。

（3）泥浆的制备、循环与再处理

1）泥浆制备。泥浆制备的基本流程如图 10-12 所示。施工主要机械及设备有：搅拌设备，包括清水池、给水设备、搅拌器、新鲜泥浆储存池、送浆泵等。一般情况下泥浆搅拌后应静置 24h 后使用。

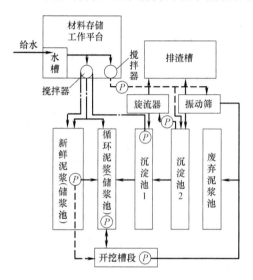

图 10-12　泥浆制备的基本流程图

2）泥浆循环。泥浆循环分为正循环及反循环两种。

泥浆正循环施工法是从地面向钻管内注入一定压力的泥浆，泥浆压送至槽底后，与钻切产生的泥渣搅拌混合，然后经由钻管与槽壁之间的空腔上升并排出槽外，混有大量泥渣的泥浆水经沉淀、过滤并作适当处理后，可再次重复使用，这种方法由于泥浆的流速不大，所以出渣率较低。

泥浆反循环是将新鲜泥浆由地面直接注入槽段，槽底混有大量土渣的泥浆用砂石泵将其从钻管内孔抽吸到地面。反循环排渣法有三种方式，即空气排渣法、泵举反循环和泵吸反循环。前两种方法较常用，反循环的出渣率较高，对于较深的槽段效果更为显著。

3）泥浆再生处理。通过沟槽循环及混凝土置换而排出的泥浆，因与混凝土接触，膨润土、CMC 等主要成分的消耗以及土渣和电解质离子的混入，使其质量比原泥浆显著恶化。其恶化程度因挖槽方法、地基条件和混凝土浇筑方法等施工条件而异，应根据泥浆的恶化程度决定舍弃或进行再生处理。

对于携带土渣的泥浆，一般采用重力沉降和机械处理两种方法。最好是将这两种方法组合使用。

重力沉降处理是利用泥浆和土渣的密度差使土渣沉淀的方法。沉淀的容积越大或停留时间越长，沉淀分离的效果越显著。机械处理方法通常使用振动筛和旋流器。无法再回收使用的废弃泥浆，在运走以前，应对泥浆进行预处理，通常是进行泥水分离。废弃泥浆的泥水分离是在现场或指定的场所通过化学方法和机械方法，将含水量较大的废弃泥浆分离成水和泥渣两部分，水可以排入河流或下水道，泥渣可用作填土，从而减少废弃泥浆的运输量。

4. 清底

挖槽结束后，悬浮在泥浆中的土颗粒将逐渐沉淀到槽底，此外，在挖槽过程中未被排出而残留在槽内的土渣以及吊放钢筋笼时从槽壁上刮落的泥皮等都堆积在槽底。在挖槽结束后清除槽底沉淀物的工作称为清底。

清底的方法一般有沉淀法和置换法两种。沉淀法是在土渣基本都沉淀到槽底之后再进行清底，常用的有砂石吸力泵排泥法、压缩空气升液排泥法、带搅动翼的潜水泥浆泵排泥法等。置换法是在挖槽结束之后，土渣还没有沉淀之前就用新泥浆把槽内的泥浆置换出来。在土木工程施工中，我国多采用置换法进行清底。清底后槽内泥浆的相对密度应在 $1.15g/cm^3$ 以下。

清底一般安排在插入钢筋笼之前进行，对于以泥浆反循环法进行挖槽施工，可在挖槽后紧接着进行清底工作。如果清底后到混凝土浇筑前的间隔时间较长，亦可在浇筑混凝土前利用混凝土导管再进行一次清底。

5. 钢筋笼加工与吊放

（1）钢筋笼加工

钢筋笼须按地下连续墙设计施工图要求制作。钢筋笼成型作业须在符合设计要求的台架上进行。台架根据工程施工条件可分为固定式和移动式两种。台架的钢筋定位卡须准确放线确定。钢筋笼须按单元槽段做成一个整体。如果地下连续墙很深或受起重设备的起重能力限制，可分段制作，然后在吊放时再逐段连接。钢筋笼的拼接一般应采用焊接，且宜用帮条焊，不宜采用绑扎搭接接头。

钢筋笼端部与接头管或混凝土接头面间应留有 150～200mm 的空隙。主筋净保护层厚度通常为 70～80mm，保护层垫块厚 50mm，在垫块和墙面之间留有 20～30mm 的间隙。由于用砂浆制作的垫块容易在吊放钢筋笼时破碎，又易擦伤槽壁面，所以一般用薄钢板制作垫块，并焊于钢筋笼上。

制作钢筋笼时，要在密集的钢筋中预留出导管的位置，以便于浇筑混凝土时导管的插入。由于横向钢筋有时会阻碍导管插入，所以纵向主筋应放在内侧，横向钢筋放在外侧。纵向钢筋底端应稍向内弯折，以防止吊放钢筋笼时擦伤槽壁，但向内弯折的程度亦不应影响浇筑混凝土的导管插入。加工钢筋笼时，要根据钢筋笼质量、尺寸以及起吊方式和吊点布置，在钢筋笼内布置一定数量的纵向桁架。钢筋笼的钢筋、埋设件连接采用电焊，纵横向钢筋接头除主要结构须全部焊接外，其余接头可按 50％ 间隔焊接。钢筋笼的临时绑扎铁丝在入槽前必须全部拆除，避免在绑扎铁丝上凝成泥球而影响混凝土质量。如有具体设计要求，则应按其规定进行。

（2）钢筋笼吊放

钢筋笼吊放入槽前，必须对已开挖槽段侧边的垂直面进行刷壁并进行槽底清孔。

钢筋笼应根据场地条件及起重条件，分若干段吊装，各段钢筋笼在其槽内连接成整体。钢筋笼在搬运、堆放及吊装过程中，不应产生不可恢复的变形、焊点脱离及散架等现象。

开工前应做好钢筋笼吊装作业设计，以设置好吊点、加工好吊具，并选定吊机和起吊方式。在主吊机将钢筋笼吊入槽段前，可另配一台副吊机配合抬吊将钢筋笼由水平放置状态直立起来。

钢筋笼起吊时，顶部要用一根横梁（常用工字钢），其长度要与钢筋笼尺寸相适应。钢丝绳须吊住四个角。为了不使钢筋笼在起吊时产生很大的弯曲变形，通常采用两台吊车同时操作，其中主吊钩吊住顶部，副吊钩吊住中间部位。为了不使钢筋笼在空中晃动，钢筋笼下端可系绳索用人力控制。起吊时不允许钢筋笼下端在地面上拖行，以防造成下端钢筋弯曲变形。

插入钢筋笼时，吊点中心必须对准槽段中心，然后徐徐下降，垂直而又准确地将钢筋笼吊入槽内。在钢筋笼进入槽段内时，必须注意不要使钢筋笼产生横向摆动，造成槽壁坍塌。钢筋笼插入槽内后，检查其顶端高度是否符合设计要求，然后用槽钢等将其搁置在导墙上。

如果钢筋笼是分段制作，吊放时需要接长时，下段钢筋笼要垂直悬挂在导墙上，然后将上段钢筋笼垂直吊起，上段钢筋笼的下端与下段钢筋笼的上端用电焊直线连接。

如果钢筋笼不能顺利插入槽内，应重新吊出，查明原因加以解决。如有必要，则在修槽之后再吊放。不能将钢筋笼以自由坠落状强行插入基槽，否则会引起钢筋笼变形或使槽壁坍塌，产生大量沉渣，影响地下墙体质量。

6. 混凝土浇筑

（1）地下连续墙对混凝土的要求

地下连续墙槽段内的混凝土浇筑过程具有一般水下混凝土浇筑的施工特点。混凝土强度等级一般不应低于 C20。混凝土的级配除了满足结构强度要求外，还要满足水下混凝土施工的要求。其配合比应按重力自密实流态混凝土设计，水灰比不应大于 0.6，水泥用量不宜小于 400kg/m^3，入槽坍落度以 $15\sim20\text{cm}$ 为宜。混凝土应具有良好的和易性和流动性。工程实践证明，如果水灰比大于 0.6，则混凝土的抗渗性能将急剧下降。因此，水灰比为 0.6 是一个临界值。

（2）混凝土浇筑前的准备工作

混凝土浇筑前应按作业设计规定的位置安装好混凝土导管。导管的数量与槽段长度有关，槽段长度小于 4m 时，可使用一根导管。导管内径约为粗骨料粒径的 8 倍，不得小于粗骨料粒径的 4 倍。

混凝土导管接口应严密不漏浆，导管底部应与槽底相距约 200mm。导管内应放置保证混凝土与泥浆隔离的管塞。

混凝土浇筑前，应利用混凝土导管进行约 15min 以上的泥浆循环，以改善泥浆质量。

（3）槽段内混凝土浇筑

地下连续墙的混凝土是在泥浆中采用导管浇筑的。槽段中混凝土导管的布置如图 10-13 所示。

在混凝土浇筑过程中，导管下口插入混凝土的深度应控制在 $2\sim4\text{m}$，不宜过深或过浅。导管插入太深，容易使下部沉积过多的粗骨料，而混凝土面层聚积较多的泥浆。导管插入太浅，则泥浆容易混入混凝土，影响混凝土的强度。只有当混凝土浇筑到地下连续墙墙顶附近，导管内混凝土不易流出的时候，方可将导管的埋深减为 1m 左右，并可将导管适当地作上下运动，促使混凝土流出导管。导管须全长度水密。

值得注意的是，在钢筋笼入槽后须尽快浇筑混凝土，混凝土要连续浇筑，不能长时间中断，一般允许中断 $5\sim10\text{min}$，最长也只允许中断 $20\sim30\text{min}$，以保持混凝土的均匀性。混凝土搅拌好之后，以 1.5h 内浇筑完毕为原则。夏季由于混凝土凝结较快，所以必须在搅拌好之后 1h 内尽快用完，否则应掺入适量的缓凝剂。多根导管进行混凝土浇筑时，应注意浇筑的同步性，保持混凝土面呈水平状态上升，各点混凝土高度差不得大于 300mm。

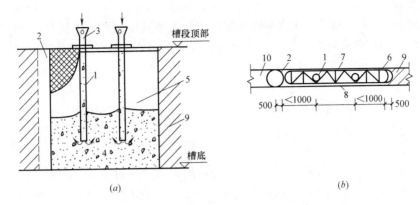

图 10-13 槽段中混凝土导管的布置

(*a*) 剖面图；(*b*) 平面图

1—导管；2—接头管；3—漏斗；4—混凝土；5—泥浆；6—施工槽段；

7—纵向桁架；8—横向桁架；9—已完成槽段；10—未完成槽段

混凝土加水搅拌至入槽的时间不宜超过 1h，分次往导管内供应混凝土的时间间隔不得超过 0.5h。槽段内混凝土面上升速度宜达到 3～4m/h，并做好混凝土浇筑深度的测量和记录。

在浇筑过程中，要经常量测混凝土浇筑量和上升高度。量测混凝土上升高度可用测锤，由于混凝土上升面一般都不是水平的，所以要在三个以上的位置进行量测。

在浇筑完成后的地下连续墙墙顶存在一层浮浆层，因此混凝土顶面需要比设计高度超浇 0.5m 以上。凿去该浮浆层后，地下连续墙墙顶才能与主体结构或支撑相连，成为整体。

7. 槽段接头施工

地下连续墙的接头分为两大类：施工接头和结构接头。施工接头是在浇筑地下连续墙时，沿墙的纵向连接两相邻单元墙段的接头；结构接头是已完工的地下连续墙在水平向与其他构件（如与内部结构的梁、板、墙等）相连接的接头。

(1) 施工接头

1) 接头管（亦称锁口管）接头。接头管接头是目前地下连续墙施工中采用最多的一种接头。施工时，当一个单元槽段的土方挖完后，在槽段的端部用吊车放入接头管，然后吊放钢筋笼并浇筑混凝土。待混凝土强度达到 0.05～0.20MPa 时（一般为混凝土浇筑后 3～5h，视气温而定），开始用吊车或液压顶升架提拔接头管。提拔速度应与混凝土浇筑速度、混凝土强度增长速度相适应，一般为 2～4m/h，并在混凝土浇筑结束后 8h 以内将接头管全部拔出。接头管直径一般比墙厚小 50mm，可根据需要分段接长。接头管拔出后，单元槽段的端部形成半圆形，继续施工时即形成两相邻槽段的接头。

2) 接头箱接头。接头箱接头的施工方法与接头管接头相似，只是以接头箱代替接头管。接头箱在浇筑混凝土的一面是开口的，所以钢筋笼端部的水平钢筋可以插入接头箱内。浇筑混凝土时，接头箱的开口面被焊在钢筋笼端部的钢板封住，因而混凝土不能进入接头箱内。混凝土初凝后，与接头管一样逐步吊出接头箱。当后一个单元槽段再浇筑混凝土时，由于两相邻槽段的水平钢筋交错搭接，可形成整体接头。接头箱接头的整体性好，接头处刚度较大。

3）隔板式接头。隔板式接头按隔板的形状分为平隔板、榫形隔板和 V 形隔板。由于隔板与槽壁之间难免有缝隙，为防止浇筑的混凝土渗入，应在钢筋笼的两边铺设化纤布。化纤布可以把单元槽段的钢筋笼全部罩住，也可以只有 2～3m 宽，吊放钢筋笼时应注意不要损坏化纤布。带有接头钢筋的榫形隔板能使各单元墙段形成整体，是一种较好的接头方式，但插入钢筋笼时较困难，且接头处混凝土的流动会受到阻碍，施工时应特别加以注意。

（2）结构接头

1）预埋连接钢筋法。预埋连接钢筋法是应用最多的一种方法。它是在浇筑地下连续墙混凝土之前，按设计要求将连接钢筋弯折后预埋在墙体内。待土方开挖露出墙体时，凿开连接钢筋处的墙面，将露出的连接钢筋恢复成设计形状，再与后浇结构的受力钢筋连接。为便于施工，预埋连接钢筋的直径不宜大于 22mm，且弯折时宜缓慢进行加热，以免其强度降低过多。考虑到连接处往往是结构的薄弱处，设计时一般将连接钢筋增加 20% 的富余量。

2）预埋连接钢板法。这是一种钢筋间接连接的接头方式。在浇筑地下连续墙混凝土之前，将预埋连接钢板焊固在钢筋笼上。浇筑混凝土后凿开墙面使预埋钢板外露，将后浇结构中的受力钢筋与预埋钢板焊接。施工时要注意保证预埋钢板处混凝土的密实性。

3）预埋剪力连接件法。剪力连接件的形式有多种，但以不妨碍浇筑混凝土、承压面大且形状简单的为好。剪力连接件先预埋在地下连续墙内，然后剔凿出来与后浇结构连接。

第 11 章　建筑工程主体结构施工技术

本章主要介绍建筑工程主体结构施工技术，包括砌筑工程、钢筋混凝土工程、预应力混凝土工程、钢结构工程、结构吊装工程等专业的施工。

11.1　砌筑工程施工

11.1.1　砌筑砂浆

（1）水泥使用应符合如下规定：

1）水泥进场时应对其品种、等级、包装或散装仓号、出厂日期等进行检查，并应对其强度、安定性进行复验，其质量必须符合现行国家标准《通用硅酸盐水泥》GB 175—2007 的有关规定。

2）当在使用中对水泥质量有怀疑或水泥出厂超过三个月（快硬硅酸盐水泥超过一个月）时，应复验，并按复验结果使用。

3）不同品种的水泥，不得混合使用。

抽检数量：按同一生产厂家、同品种、同等级、同批号连续进场的水泥，袋装水泥不超过 200t 为一批，散装水泥不超过 500t 为一批，每批抽样不少于一次。检验方法：检查产品合格证、出厂检验报告和进场复验报告。

（2）建筑生石灰、建筑生石灰粉熟化为石灰膏，分别不得少于 7d 和 2d；沉淀池中储存的石灰膏，其熟化期间应防止干燥、冻结和污染，严禁采用脱水硬化的石灰膏；建筑生石灰粉、消石灰粉不得替代石灰膏配制水泥石灰砂浆。

（3）砌筑砂浆应进行配合比设计，当砌筑砂浆的组成材料有变时，其配合比应重新确定。

（4）施工中不应采用强度等级小于 M5 的水泥砂浆替代同强度等级的水泥混合砂浆，如需替代，应将水泥砂浆提高一个强度等级。

（5）砌筑砂浆应采用机械搅拌，搅拌时间自投料完起算应符合以下规定：水泥砂浆和水泥混合砂浆不得少于 120s；水泥粉煤灰砂浆和掺用外加剂的砂浆不得少于 180s。

（6）现场拌制的砂浆应随拌随用，拌制的砂浆应在 3h 内使用完毕；当施工期间最高气温超过 30℃时，应当在 2h 内使用完毕。预拌砂浆及蒸压加气混凝土砌块专用砂浆的使用时间应按照厂方提供的说明书确定。

（7）砌筑砂浆试块强度验收时，其强度合格标准应符合下列规定：

1）同一验收批砂浆试块强度平均值应大于或等于设计强度等级值的 1.10 倍。

2）同一验收批砂浆试块抗压强度的最小一组平均值应大于或等于设计强度等级值

的 85%。

11.1.2 砖砌体工程

1. 砌砖工艺

砌砖施工通常包括抄平、放线、摆砖样、立皮数杆、挂线、铺灰、砌砖等工序。如果是清水砖墙，还要进行勾缝。

（1）抄平、放线

砌墙前应在基础防潮层或楼面上定出各层标高，并用水泥砂浆找平，使各段砖墙底部标高符合设计要求。在底层，以龙门板上轴线定位钉为标志拉上线，沿线吊挂垂球，将轴线放到基础面上，并据此弹出纵横墙的边线及门窗洞口的位置线。

（2）摆砖样

摆砖样即摆底，在弹好线的基础面上，按选定的组砌方法，先用干砖块试摆，以使门洞、窗口和墙垛等处的砖符合模数，满足上下错缝要求。借助灰缝的调整，使墙面竖缝宽度均匀，尽量减少砍砖。

（3）立皮数杆

皮数杆是在其上划有每皮砖和灰缝厚度以及门窗洞口、过梁、楼板、梁底等标高位置的木制标杆，是砌筑时控制砖砌体竖向尺寸的标志。皮数杆一般立于房屋的四大角、内外墙交接处、楼梯间及洞口多的地方。

（4）盘角、挂线

砌筑时，应先在墙角砌 4～5 皮砖，称为盘角，然后根据皮数杆和已砌的角挂线，作为砌筑中间墙体的依据，以保证墙面平整。一砖厚的墙单面挂线，外墙挂外边，内墙挂任何一边；一砖半及以上厚度的墙都要双面挂线。

（5）砌砖

砌砖的操作方法有很多，可采用铺浆法或"三一"砌砖法，依各地习惯而定。"三一"砌砖法，即一铲灰、一块砖、一挤揉并随手将挤出的砂浆刮去的砌筑方法。其优点是灰缝容易饱满、黏结力好、墙面整洁，八度以上地震区的砌砖工程宜采用此方法。

（6）勾缝、清理

当该层砖砌体砌筑完毕后，应进行墙面（柱面）及落地灰的清理。对于清水砖墙，在清理前需进行勾缝，具有保护墙面并增加墙面美观的作用。墙较薄时，可利用砌筑砂浆随砌随勾缝，称作原浆勾缝；墙较厚时，待墙体砌筑完毕后，用 1：1 水泥砂浆勾缝，称作加浆勾缝。

2. 砖墙砌筑的基本要求

（1）横平竖直。砌体的水平灰缝应平直，竖向灰缝应垂直对齐，不得游丁走缝。

（2）砂浆饱满。砌体水平灰缝的砂浆饱满度要达到 80% 以上，水平灰缝和竖向灰缝的厚度规定为（10±2）mm，砂浆的和易性好、砖湿润得当都是保证砂浆饱满的前提条件。

（3）上下错缝。为保证墙体的整体性和传力有效，砖块的排列方式应遵循内外搭接、上下错缝的原则。砖块错缝搭接长度不应小于 1/4 砖长。

（4）接槎可靠。接槎即先砌砌体与后砌砌体之间的接合。接槎方式的合理与否，对砌体质量和建筑物整体性影响极大。留槎处的灰缝砂浆不易饱满,故应少留槎。接槎主要有两种方式:斜槎和直槎,如图11-1所示。斜槎长度不应小于高度的2/3。留斜槎确有困难时,才可留直槎。每500mm留一层,地震区不得留直槎,直槎必须做成阳槎,并加设拉结筋。拉结筋沿墙高每120mm厚墙留一根,但每层最少留两根。

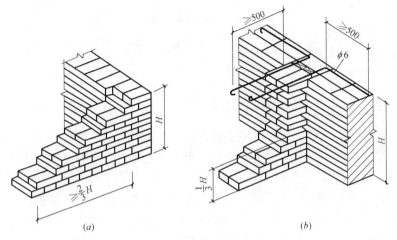

图 11-1 接槎

(a)斜槎;(b)直槎

(5)构造柱与墙体的连接

墙体应砌成马牙槎,马牙槎凹凸尺寸不应小于60mm,高度不应超过300mm,马牙槎应先退后进,对称砌筑。拉结钢筋应沿墙高每隔500mm设2φ6,伸入墙内。

3. 砖砌体的位置及垂直度允许偏差及一般尺寸允许偏差

(1)砖砌体的位置及垂直度允许偏差见表11-1。

(2)砖砌体一般尺寸允许偏差见表11-2。

砖砌体的位置及垂直度允许偏差　　　　　　　　　　表 11-1

项次	项目			允许偏差(mm)	检验方法
1	轴线位置偏移			10	用经纬仪和尺检查,或用其他测量仪器检查
2	垂直度	每层		5	用2m托线板检查
		全高	≤10m	10	用经纬仪、吊线和尺检查,或用其他测量仪器检查
			>10m	20	

砖砌体一般尺寸允许偏差　　　　　　　　　　表 11-2

项次	项目		允许偏差(mm)	检验方法	抽检数量
1	基础顶面和楼面标高		±15	用经纬仪和尺检查,或用其他测量仪器检查	不应少于5处
2	表面平整度	清水墙、柱	5	用2m靠尺和楔形塞尺检查	有代表性自然间的10%,但不应少于3间,每间不应少于2处
		混水墙、柱	8		
3	门窗洞口高、宽(后塞门)		±5	用尺检查	检验批洞口的10%,但不应少于3间,每间不应少于2处

项次	项目		允许偏差（mm）	检验方法	抽检数量
4	外墙上下窗口偏移		20	以底层窗口为准,用经纬仪或吊线检查	检验批的10%,但不应少于5处
5	水平灰缝平直度	清水墙	7	拉10m线和尺检查	有代表性自然间的10%,但不应少于3间,每间不应少于2处
		混水墙	10		
6	清水墙游丁走缝		20	吊线和尺检查,以每层第一皮砖为准	

11.1.3 混凝土小型空心砌块砌体工程

砌块砌筑的主要工序：铺灰、砌块安装就位、校正、灌缝、镶砖。

(1) 施工采用的小砌块的产品龄期不应小于28d,承重墙体使用的小砌块应完整、无破损、无裂缝。

(2) 小砌块墙体应孔对孔、肋对肋错缝搭砌。单排孔小砌块的搭接长度应为块体长度的1/2；多排孔小砌块的搭接长度可适当调整,但不宜小于小砌块长度的1/3,且不应小于90mm。墙体的个别部位不能满足上述要求时,应在灰缝中设置拉结钢筋或钢筋网片,但竖向通缝仍不得超过两皮小砌块。

(3) 小砌块应将生产时的底面朝上反砌于墙上。

(4) 砌体水平灰缝和竖向灰缝的砂浆饱满度,按净面积计算不得低于90%。

(5) 墙体转角处和纵横交接处应同时砌筑。临时间断处应砌成斜槎,斜槎水平投影长度不应小于斜槎高度。施工洞口可预留直槎,但在洞口砌筑和补砌时,应在直槎上下搭砌的小砌块孔洞内用强度等级不低于C20（或Cb20）的混凝土灌实。砌体的水平灰缝厚度和竖向灰缝宽度宜为10mm,但不应小于8mm,也不应大于12mm。

11.1.4 填充墙砌体工程

(1) 砌筑填充墙时,轻骨料混凝土小型空心砌块和蒸压加气混凝土砌块的产品龄期不应小于28d,蒸压加气混凝土砌块的含水率宜小于30%。

(2) 在烧结空心砖、蒸压加气混凝土砌块、轻骨料混凝土小型空心砌块等的运输、装卸过程中,严谨抛掷和倾倒；进场后应按品种、规格堆放整齐,堆置高度不宜超过2m。蒸压加气混凝土砌块在运输及堆放中应防止雨淋。

(3) 吸水率较小的轻骨料混凝土小型空心砌块及采用薄灰砌筑法施工的蒸压加气混凝土砌块,砌筑前不应对其浇（喷）水湿润；在气候干燥炎热的情况下,对吸水率较小的轻骨料混凝土小型空心砌块宜在砌筑前喷水湿润。

(4) 采用普通砌筑砂浆砌筑填充墙时,烧结空心砖、吸水率较大的轻骨料混凝土小型空心砌块应提前1~2d浇（喷）水湿润。蒸压加气混凝土砌块采用正压加气混凝土砌块砌筑砂浆或普通砌筑砂浆砌筑时,应在砌筑当天对砌块砌筑面喷水湿润。

(5) 在厨房、卫生间、浴室等处采用轻骨料混凝土小型空心蒸压加气混凝土砌块砌筑墙体时,墙底部宜现浇混凝土坎台,其高度宜为150mm。

(6) 蒸压加气混凝土砌块、轻骨料混凝土小型空心砌块不应与其他块体混砌,不同强度等级的同类块体也不得混砌。

（7）填充墙砌体砌筑，应待承重主体结构验收合格后进行。填充墙与承重主体结构间的空（间）隙部位施工，应在填充墙砌筑 14d 后进行。

11.2 钢筋混凝土工程施工

11.2.1 钢筋工程

1. 钢筋分类

钢筋是土木建筑工程中使用量最大的钢材品种之一，其材质包括普通碳素钢和普通低合金钢两大类。常用的有热轧钢筋、冷加工钢筋以及钢丝、钢绞线等。

（1）热轧钢筋。根据国家标准《钢筋混凝土用钢第 1 部分：热轧光圆钢筋》GB 1499.1—2008、《钢筋混凝土用钢第 2 部分：热轧带肋钢筋》GB 1499.2—2007、《混凝土设计规范》GB 50010—2010 等一系列标准，普通热轧光圆钢筋牌号为 HPB235，HPB300，公称直径范围 $d=6\sim22mm$。普通热轧带肋钢筋按照不同的强度等级，分为以下几种：HRB335，标志为 3；HRB400，标志为 4；HRB500 标志为 5；它们的公称直径范围均为 $d=6\sim50mm$。另外还有细晶粒热轧钢筋，分别是：HRBF335，标志为 C3；HRBF400，标志为 C4；HRBF500，标志为 C5。目前国内使用较为普遍的受力筋有 HRB335、HRB400。

（2）冷加工钢筋。在常温下对钢筋进行机械加工（冷拉、冷拔、冷轧），使其产生塑性变形，从而达到提高强度（屈服点）、节约钢材的目的，这种方法称为冷加工。经冷加工后，钢筋的强度虽有所提高，但其塑性、韧性有所下降。

（3）热处理钢筋。热处理钢筋是以热轧螺纹钢筋经淬火和回火调质处理而成，即以热处理状态交货，成盘供应，每盘长约 200m。预应力混凝土用热处理钢筋强度高，可代替高强钢丝使用，配筋根数少，预应力值稳定，主要用作预应力钢筋混凝土轨枕，也可用于预应力混凝土板、吊车梁等构件。

（4）碳素钢丝、刻痕钢丝和钢绞线。预应力混凝土需使用专门的钢丝，这些钢丝用优质碳素结构钢经冷拔、热处理、冷轧等工艺过程制得，具有很高的强度，安全可靠且便于施工。预应力混凝土用钢丝分为碳素钢丝（矫直回火钢丝，代号 J）、冷拉钢丝（代号 L）及矫直回火刻痕钢丝（代号 JK）三种。碳素钢丝（矫直回火钢丝）由含碳量不低于 0.8% 的优质碳素结构钢盘条经冷拔及回火制成，碳素钢丝具有很好的力学性能，是生产刻痕钢丝和钢绞线的母材。将碳素钢丝表面沿长度方向压出椭圆形刻痕，即为刻痕钢丝；压痕后，成盘的刻痕钢丝需作低温回火处理后交货。钢绞线是由若干根碳素钢丝经绞捻及热处理后制成。钢绞线强度高、柔性好，特别适用于曲线配筋的预应力混凝土结构、大跨度或重荷载的屋架等。

钢丝和钢绞线主要用于大跨度、大负荷的桥梁、电杆、轨枕、屋架及大跨度吊车梁等，安全可靠，节约钢材，且不需冷拉、焊接接头等加工，因此在土木建筑工程中得到了广泛应用。

2. 钢筋验收

钢筋进场应有出厂质量证明书或试验报告，每捆（盘）钢筋应有标牌，并分批验收堆放。验收内容包括查对标牌、外观质量检查及力学性能检验，合格后方可使用。

（1）钢筋的外观质量检查：热轧钢筋表面不得有裂缝、结疤和折叠；螺纹钢筋表面的凸块不允许超过螺纹的高度；冷拉钢筋表面不允许有裂纹和缩颈；钢绞线表面不得有折断、横裂和相互交叉；钢丝表面无润滑剂、油渍和锈坑。

（2）钢筋的力学性能检验：钢筋进场时应按国家标准《钢筋混凝土用钢　第2部分：热轧带肋钢筋》GB/T 1499.2—2007 等的规定抽取试件做力学性能检验，其质量必须符合有关标准的规定。钢筋进场时一般不做化学成分检验。钢筋在加工过程中发现脆断、焊接性能不良或力学性能显著不正常等现象时，应对该批钢筋进行化学成分检验或其他专项检验。

3. 钢筋加工

钢筋一般在车间（或加工棚）加工，然后运至现场安装或绑扎。钢筋的加工一般包括冷拉、调直、除锈、剪切、弯曲、绑扎、焊接等工序。

（1）冷拉

钢筋冷拉是在常温下对钢筋进行强力拉伸，使钢筋拉应力超过屈服点产生塑性变形，以达到提高钢筋强度（屈服强度）的目的。冷拉时，钢筋被拉直，表面锈渣自动剥落，因此冷拉不但可以提高钢筋的强度，而且同时完成了调直、除锈工作。钢筋的冷拉可采用控制应力或控制冷拉率的方法。

（2）调直

钢筋调直采用机械方法，直径 4～14mm 的钢筋可用调直机进行调直，粗钢筋还可用机动锤锤直或扳直；当采用冷拉方法调直钢筋时，HPB235 级钢筋的冷拉率不宜大于 4%，HRB335 级、HRB400 级和 RRB400 级钢筋的冷拉率不宜大于 1%。

（3）除锈

钢筋如未经冷拉或调直，或保管不妥而锈蚀，可采用钢丝刷或机动钢丝刷除锈，也可采用喷砂除锈，要求较高时还可采用酸洗除锈。

（4）剪切

钢筋下料剪断可采用钢筋剪切机或手动剪切器。手动剪切器一般只用于剪切直径小于 12mm 的钢筋；钢筋剪切机可剪切直径小于 40mm 钢筋；直径大于 40mm 的钢筋则需用锯床锯断或用氧乙炔焰或电弧切割。

（5）弯曲

钢筋弯曲宜采用弯曲机。弯曲机可将直径 6～40mm 的钢筋弯成各种形状与角度。在缺乏机具的情况下，也可在成型台上用手摇扳手弯曲钢筋，用卡盘与扳头弯制粗钢筋。钢筋弯曲时应根据弯曲设备的特点及工地的习惯进行划线，以便将钢筋准确地加工成设计规定的形状。

受力钢筋的弯钩和弯折应符合下列规定：HPB235 级钢筋末端应做 180°弯钩，其弯弧内直径不应小于钢筋直径的 2.5 倍，弯钩的弯后平直部分长度不应小于钢筋直径的 3 倍；当设计要求钢筋末端做 135°弯钩时，HRB335 级、HRB400 级钢筋的弯弧内直径不应小于钢筋直径的 4 倍，弯钩的弯后平直部分长度应符合设计要求。

钢筋做不大于 90°的弯折时，弯折处的弯弧内直径不应小于钢筋直径的 5 倍。

除焊接封闭环式箍筋外，箍筋的末端应做弯钩，弯钩形式应符合设计要求；当设计无要求时，应符合下列规定：箍筋弯钩的弯弧内直径除满足受力钢筋的弯钩和弯折的有关规定外，尚应不小于受力钢筋的直径。

箍筋弯钩的弯折角度：对一般结构，不应小于 90°；对有抗震要求的结构，应为 135°。箍筋弯后平直部分长度：对一般结构，不宜小于箍筋直径的 5 倍；对有抗震要求的结构，不应小于箍筋直径的 10 倍。

4. 钢筋连接

（1）焊接连接

钢筋采用焊接连接可节约钢材，改善结构受力性能，提高工效，降低成本。常用焊接方法有：闪光对焊、电弧焊、电阻点焊、电渣压力焊、埋弧压力焊、气压焊等。

钢筋的焊接效果与钢材的可焊性和焊接工艺有关。当环境温度低于 -5℃时，即为钢筋低温焊接，这时应调整钢筋焊接工艺参数，使焊缝和热影响区缓慢冷却。当风力超过 4 级时，应有挡风措施。当环境温度低于 -20℃时，不得进行焊接。

1）闪光对焊。闪光对焊广泛用于钢筋纵向连接及预应力钢筋与螺丝端杆的焊接。其原理是利用对焊机使两段钢筋接触，通以低电压的强电流，把电能转化为热能。待钢筋被加热到一定温度后，即施加轴向压力挤压（称为顶锻）便形成对焊接头。

2）电弧焊。电弧焊是利用弧焊机使焊条与焊件之间产生高温电弧，使焊条和高温电弧范围内的焊件金属熔化。熔化的金属凝固后便形成焊缝和焊接接头。电弧焊广泛用于钢筋的搭接接长、钢筋骨架的焊接、钢筋与钢板的焊接、装配式结构接头的焊接和各种钢结构的焊接。钢筋电弧焊的接头形式有搭接焊接头、帮条焊接头、剖口焊接头和熔槽帮条焊接头。

3）电阻点焊。钢筋骨架或钢筋网中交叉钢筋的焊接宜采用电阻点焊。点焊时，将已除锈污的钢筋交叉点放入点焊机的两电极间，使钢筋通电发热至一定温度后，加压使焊点金属焊合。

4）电渣压力焊。电渣压力焊是利用电流通过电渣池产生的电阻热将钢筋端部熔化，然后施加压力使钢筋焊接为一体。适用于现浇钢筋混凝土结构中直径 14～40mm 的钢筋竖向接长。

5）气压焊。钢筋气压焊是采用一定比例的氧气和乙炔焰为热源，对需要焊接的两组钢筋端部接缝处进行加热烘烤，使其达到热塑状态，同时对钢筋施加 30～40N/mm² 的轴向压力，使钢筋顶锻在一起。这种焊接方法属于固相焊接，其机理是在还原性气体的保护下，钢材发生塑性流变后相互紧密接触，促使端面金属晶体相互扩散渗透、再结晶、再排列，形成牢固的对焊接头。气压焊不仅适用于竖向钢筋的连接，也适用于各种方面布置的钢筋连接。当不同直径的钢筋焊接时，两钢筋直径差不得大于 7mm。

（2）绑扎连接

同一构件中相邻纵向受力钢筋的绑扎搭接接头宜相互错开。绑扎搭接接头中钢筋的横向净距不应小于钢筋直径，且不应小于 25mm。钢筋绑扎搭接接头连接区段的长度为 $1.3l_1$（l_1 为搭接长度），凡搭接接头中点位于该连接区段长度内的搭接接头均属于同一连接区段。同一连接区段内，纵向钢筋搭接接头面积百分率为该区段内有搭接接头的纵向受

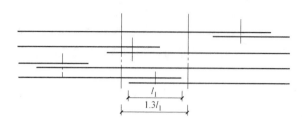

图 11-2　钢筋绑扎搭接接头连接区段及接头面积百分率

力钢筋截面面积与全部纵向受力钢筋截面面积的比值。图 11-2 所示搭接接头同一连接区段内的搭接钢筋为两根，当各钢筋直径相同时，接头面积百分率为 5%。

同一连接区段内，纵向受拉钢筋搭接接头面积百分率应符合设计要求；当设计无具体要求时，应符合下列规定：对梁类、板类及墙类构件，不宜大于 25%；对柱类构件，不宜大于 50%。当工程中确有必要增大接头面积百分率时，对梁类构件不应大于 50%，对其他构件可根据实际情况放宽。

纵向受力钢筋的最小搭接长度应根据钢筋强度、外形、直径及混凝土强度等指标计算确定，并根据钢筋搭接接头面积百分率等进行修正。在梁、柱类构件的纵向受力钢筋搭接长度范围内，应按设计要求配置箍筋。当设计无具体要求时，应符合下列规定：箍筋直径不应小于搭接钢筋较大直径的 0.25 倍；受拉搭接区段的箍筋间距不应大于搭接钢筋较小直径的 5 倍，且不应大于 100mm；受压搭接区段的箍筋间距不应大于搭接钢筋较小直径的 10 倍，且不应大于 200mm；当柱中纵向受力钢筋直径大于 25mm 时，应在搭接接头两端外 100mm 范围内各设置两个箍筋，其间距宜为 50mm。

（3）机械连接

钢筋机械连接有挤压连接和锥形螺纹连接。

1）挤压连接。钢筋挤压连接是将两根变形钢筋插入套筒内，利用挤压机沿径向或轴向压缩套筒，使之产生塑性变形，靠变形后的钢套筒对钢筋的握裹力来实现钢筋的连接。挤压连接分径向挤压连接和轴向挤压连接两种。

径向挤压连接是采用挤压机和压模，沿套筒直径方向，从套筒中间依次向两端挤压套筒，把插在套筒里的两根钢筋紧固成一体形成机械接头。

轴向挤压连接是采用挤压机和压模，沿钢筋轴线冷挤压金属套筒，把插入套筒里的两根待连接热轧钢筋紧固成一体形成机械接头。

2）锥形螺纹连接。锥形螺纹连接是采用锥形螺纹靠机械力连接钢筋的方法：它的自锁性能好，能承受拉、压轴向力和水平力，可在施工现场连接同径或异径的竖向、水平向或任何倾角的钢筋。纵向受力钢筋的连接方式应符合设计要求。

钢筋的接头宜设置在受力较小处。同一纵向受力钢筋不宜设置两个或两个以上接头，接头末端至钢筋弯起点的距离不应小于钢筋直径的 10 倍。

当受力钢筋采用机械连接接头或焊接接头时，设置在同一构件内的接头宜相互错开。纵向受力钢筋机械连接接头及焊接接头连接区段的长度为 $35d$（d 为纵向受力钢筋的较大直径）且不小于 500mm，凡接头中点位于该连接区段长度内的接头均属于同一连接区段。同一连接区段内，纵向受力钢筋机械连接及焊接的接头面积百分率为该区段内有接头的纵向受力钢筋截面面积与全部纵向受力钢筋截面面积的比值。

同一连接区段内，纵向受力钢筋的接头面积百分率应符合设计要求；当设计无具体要求时，应符合下列规定：

在受拉区不宜大于 50%；接头不宜设置在有抗震设防要求的框架梁端、柱端的箍筋加密区；当无法避开时，对等强度高质量机械连接接头，不应大于 50%；在直接承受动力荷载的结构构件中，不宜采用焊接接头；当采用机械连接接头时，不应大于 50%。

11.2.2 模板工程

模板是保证混凝土浇筑成型的模型，钢筋混凝土结构的模板系统由模板、支撑及紧固件等组成。模板是新浇混凝土结构或构件成型的模具，使硬化后的混凝土具有设计所要求的形状和尺寸；支架部分的作用是保证模板形状和位置。

1. 模板类型与基本要求

（1）木模板。木模板是由一些板条用拼条钉拼而成的模板系统。板条厚度一般为 2.5~5mm，板条宽度不宜超过 200mm，工具式模板宽度不宜超过 150mm，以保证干缩时缝隙均匀，浇水后易于密封，但梁底板的板条宽度不受限制，以免漏浆。拼条的间距取决于新浇混凝土的侧压力和板条的厚度，多为 400~500mm。木模板由于重复利用率低、损耗大，为节约木材，在现浇钢筋混凝土结构施工中的使用率已大大降低。但钢框木胶合板模板由于自重轻、面积大、拼缝少、维修方便等优点，使用广泛。

（2）组合模板。组合模板是一种工具式模板，是工程施工中用得最多的一种模板，有组合钢模板、钢框竹（木）胶合板模板等。它由具有一定模数的若干类型的板块、角模、支撑和连接件组成，用它可以拼出多种尺寸和几何形状，也可用它拼成大模板、隧道模和台模等。

（3）大模板。大模板是一种大尺寸的工具式模板。一块大模板由面板、主肋、次肋、支撑桁架、稳定机构及附件组成（见图 11-3）。面板要求平整、刚度好。次肋的作用是固

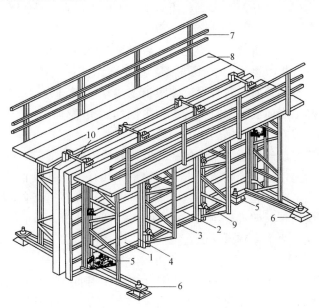

图 11-3　大模板构造示意图

1—面板；2—次肋；3—支撑桁架；4—主肋；5—调整水平用的螺旋千斤顶；6—调整垂直用的
螺旋千斤顶；7—栏杆；8—脚手板；9—穿墙螺栓；10—卡具

定面板，把混凝土侧压力传递给主肋。面板若按单向板设计，则只有水平（或垂直）次肋；面板若按双向板设计，则不分主、次肋。主肋是穿墙螺栓的固定支点，承受传来的水平力和垂直力，一般用背靠背的两个槽钢，间距约为 1～1.2m。一般是一块墙面用一块大模板。因为其重量大，装拆皆需起重机械吊装，但可提高机械化程度，减少用工量和缩短工期。是目前我国剪力墙和筒体体系的高层建筑施工用得较多的一种模板，已形成一种工业化建筑体系。

（4）滑升模板。滑升模板是一种工具式模板，由模板系统、操作平台系统和液压系统三部分组成。适用于现场浇筑高耸的构筑物和高层建筑物等，如烟囱、筒仓、电视塔、竖井、沉井、双曲线冷却塔和剪力墙体系及筒体体系的高层建筑等。滑升模板施工的特点是在构筑物或建筑物底部，沿其墙、柱、梁等构件的周边组装高 1.2m 左右的滑升模板，随着向模板内不断地分层浇筑混凝土，用液压提升设备使模板不断地沿埋在混凝土中的支撑杆向上滑升，直到需要浇筑的高度为止。用滑升模板施工，可以节约模板和支撑材料、加快施工速度和保证结构的整体性。但模板一次性投资多、耗钢量大，对建筑的立面造型和构件断面变化有一定的限制。施工时宜连续作业，施工组织要求较严。

（5）爬升模板。爬升模板简称爬模，国外亦称跳模，是施工剪力墙体系和筒体体系的钢筋混凝土结构高层建筑的一种有效的模板体系，我国已推广应用。由于模板能自爬，不需起重运输机械吊运，减少了高层建筑施工中起重运输机械的吊运工作量，能避免大模板受大风影响而停止工作。由于自爬的模板上悬挂有脚手架，所以还省去了结构施工阶段的外脚手架，因为能减少起重机械的数量、加快施工速度因而经济效益较好。爬模分有爬架爬模和无爬架爬模两类。有爬架爬模由爬升模板、爬架和爬升设备三部分组成。

（6）台模。台模是一种大型工具式模板，主要用于浇筑平板式或带边梁的楼板，一般是一个房间一块台模，有时甚至更大。利用台模施工楼板可省去模板的装拆时间，能减少劳动消耗和加速施工，但一次性投资较大。按台模的支承形式分为支腿式和无支腿式两类。前者又有伸缩式支腿和折叠式支腿之分；后者悬架于墙上或柱顶，故也称悬架式。支腿式台模由面板（胶合板或钢板）、支撑框架、檩条等组成，支撑框架的支腿底部一般带有轮子，以便移动，有的台模没有轮子，在滚道上滚动。浇筑后待混凝土达到规定强度，落下台面，将台模推出墙面放在临时挑台上，再用起重机整体吊运至上层或其他施工段；亦可不用挑台，推出墙面后直接吊运。

（7）隧道模。隧道模是用于同时整体浇筑墙体和楼板的大型工具式模板，能将各开间沿水平方向逐段逐间整体浇筑，故施工的建筑物整体性好、抗震性能好、施工速度快，但模板的一次性投资大，模板起吊和转运需较大的起重机。隧道模有全隧道模（整体式隧道模）和双拼式隧道模两种。前者自重大，推移时多需铺设轨道，目前逐渐少用；后者由两个半隧道模对拼而成，两个半隧道模的宽度可以不同，再增加一块插板，即可以组合成各种开间需要的宽度。

（8）永久式模板。永久式模板是指施工时起模板作用而浇筑混凝土后又是结构本身组成部分之一的预制板材。目前国内外常用的有异形（波形、密肋形等）金属薄板（亦称压型钢板）、预应力混凝土薄板、玻璃纤维水泥模板、小梁填块（小梁为倒 T 形，填块放在梁底凸缘上，再浇筑混凝土）、钢桁架型混凝土板等。预应力混凝土薄板在我国已在一些高层建筑中应用，铺设后稍加支撑，然后在其上铺放钢筋浇筑混凝土形成楼板，施工简便。压型钢板在我国一些高层钢结构施工中多有应用，施工简便，施工速度快，但耗钢量较大。

2. 模板安装

尽管模板结构是钢筋混凝土工程施工时所使用的临时结构物，但它对钢筋混凝土工程的施工质量和工程成本影响很大。模板安装的基本要求如下：

（1）安装现浇结构的上层模板及其支架时，下层楼板应具有承受上层荷载的承载能力或加设支架；上、下层支架的立柱应对准，并铺设垫板。

（2）在涂刷模板隔离剂时，不得沾污钢筋和混凝土接槎处。

（3）模板的接缝应严密，不应漏浆；在浇筑混凝土前，木模板应浇水湿润，但模板内不应有积水。

（4）模板与混凝土的接触面应清理干净并涂刷隔离剂，但不得采用影响结构性能或妨碍装饰工程施工的隔离剂。

（5）浇筑混凝土前，模板内的杂物应清理干净。

（6）对清水混凝土工程及装饰混凝土工程，应使用能达到设计效果的模板。

（7）用作模板的地坪、胎模等应平整光洁，不得产生影响构件质量的下沉、裂缝、起砂或起鼓。

（8）对跨度不小于 4m 的钢筋混凝土梁、板，其模板应按设计要求起拱；当设计无具体要求时，起拱高度宜为跨度的 $1/1000 \sim 3/1000$。

（9）固定在模板上的预埋件、预留孔和预留洞均不得遗漏，且应安装牢固，其偏差应符合现行国家标准《混凝土结构工程施工质量验收规范》GB 50204—2015 的规定。

（10）模板安装应保证结构和构件各部分的形状、尺寸和相互间位置的正确性。现浇结构模板安装的偏差、预制构件模板安装的偏差应符合现行国家标准《混凝土结构工程施工质量验收规范》GB 50204—2015 的规定。

（11）构件简单，装拆方便，能多次周转使用。

3. 模板拆除

（1）模板拆除要求

1）底模及其支架拆除时的混凝土强度应符合设计要求；当设计无具体要求时，混凝土强度应符合表 11-3 的规定。

底模拆除时的混凝土强度要求　　　　　　　　　　表 11-3

构件类型	构件跨度（m）	达到设计的混凝土立方体抗压强度标准值的百分率（%）
板	≤2	≥50
	>2,≤8	≥75
	>8	≥100
梁、拱、壳	≤8	≥75
	>8	≥100
悬臂构件	—	≥100

2）对后张法预应力混凝土结构构件，侧模宜在预应力张拉前拆除；底模支架的拆除

应按施工技术方案执行，当无具体要求时，不应在结构构件建立预应力前拆除。

3）后浇带模板的拆除和支顶应按施工技术方案执行。

4）侧模拆除时的混凝土强度应能保证其表面及棱角不受损伤。

5）模板拆除时，不应对楼层形成冲击荷载。拆除的模板和支架宜分散堆放并及时清运。

（2）模板拆除顺序

模板的拆除顺序一般是先拆非承重模板，后拆承重模板；先拆侧模板，后拆底模板。框架结构模板的拆除顺序一般是柱、楼板、梁侧模、梁底模。拆除大型结构的模板时，必须事先制定详细方案。

4. 新模板技术

（1）清水混凝土模板技术

清水混凝土模板是指能确保混凝土表面质量和外观设计效果达到清水混凝土质量要求和设计效果的模板，可选择多种材质制作。清水混凝土模板必须满足表面平整光洁，模板分块，面板分割和穿墙螺栓孔眼排列规律整齐，几何尺寸准确，拼缝严密，周转使用次数多等要求。清水混凝土模板技术一般施工工艺流程为：根据图纸结构形式设计计算模板强度和板块规格→结合留洞位置绘制组合展开图→按实际尺寸放大样→加工配制标准和非标准模板块、模板块检测验收→编排顺序号码、涂刷隔离剂→测量放线→钢筋绑扎、管线预埋→排架搭设→焊定位筋，柱、墙模板组装校正、验收→浇筑柱、墙混凝土至梁底下50mm→安装梁底模和一侧帮模→梁钢筋绑扎→拆除柱、墙下段模板，吊运保养→二次安装柱头、墙头接高模板→第二面梁帮模安装、校正、验收→铺设平台模板→平台筋绑扎、管线敷设→浇筑混凝土、保养→模板拆除后保养待翻转使用。

（2）早拆模板技术

早拆模板技术是指支撑系统和模板能够分离，当混凝土浇筑3～4d后，强度达到设计强度的50％以上时，可敲击早拆柱头，提前拆除横梁和模板，而柱头顶板仍然支顶着现浇结构构件，直到混凝土强度达到规范允许拆模数值为止的模板技术。早拆模板体系由模板、支撑系统（立柱）、早拆柱头、横梁和可调底座等组成，它的主要施工工艺为模板安装和模板拆除。模板安装按以下工序进行：

1）按模板工程施工图放线，在放线交点处安放独立式钢立柱或立杆，用横杆将立杆互相连成整体支架。

2）支架安装后，将早拆柱头、早拆托架或可调顶托的螺杆插入立杆顶部孔内，并使插销和托架就位，然后放横梁调整位置。

3）横梁就位后从一侧开始铺设模板，模板与柱头板交接处随铺模板随将柱头板调至所需高度。

4）铺完模板后，涂刷隔离剂，板缝处贴胶带防止漏浆，并进行模板检查验收和质量评定工作。模板拆除要满足拆模强度，按模板施工图保留部分立杆和早拆柱头，其余部分可同步拆除，拆模时从一侧或一端开始，保留的立杆和早拆柱头应在混凝土强度达到正常拆模强度后再进行拆除，如需提前拆除保留的立杆时，必须加设临时支撑。

（3）液压自动爬模技术

它是将钢管支撑杆设在结构体内、体外或结构顶部，以液压千斤顶或液压油缸为动力提升提升架、模板、操作平台及吊架等，爬升成套爬模。液压自动爬模技术适用于高层建筑全剪力墙结构、框架结构核心筒、钢结构核心筒、高耸构筑物、桥墩、巨型柱等结构的施工。液压自动爬模主要由模板系统、液压提升系统和操作平台系统组成。液压自动爬模施工工艺包括爬模的安装、浇筑混凝土、脱模及爬升。

11.2.3 混凝土工程

1. 原材料的质量要求

（1）水泥进场时应对其品种、级别、包装或散装仓号、出厂日期等进行检查，并应对其强度、安定性及其他必要的性能指标进行复验，其质量必须符合现行国家标准《通用硅酸盐水泥》GB 175—2007 等的规定。当在使用中对水泥质量有怀疑或水泥出厂超过 3 个月（快硬硅酸盐水泥超过 1 个月）时，应进行复验，并按复验结果使用。钢筋混凝土结构、预应力混凝土结构中严禁使用含有氯化物的水泥。

（2）混凝土外加剂种类较多，且均有相应的质量标准，使用时其质量及应用技术应符合国家现行标准和有关环境保护的规定。预应力混凝土结构中严禁使用含有氯化物的外加剂。钢筋混凝土结构中，当使用含有氯化物的外加剂时，混凝土中氯化物的总含量应符合现行国家标准《混凝土质量控制标准》GB 50164—2011 的规定。

（3）普通混凝土所用的粗细骨料的质量应符合国家现行标准《普通混凝土用砂、石质量及检验方法标准》JGJ 52—2006 的规定。混凝土用的粗骨料，其最大颗粒粒径不得超过构件截面最小尺寸的 1/4，且不得超过钢筋最小净距的 3/4。对于混凝土实心板，骨料的最大粒径不宜超过板厚的 1/3，且不得超过 40mm。

（4）拌制混凝土宜采用饮用水。当采用其他水源时，水质应符合国家现行标准《混凝土用水标准》JGJ 63—2006 的规定。

（5）混凝土中氯化物和碱的总含量应符合现行国家标准《混凝土结构设计规范》GB 50010—2010（2015 年版）和设计的要求。

2. 混凝土工程

混凝土工程是钢筋混凝土工程的重要组成部分，混凝土工程的施工过程包括混凝土的制备、运输、浇筑和养护等。

（1）混凝土配合比

混凝土配合比是指混凝土中各组成材料之间的比例关系。混凝土配合比通常用每立方米混凝土中各种材料的质量来表示，或以各种材料用量的比例来表示。混凝土配合比的确定可根据工程特点、组成材料的质量、施工方法等因素，通过理论计算和试配来确定。

1）设计混凝土配合比的基本要求

① 满足混凝土设计的强度等级。

② 满足施工要求的混凝土和易性。

③ 满足混凝土使用要求的耐久性。

④ 满足上述条件下做到节约水泥和降低混凝土成本。

从表面上看，混凝土配合比计算只是水泥、砂子、石子、水这四种组成材料的用量。实质上是根据组成材料的情况，确定满足上述四项基本要求的三大参数：水灰比、单位用水量和砂率。

2）混凝土配合比设计的步骤

混凝土应按国家现行标准《普通混凝土配合比设计规程》JGJ 55—2011 的有关规定，根据混凝土强度等级、耐久性和工作性等要求进行配合比设计。对有特殊要求的混凝土，其配合比设计尚应符合国家现行有关标准的专门规定。

① 混凝土的施工配制强度的确定。混凝土的施工配制强度可按公式（11-1）确定，以达到 95％的保证率。

$$f_{cu,o} \geqslant f_{cu,k} + 1.645\sigma \tag{11-1}$$

式中　$f_{cu,o}$——混凝土的施工配制强度，MPa；

$f_{cu,k}$——混凝土抗压强度标准值，MPa；

σ——施工单位的混凝土强度标准差，MPa。

当设计强度等级大于或等于 C60 时，施工配制强度应按照下式计算：$f_{cu,o} \geqslant 1.15 f_{cu,k}$。

② 计算水灰比 W/C。当混凝土强度等级小于 C60 时，混凝土的水灰比宜按下式计算：

$$W/C = \frac{\alpha_a \times f_{ce}}{f_{cu,o} + \alpha_a \times \alpha_b \times f_{ce}} \tag{11-2}$$

式中　W/C——水灰比；

α_a、α_b——回归系数，其中采用碎石时，$\alpha_a = 0.46$，$\alpha_b = 0.07$；采用卵石时，$\alpha_a = 0.48$，$\alpha_b = 0.33$。

当无水泥 28d 抗压强度实测值时，公式（11-2）中的 f_{ce} 值可按下式确定：

$$f_{ce} = \gamma_c f_{ce,g} \tag{11-3}$$

式中　γ_c——水泥强度等级值的富余系数，可按实际统计资料确定；

$f_{ce,g}$——水泥强度等级值，MPa。

③ 确定单位用水量 m_{w0}。可按施工要求的混凝土坍落度及骨料的种类、规格，按《普通混凝土配合比设计规程》JGJ 55—2011 中对混凝土用水量的参考值选定单位用水量。

④ 计算单位水泥用量 m_{c0}。每立方米混凝土的水泥用量可按下式计算：

$$m_{c0} = \frac{m_{w0}}{W/C} \tag{11-4}$$

为保证混凝土的耐久性，m_{c0} 要满足《普通混凝土配合比设计规程》JGJ 55—2011 中规定的最小水泥用量的要求，若 m_{c0} 小于规定的最小水泥用量，则应取规定的最小水泥用量值。计算的水泥用量不宜超过 550kg/m³，若超过应提高水泥强度等级。

⑤ 确定砂率 β_s。合理的砂率值主要应根据混凝土拌合物的坍落度、黏聚性及保水性等特征来确定，可按骨料种类、规格及混凝土的水灰比参考《普通混凝土配合比设计规程》JGJ 55—2011 选用合理的砂率。

⑥ 计算粗、细骨料用量 m_{g0}、m_{s0}。粗骨料和细骨料用量的确定，应符合下列规定：

a. 重量法。根据经验，如果原材料情况比较稳定，所配制的混凝土拌合物的表观密度将接近一个固定值，这就可以先假设每立方米混凝土拌合物的质量 m_{cp}，可列出下式：

$$m_{c0} + m_{g0} + m_{s0} + m_{w0} = m_{cp} \tag{11-5}$$

$$\beta_s = \frac{m_{s0}}{m_{g0} + m_{s0}} \times 100\% \tag{11-6}$$

式中　m_{c0}——每立方米混凝土的水泥用量，kg；

　　　　m_{g0}——每立方米混凝土的粗骨料用量，kg；

　　　　m_{s0}——每立方米混凝土的细骨料用量，kg；

　　　　m_{w0}——每立方米混凝土的用水量，kg；

　　　　β_s——砂率，%；

　　　　m_{cp}——每立方米混凝土拌合物的假定质量，其值可取 2350～2450kg。

由以上两个关系式可求出粗、细骨料的用量。

　　b. 体积法。假定混凝土拌合物的体积等于各组成材料绝对体积和混凝土拌合物中所含空气体积之和。因此在计算 $1m^3$ 混凝土拌合物的各材料用量时，可列出下式：

$$\frac{m_{c0}}{\rho_c}+\frac{m_{g0}}{\rho_g}+\frac{m_{s0}}{\rho_s}+\frac{m_{w0}}{\rho_w}+0.01\alpha=1 \tag{11-7}$$

$$\beta_s=\frac{m_{s0}}{m_{g0}+m_{s0}}\times100\% \tag{11-8}$$

式中　ρ_c——水泥的密度，可取 2900～3100kg/m³；

　　　　ρ_g——粗骨料的表观密度，kg/m³；

　　　　ρ_s——细骨料的表观密度，kg/m³；

　　　　ρ_w——水的密度，可取 1000kg/m³；

　　　　α——混凝土的含气量百分数，在不使用引气型外加剂时，α 可取 1。

由以上两个关系式可求出粗、细骨料的用量。

　　⑦ 试配及调整配合比。首次使用的混凝土配合比应进行开盘鉴定，其工作性应满足设计配合比的要求。开始生产时应至少留置一组标准养护试件，作为验证配合比的依据。混凝土拌制前，应测定砂、石含水率并根据测试结果调整材料用量，提出施工配合比。

　　（2）混凝土搅拌

　　混凝土的搅拌就是根据混凝土的配合比，把水泥、砂、石、外加剂、矿物掺合料和水通过搅拌的手段使其成为均质的混凝土。

　　1）混凝土搅拌机类型及选用

　　混凝土搅拌机按其工作原理可以分为自落式和强制式两大类。自落式混凝土搅拌机适用于搅拌塑性混凝土；强制式混凝土搅拌机的搅拌作用比自落式混凝土搅拌机强烈，适用于搅拌干硬性混凝土和轻骨料混凝土。

　　2）混凝土搅拌制度确定

　　为了拌制出均匀优质的混凝土，除合理地选择搅拌机外，还必须正确地确定搅拌制度，即进料容量、搅拌时间和投料顺序等。

　　① 进料容量。进料容量是指将搅拌前各种材料的体积累积起来的容量。不同类型的搅拌机都有一定的进料容量，搅拌机不宜超载过多，以免影响混凝土拌合物的均匀性，进料容量宜控制在搅拌机的额定容量以下。施工配料就是根据施工配合比以及施工现场搅拌机的型号，确定现场搅拌时原材料的进料容量。

　　② 搅拌时间。混凝土搅拌时间是指从原材料全部投入搅拌筒时起，到开始卸料时止所经历的时间。当掺有外加剂及矿物掺合料时，搅拌时间应适当延长；当采用自落式混凝土搅拌机时，搅拌时间宜延长 30s。搅拌时间与搅拌质量密切相关，为获得混合均匀、强

度和工作性能都满足要求的混凝土，所需的最短搅拌时间称为最小搅拌时间。混凝土搅拌的最短时间应满足表 11-4 的规定。

混凝土搅拌的最短时间 (s)　　　　　　　　　　　　　　　表 11-4

混凝土坍落度(mm)	搅拌机型	搅拌机出料量(L)		
		<250	250～500	>500
≤40	强制式	60	90	120
>40 且<100	强制式	60①	60	90
≥100	强制式	60		

③ 投料顺序。投料顺序是影响混凝土质量及搅拌机生产率的重要因素。按照原材料加入搅拌筒顺序的不同，常用的投料顺序有一次投料法和分次投料法。

a. 一次投料法是指在上料斗中先装石子，再加水泥和砂，然后一次投入搅拌机内。对于自落式混凝土搅拌机要在搅拌筒内先加部分水，投料时砂压住水泥，然后陆续加水，这样水泥不致飞扬，并且水泥和砂先进入搅拌筒形成水泥砂浆，可缩短包裹石子的时间。对于强制式混凝土搅拌机，因下料口在下部，不能先加水，应在投放干料的同时，缓慢、均匀、分散地加水。

b. 采用分次投料法时，应通过试验确定投料顺序、数量及分段搅拌的时间等工艺参数。掺合料宜与水泥同步投料，液体外加剂宜滞后于水和水泥投料，粉状外加剂宜溶解后再投料。试验表明，二次投料法的混凝土与一次投料法相比，可提高混凝土强度。在强度相同的情况下，可节约水泥。

预拌（商品）混凝土能够保证混凝土的质量、节约材料、减少施工临时用地、实现文明施工，因此得到了普遍应用，在很多城市中已经严格限制现场搅拌混凝土。

（3）混凝土的运输

混凝土的运输分为地面水平运输、垂直运输和高空水平运输三种情况。不论采用何种运输方法，混凝土在运输过程中都应满足下列要求：在运输过程中应保持混凝土的均质性，不发生离析现象；混凝土运至浇筑地点开始浇筑时，应满足设计配合比所规定的坍落度；应保证在混凝土初凝之前有充分的时间进行浇筑和振捣。

1）混凝土地面水平运输。如采用预拌（商品）混凝土且运输距离较远时，多用混凝土搅拌运输车。如混凝土来自工地搅拌站，则多用小型翻斗车，有时还用皮带运输机和窄轨翻斗车，近距离可用双轮手推车。

2）混凝土垂直运输。多采用塔式起重机、混凝土泵、快速提升机和井架。用塔式起重机时，混凝土多放在吊斗中，这样可以直接进行浇筑。

3）混凝土高空水平运输。如垂直运输采用塔式起重机，一般可将料斗中的混凝土直接卸在浇筑地点；如采用混凝土泵，则用布料机；如采用井架等，则用双轮手推车为主。

混凝土搅拌运输车由汽车底盘和混凝土搅拌运输专用装置组成，是一种有效的长距离混凝土运输工具。在混凝土搅拌站装入混凝土后，由于搅拌筒内有两条螺旋状叶片，在运输过程中搅拌筒可以慢速转动进行拌和，以防止混凝土离析，运至浇筑地点后，搅拌筒反转即可迅速卸出混凝土。搅拌筒容量一般为 2～10m³。

混凝土输送泵，又名混凝土泵，由泵体和输送管组成。是一种利用压力将混凝土沿管道连续输送的机械，主要用于房建、桥梁及隧道施工，可以一次完成水平及垂直运输，将混凝土直接输送到浇筑地点，是一种高效的混凝土运输方法。常用的混凝土输送管有钢管、橡胶管和塑料软管等，直径为 75～200mm，每段长度约 3m，还配有弯管和锥形管。将混凝土泵装到汽车上便成为混凝土泵车，还可以安装可伸缩或曲折的"布料杆"，其末端为一软管，可将混凝土直接送至浇筑地点。

混凝土泵宜与混凝土搅拌运输车配套使用，且应使混凝土搅拌站的供应能力和混凝土搅拌运输车的运输能力大于混凝土泵的泵送能力，以保证混凝土泵能连续工作，保证不堵塞。

（4）混凝土的浇筑

1）混凝土浇筑的一般规定

① 混凝土浇筑前应完成下列工作：隐蔽工程验收和技术复核；对操作人员进行技术交底；根据施工方案中的技术要求，检查并确认施工现场具备实施条件；施工单位应填报浇筑申请单，并经监理单位签认。

② 浇筑前应检查混凝土送料单，核对混凝土配合比，确认混凝土强度等级，检查混凝土运输时间，测定混凝土坍落度，必要时还应测定混凝土扩展度，在确认无误后再进行混凝土浇筑。

③ 混凝土运输、浇筑及间歇的全部时间不应超过混凝土的初凝时间。同一施工段的混凝土应连续浇筑，并应在底层混凝土初凝之前将上一层混凝土浇筑完毕。当底层混凝土初凝后浇筑上一层混凝土时，应按施工技术方案中对施工缝的要求进行处理。

④ 为防止发生离析现象，混凝土自高处倾落的自由高度不应超过 2m，在竖向结构中限制自由高度不宜超过 3m，否则应采用串筒、溜管或振动溜管使混凝土下落。

⑤ 混凝土拌合物入模温度不应低于 5℃，且不应高于 35℃。

⑥ 混凝土运输、输送、浇筑过程中严禁加水；混凝土运输、输送、浇筑过程中散落的混凝土严禁用于结构浇筑。

⑦ 混凝土应布料均衡。应对模板及支架进行观察和维护，发生异常情况应及时进行处理。混凝土浇筑和振捣应采取防止模板、钢筋、钢构、预埋件及其定位件移位的措施。

2）混凝土浇筑方法

为了使混凝土能振捣密实，同时为了保证在下层混凝土初凝之前将上一层混凝土浇筑完毕，应采用分层浇筑和连续浇筑的方法进行混凝土浇筑。

① 梁、板、柱、墙的浇筑。在每一施工层中，应先浇筑柱或墙。在每一施工段中的柱或墙应连续浇筑到顶。每排柱子由外向内对称顺序进行浇筑，以防柱子模板连续受侧推力而倾斜。柱、墙浇筑完毕后应停歇 1～1.5h，使混凝土拌合物获得初步沉实后，再浇筑梁、板混凝土。梁和板一般同时浇筑，从一端开始向前推进。当梁高大于 1m 时，才允许单独浇筑梁，此时的施工缝留在楼板板面下 20～30mm 处。

② 大体积混凝土结构浇筑。大体积混凝土结构由于承受的荷载大，整体性要求高，往往不允许留设施工缝，要求一次连续浇筑完毕。另外，大体积混凝土结构在浇筑后，水泥水化热量大而且聚积在内部不易散发，浇筑初期混凝土内部温度显著升高，而表面散热较快，这样形成较大的内外温差，混凝土内部产生压应力，而表面产生拉应力，则混凝土

表面会产生裂缝。在浇筑后期，当混凝土内部逐渐散热冷却产生收缩时，由于受到基底或已浇筑混凝土的约束，接触处将产生很大的拉应力，当拉应力超过混凝土当时龄期的极限抗拉强度时，便会产生裂缝。要防止大体积混凝土结构浇筑后产生裂缝，就要降低混凝土的温度应力。大体积混凝土施工温度控制应符合下列规定：混凝土入模温度不宜大于30℃，混凝土最大绝热温升不宜大于50℃；混凝土结构构件表面以内40～80mm位置处的温度与混凝土结构构件内部温度的差值不宜大于25℃，且与混凝土结构构件表面温度的差值不宜大于25℃；混凝土降温速率不宜大于2.0℃/d。为此应采取的措施有：应优先选用水化热低的水泥；在满足设计强度要求的前提下，尽可能减少水泥用量；掺入适量的粉煤灰（粉煤灰的掺量一般以15%～25%为宜）；降低浇筑速度和减小浇筑层厚度；采取蓄水法或覆盖法进行人工降温；必要时经过计算和取得设计单位同意后可留后浇带或施工缝，分层分段浇筑。

大体积混凝土结构的浇筑方案一般分为全面分层、分段分层和斜面分层三种（见图11-4）。全面分层法要求的混凝土浇筑强度较大，斜面分层法要求的混凝土浇筑强度较小，施工中可根据结构物的具体尺寸、捣实方法和混凝土供应能力，认真选择浇筑方案，目前应用较多的是斜面分层法。

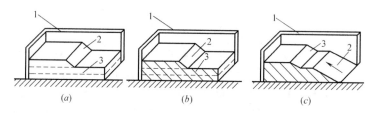

图 11-4　大体积混凝土浇筑方案

（a）全面分层；（b）分段分层；（c）斜面分层

1—模板；2—新浇筑的混凝土；3—已浇筑的混凝土

3）混凝土密实成型

① 混凝土振动密实成型。用于振动捣实混凝土拌合物的振动器按其工作方式可分为内部振动器、外部振动器、表面振动器和振动台四种（见图11-5）。

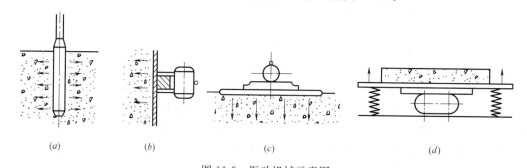

图 11-5　振动机械示意图

（a）内部振动器；（b）外部振动器；（c）表面振动器；（d）振动台

内部振动器又称插入式振动器，其工作部分是一棒状空心圆柱体，内部装有偏心振子，在电动机的带动下产生高速转动而产生高频微幅的振动。内部振动器适用于基础、柱、梁、墙等深度或厚度较大的结构构件的混凝土捣实。

振动棒振捣混凝土应按分层浇筑厚度分别进行振捣，振动棒的前端应插入前一层混凝土中，插入深度不应小于50mm；振动棒应垂直于混凝土表面并快插慢拔均匀振捣；当混凝土表面无明显塌陷、有水泥浆出现、不再冒气泡时，可结束该部位振捣；振动棒与模板的距离不应大于振动棒作用半径的0.5倍；振捣插点间距不应大于振动棒作用半径的1.4倍。振动棒移动方式有行列式和交错式两种（见图11-6）。

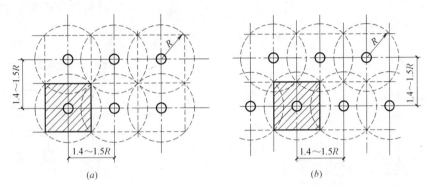

图 11-6　振动棒插点的布置（R＝8～10倍振动棒直径）
(a) 行列式；(b) 交错式

外部振动器又称附着式振动器，它是直接固定在模板上，利用带偏心块的振动器产生的振动通过模板传递给混凝土拌合物，达到振实目的，适用于振捣断面较小或钢筋较密的柱、梁、墙等构件。使用外部振动器时，应考虑其有效作用范围约1～1.5m，作用深度约250mm。当构件尺寸较厚时，需在构件两侧安设振动器同时进行振动。当钢筋配置较密和构件断面较深较窄时，可采取边浇筑边振动的方法。

表面振动器又称平板振动器，是放在混凝土表面进行振捣，适用于振捣楼板、地面和薄壳等薄壁构件。当采用表面振动器时，要求振动器的平板与混凝土保持接触，其移动间距应保证振动器的平板能覆盖已振实部分的边缘，应相互搭接30～50mm，以保证衔接处混凝土的密实。最好振捣两遍，两遍方向互相垂直。第一遍主要使混凝土密实，第二遍主要使混凝土表面平整。每一位置的延续时间一般为25～40s，以混凝土表面均匀出现浮浆为准。

振动台是混凝土预制构件厂中的固定生产设备，用于振实预制构件。

② 混凝土真空作业法。混凝土真空作业法是指借助于真空负压，将水从刚浇筑成型的混凝土拌合物中吸出，同时使混凝土拌合物密实的一种成型方法。按真空作业的方式分为表面真空作业和内部真空作业。表面真空作业是在混凝土构件的上、下表面或侧面布置真空腔进行吸水。上表面真空作业适用于楼板、预制混凝土平板、道路、机场跑道等；下表面真空作业适用于薄壳、隧道顶板等；墙壁、水池、桥墩等则宜采用侧表面真空作业。有时还可将上述几种方法结合使用。

4）施工缝留置及处理

混凝土结构多要求整体浇筑，但由于技术上或组织上的原因，浇筑不能连续进行，且中间的间歇时间有可能超过混凝土的初凝时间时，则应事先确定在适当位置留置施工缝。施工缝的位置应在混凝土浇筑前按设计要求和施工技术方案确定。由于施工缝是结构中的薄弱环节，因此，施工缝宜留置在结构受剪力较小且便于施工的部位。柱子宜留在基础顶面、梁或吊车梁牛腿的下面、吊车梁的上面、无梁楼盖柱帽的下面（见图 11-7），同时又要照顾到施工的方便。与板连成整体的大断面梁应留在板底面以下 20～30mm 处，当板下有梁托时，留置在梁托下部。单向板应留在平行于板短边的任何位置。有主次梁楼盖的宜顺着次梁方向浇筑，应留在次梁跨度中间 1/3 跨度范围内（见图 11-8），楼梯应留在楼梯长度中间 1/3 长度范围内。墙可留在门洞口过梁跨中 1/3 范围内，也可留在纵横墙的交接处。双向受力的楼板、大体积混凝土结构、拱、薄壳、多层框架等及其他复杂的结构，应按设计要求留置施工缝。

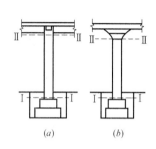

图 11-7　柱子的施工缝位置
（a）梁板式结构；（b）无梁楼盖结构

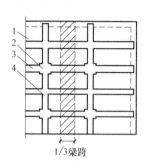

图 11-8　有主次梁楼盖的施工缝位置
1—楼板；2—柱；3—次梁；4—主梁

在施工缝处继续浇筑混凝土时，应除掉水泥薄膜和松动石子，加以湿润并冲洗干净，先铺抹水泥浆或与混凝土砂浆成分相同的砂浆一层，待已浇筑的混凝土的强度不低于 $1.2N/mm^2$ 时才允许继续浇筑。

如设计留有后浇带，宜选用专用模板，何时浇筑混凝土由设计确定，混凝土应浇捣密实，防止渗漏水。

（5）混凝土的养护

混凝土的养护一般可分为标准养护、加热养护和自然养护。选择养护方式应考虑现场条件、环境温湿度、构件特点、技术要求、施工操作等因素。

1）标准养护。混凝土在温度为（20±3）℃，相对湿度为 90％以上的潮湿环境或水中进行的养护，称为标准养护。用于对混凝土立方体试件进行养护。

2）加热养护。为了加速混凝土的硬化过程，对混凝土拌合物进行加热处理，使其在较高的温度和湿度环境下迅速凝结、硬化的养护，称为加热养护。常用的加热养护方法是蒸汽养护。

3）自然养护。在常温下（平均气温不低于 5℃）采用适当的材料覆盖混凝土，并采取浇水润湿、防风防干、保温防冻等措施所进行的养护，称为自然养护。自然养护分洒水养护和喷涂薄膜养生液养护两种。洒水养护就是用草帘将混凝土覆盖，经常浇水使其保持湿润。喷涂薄膜养生液养护适用于不宜浇水养护的高耸构筑物和大面积混凝土结构。喷涂薄膜养生液养护能阻止混凝土内部水分的过早过多蒸发，保证水泥充分水化。

混凝土的自然养护应符合下列规定：

① 应在浇筑完毕后的 12h 以内对混凝土加以覆盖并保湿养护；干硬性混凝土应于浇筑完毕后立即进行养护。当日最低温度低于 5℃时，不应采用洒水养护。

② 混凝土浇筑后应及时进行保湿养护，保湿养护可采用洒水、覆盖、喷涂养护剂等方式。混凝土洒水养护的时间：采用硅酸盐水泥、普通硅酸盐水泥或矿渣硅酸盐水泥配制的混凝土，不应少于 7d；采用其他品种水泥时，养护时间应根据水泥性能确定；采用缓凝型外加剂、大掺量矿物掺合料配制的混凝土，不应少于 14d；抗渗混凝土、强度等级 C60 及以上的混凝土，不应少于 14d；后浇带混凝土，不应少于 14d；地下室底层和上部结构首层柱、墙混凝土带模养护，不宜少于 3d。

③ 浇水次数应能保持混凝土处于湿润状态，混凝土养护用水应与拌制用水相同。

④ 采用塑料布覆盖养护的混凝土，其敞露的全部表面应覆盖严密，并应保持塑料布内有凝结水。

⑤ 混凝土强度达到 $1.2N/mm^2$ 前，不得在其上踩踏、堆放荷载、安装模板及支架。

（6）新型混凝土技术

1）高性能混凝土技术

高性能混凝土是一种新型的高技术混凝土，是在提高常规混凝土性能的基础上采用现代混凝土技术，选用优质原材料，掺入足够数量的活性细掺合料和高性能外加剂拌制而成的混凝土。它以耐久性作为设计的主要指标，针对不同用途要求，保证混凝土的适用性和强度并达到高耐久性、高工作性、高体积稳定性和经济性。它不一定是高强混凝土，而是包括具有良好性能的各种等级的混凝土。其结构特征体现为空隙率低，有良好的孔分布，不存在或存在极少量的 100nm 以上的有害孔；水化物中 C—S—H 和 Aft 多，而 $Ca(OH)_2$ 少；包括矿物掺合料在内的未水化颗粒多，且具有最小孔隙率和最佳水泥结晶度；消除了集料和水泥石界面薄弱层，界面强度接近于水泥石或集料强度。总体上讲，其施工与普通混凝土相同，但对混凝土生产和施工过程中的质量控制具有较严格要求。

2）超高泵送混凝土技术

通常将泵送高度超过 200m 的泵送混凝土的配制、生产、运输、泵送、布料等全过程形成的成套技术称为超高泵送混凝土技术。原材料选择中水泥要考虑流变性，细集料要考虑混凝土等级选用不同细度模数的中砂，掺合料需从活性、颗粒组成、减水效果、水化热、泵送性能方面综合考虑。

3）自密实混凝土技术

自密实混凝土（SCC）是指具有超高的流动性和抗离析性能的混凝土，在自重的作用下，不需要任何密实成型措施，能通过钢筋的稠密区而不留下任何孔洞，自动充满整个模腔，并具有均质性和体积稳定性的混凝土。使用矿物掺合料的自密实混凝土，宜选用硅酸盐水泥或普通硅酸盐水泥，外加剂宜选用聚羧酸高性能减水剂，掺合料宜选用粉煤灰，掺量根据混凝土所处的环境条件而定。骨料要选择接近圆形的骨料，针片状含量一般应控制在小于 5%，配合比可采用体积法和直接法计算。

4）抗氯盐高性能混凝土技术

抗氯盐高性能混凝土是指使用混凝土常规材料、常规工艺，以较低水胶比，适当掺加优质掺合料和较严格的质量控制制作而成的具高抗氯离子渗透性、高体积稳定性、良好工作性及高强度的混凝土。主要用于防止或延缓处于氯盐污染环境的混凝土结构发生钢筋腐蚀。原材料考虑标准稠度低、强度等级不低于 42.5MPa 的中热硅酸盐水泥、普通硅酸盐水泥，不宜采用其他水泥；细骨料宜选用级配良好、细度模数 2.6～3.2 的中粗砂；粗骨料宜选用质地坚硬、级配良好、针片状少、孔隙率小的碎石，其岩石抗压强度宜大于 100MPa，或碎石压碎指标不大于 10％；减水剂应选用与水泥匹配的坍落度损失小的高效减水剂，其减水率不宜小于 20％；掺合料应选用细度不小于 $4000cm^2/m^3$ 的磨细高炉矿渣，Ⅰ、Ⅱ级粉煤灰，硅灰等。配合比设计同普通高性能混凝土，需注意粗骨料最大粒径不宜大于 25mm，胶凝材料浆体体积宜为混凝土体积的 35％左右；应通过降低水胶比和调整掺合料的掺量使抗氯离子渗透性指标达到规定要求。

3. 混凝土冬期与高温施工

（1）混凝土冬期施工

当室外日平均气温连续 5 日稳定低于 5℃时，应采取冬期施工措施；当混凝土未达到受冻临界强度而气温骤降至 0℃以下时，应按冬期施工的要求采取应急防护措施。

冬期施工配制混凝土宜选用硅酸盐水泥或普通硅酸盐水泥，采用蒸汽养护时，宜选用矿渣硅酸盐水泥。采用非加热养护方法时，混凝土中宜掺入引气剂、引气型减水剂或含有引气组分的外加剂，混凝土含气量宜控制在 3.0％～5.0％。

1）混凝土受冻临界强度

混凝土受冻临界强度是指混凝土在遭受冻结前具备抵抗冰胀应力的能力，使混凝土受冻后的强度损失不超过 5％，而必需的临界强度。

受冻的混凝土在解冻后，其强度虽能继续增长，但已不能达到原设计的强度等级。混凝土遭受冻结后强度损失，与遭受冻结时间的早晚、冻结前混凝土的强度、水灰比等有关。遭受冻结时间愈早、受冻前强度愈低、水灰比愈大，则强度损失愈多，反之则损失愈少。为了减少混凝土受冻后的强度损失，保证解冻后混凝土的强度能达到设计要求的强度等级，必须使混凝土在受冻前具备抵抗冰胀应力的能力。经过试验得知，混凝土经过预先养护达到某一强度后再遭受冻结，混凝土解冻后强度还能继续增长，能达到设计强度的 95％以上，对结构强度影响不大。

2）混凝土冬期施工措施

在进行混凝土冬期施工时，为确保混凝土在遭受冻结前达到受冻临界强度，可采用下列措施：

① 采用高活性水泥、高强度等级水泥、快硬水泥等。

② 降低水灰比，减少用水量，使用低流动性或干硬性混凝土。

③ 浇筑前将混凝土或其组成材料加温，提高混凝土的入模温度，使混凝土既早强又不易冻结。

④ 对已经浇筑的混凝土采取保温或加温措施，人工制造一个适宜的温湿条件，对混凝土进行养护。

⑤ 搅拌时，加入一定的外加剂，加速混凝土硬化，使其尽快达到临界强度，或降低水的冰点，使混凝土在负温下不致冻结。

3）混凝土冬期养护方法

混凝土冬期养护方法的三个基本要素是混凝土的入模温度、围护层的总传热系数和水泥水化热值。应通过热工计算调整以上三个要素，目的是使混凝土冷却到 0℃时，混凝土强度能达到临界强度的要求。混凝土冬期养护方法主要有三类：混凝土养护期间不加热的方法，如蓄热法、掺外加剂法等；混凝土养护期间加热的方法，如电热法、蒸汽加热法和暖棚法等；综合方法，即把上述两类方法综合应用，如目前常用的综合蓄热法，即在蓄热法基础上掺外加剂（早强剂或防冻剂）或进行短时加热等综合措施。

① 蓄热法。蓄热法是利用混凝土原材料预热的热量及水泥水化热，通过适当的保温覆盖措施，延缓混凝土的冷却速度，使混凝土在冻结前达到受冻临界强度的一种冬期施工方法，适用于室外最低温度不低于−15℃的地面以下工程和表面系数（指结构冷却的表面与全部体积的比值）不大于 15 的结构。

采用蓄热法时，宜用强度等级高、水化热大的硅酸盐水泥或普通硅酸盐水泥，掺用早强型外加剂，适当提高入模温度，外部早期短时加热；同时选用传热系数较小、价廉耐用的保温材料。

② 掺外加剂法。在混凝土中加入适量的抗冻剂、早强剂、减水剂及加气剂，可使混凝土在负温下进行水化作用，增强强度。同时可使混凝土冬期施工工艺大大简化，节省能源和附加设备，降低冬期施工的工程造价，是常用的施工方法之一。

加入抗冻剂，可降低混凝土中水的冰点，使之在一定负温下不冻结，为水泥水化提供必要的水分。加入早强剂，可使混凝土在液相存在的条件下，加速水泥水化的过程，使混凝土早期强度迅速增长。加入减水剂，可减少用水量，以减轻因水的冻结对混凝土产生的危害。加入加气剂，可使混凝土内部存在大量微小封闭的气泡，可缓解冰胀应力并提高混凝土的抗冻耐久性。

③ 电热法。电热法是利用电流通过导体混凝土发出的热量，加热养护混凝土。电热法耗电量较大，附加费用较高。电热法有三种，电极法、电炉法和综合法，以电极法较为常用。

④ 蒸汽加热法。蒸汽加热养护分为湿热养护和干热养护两类。湿热养护是让蒸汽与混凝土直接接触，利用蒸汽的湿热作用来养护混凝土，常用的有棚罩法、蒸汽套法以及内部通气法。而干热养护则是将蒸汽作为热载体，通过某种形式的散热器，将热量传导给混凝土使其升温，毛管法和热膜法就属于这类。

⑤ 暖棚法。是在要养护的建筑结构或构件周围用保温材料搭起暖棚，棚内设置热源，以维持棚内的正温环境，使混凝土浇筑和养护如同在常温中一样。但暖棚搭设需大量材料和人工，能耗高，费用较大，一般只用于建筑物面积不大而混凝土工程又很集中的工程采用。暖棚法养护混凝土时，棚内温度不得低于5℃，并应保持混凝土表面湿润。

（2）混凝土高温施工

当日平均气温达到30℃及以上时，应按高温施工要求采取措施。

高温施工宜采用低水泥用量的原则，并可采用粉煤灰取代部分水泥。宜选用水化热较低的水泥；混凝土坍落度不宜小于70mm，混凝土浇筑入模温度不应高于35℃。

11.3　预应力混凝土工程施工

预应力混凝土是在构件承受外荷载前，预先在构件的受拉区对混凝土施加预压力，这种压力通常称为预应力。构件在使用阶段的外荷载作用下产生的拉应力，首先要抵消预应力，这就推迟了混凝土裂缝的出现，同时也限制了裂缝的开展，从而提高了构件的抗裂度和刚度。对混凝土构件受拉区施加预应力的方法，是张拉受拉区中的预应力钢筋，通过预应力钢筋和混凝土间的黏结力或锚具，将预应力钢筋的弹性收缩力传递到混凝土构件中，并产生预压力。

11.3.1 预应力钢筋的种类及对混凝土的要求

主要有冷拔低碳钢丝、冷拉钢筋、高强钢丝、钢绞线、热处理钢筋等。

（1）冷拔低碳钢丝

冷拔低碳钢丝是由圆盘的 HPB235 级钢筋在常温下通过拔丝模冷拔而成，常用的钢丝直径为 3mm、4mm 和 5mm。冷拔低碳钢丝强度比原材料屈服强度显著提高，但塑性降低，适用于小型构件的预应力筋。

（2）冷拉钢筋

冷拉钢筋是将 HRB335、HRB400、RRB400 级热轧钢筋在常温下通过张拉到超过屈服点的某一应力，使其产生一定的塑性变形后卸荷，再经时效处理而成。冷拉钢筋的塑性和弹性模量有所降低而屈服强度和硬度有所提高，可直接用作预应力钢筋。

（3）高强钢丝

高强钢丝是用优质碳素钢热轧盘条经冷拔制成，然后可用机械方式对钢丝进行压痕处理形成刻痕钢丝，对钢丝进行低温（一般低于 500℃）矫直回火处理后便成为矫直回火钢丝。常用的高强钢丝分为冷拉和矫直回火两种，按外形分为光面、刻痕和螺旋肋三种。预应力钢丝经矫直回火后，可消除钢丝冷拔过程中产生的残余应力，这种钢丝通常被称为消除应力钢丝。消除应力钢丝的松弛损失虽比消除应力前低一些，但仍然较高，经"稳定化"处理后，钢丝的松弛值仅为普通钢丝的 0.25～0.33，这种钢丝被称为低松弛钢丝，目前已在国内外广泛应用。常用高强钢丝的直径有 4.0mm、5.0mm、6.0mm、7.0mm、8.0mm 和 9.0mm 等几种。

（4）钢绞线

钢绞线一般是由几根碳素钢丝围绕一根中心钢丝在绞丝机上绞成螺旋状，再经低温回火制成。钢绞线的直径较大，一般为 9～15mm，较柔软，施工方便，但价格较贵。钢绞线的强度较高。钢绞线规格有 2 股、3 股、7 股和 19 股等。7 股钢绞线由于面积较大、柔软、施工定位方便，适用于先张法和后张法预应力结构与构件，是目前国内外应用最广的一种预应力筋。

（5）热处理钢筋

热处理钢筋是由普通热轧中碳合金钢经淬火和回火调质热处理制成，具有高强度、高韧性和高黏结力等优点，直径为 6～10mm。产品钢筋为直径 2m 的弹性盘卷，每盘长度为 100～120m。热处理钢筋的螺纹外形有带纵肋和无纵肋两种。

近年来，我国强度高、性能好的预应力钢筋（钢丝、钢绞线）已可充分供应，故提倡用高强的预应力钢绞线、钢丝作为我国预应力混凝土结构的主力钢筋。

在预应力混凝土结构中，混凝土的强度等级不应低于C30；当采用钢绞线、钢丝、热处理钢筋作为预应力钢筋时，混凝土强度等级不宜低于C40。在预应力混凝土构件的施工中，不能掺用对钢筋有侵蚀作用的氯盐等，否则会发生严重的质量事故。

11.3.2 预应力的施加方法

预应力的施加方法，根据与构件制作相比较的先后顺序，分为先张法、后张法两大类。当工程所处环境温度低于−15℃时，不宜进行预应力筋张拉。

1. 先张法

先张法是在台座或模板上先张拉预应力筋并用夹具临时固定，再浇筑混凝土，待混凝土达到一定强度后，放张预应力筋，通过预应力筋与混凝土的黏结力，使混凝土产生预压应力的施工方法，如图 11-9 所示。

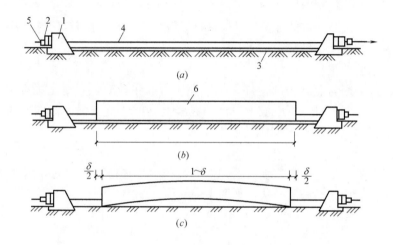

图 11-9　先张法生产示意图

（a）张拉预应力筋；（b）浇筑混凝土；（c）放张预应力筋

1—台座承力结构；2—横梁；3—台面；4—预应力筋；5—锚固夹具；6—混凝土构件

先张法多用于预制构件厂生产定型的中小型构件，也常用于生产预应力桥跨结构等。先张法工艺流程见图 11-10。

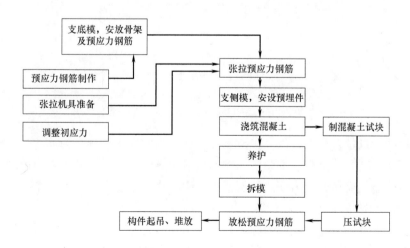

图 11-10　先张法工艺流程图

（1）预应力筋的张拉

预应力筋的张拉应根据设计要求采用合适的张拉方法、张拉顺序及张拉程序进行，并应有可靠的质量保证措施和安全技术措施。预应力筋的张拉一般采用 $0 \rightarrow 1.03\sigma_{con}$ 或 $0 \rightarrow 1.05\sigma_{con}$（持荷 2min）$\rightarrow \sigma_{con}$，目的是为了减少预应力的松弛损失。

（2）混凝土的浇筑与养护

采用重叠法生产构件时，应待下层构件的混凝土强度达到 5.0MPa 后，方可浇筑上层构件的混凝土。

混凝土可采用自然养护或湿热养护。但必须注意，当预应力混凝土构件进行湿热养护时，应采取正确的养护制度以减少由于温差引起的预应力损失。先张法在台座上生产预应力混凝土构件，其最高允许的养护温度应根据设计规定的允许温差（张拉钢筋时的温度与台座养护温度之差）计算确定。

（3）预应力筋放张

为保证预应力筋与混凝土的良好黏结，预应力筋张拉时，混凝土强度应符合设计要求；当设计无具体要求时，不应低于设计的混凝土立方体抗压强度标准值的 75%，先张法预应力筋放张时不应低于 30MPa。

2. 后张法

后张法是在混凝土达到一定强度的构件或结构中，张拉预应力筋并用锚具永久固定，使混凝土产生预压应力的施工方法，如图 11-11 所示。

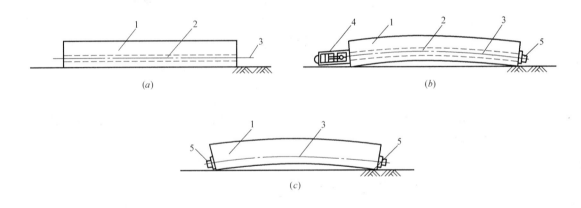

图 11-11　后张法生产示意图

（a）制作混凝土构件；（b）张拉钢筋；（c）孔道灌浆、张拉和锚固

1—混凝土构件；2—预留孔道；3—预应力筋；4—千斤顶；5—锚具

后张法的特点是直接在构件上张拉预应力筋，构件在张拉预应力筋的过程中完成混凝土的弹性压缩，因此，混凝土的弹性压缩不直接影响预应力筋有效预应力值的建立。后张法预应力的传递主要靠预应力筋两端的锚具。锚具作为预应力构件的一个组成部分，永远留在构件上，不能重复使用。

后张法施工分为有黏结预应力施工和无黏结预应力施工。后张法宜用于现场生产大型预应力构件、特种结构和构筑物，可作为一种预应力预制构件的拼装手段。

（1）锚具

后张法预应力筋、锚具和张拉机具是配套使用的。锚具是建立预应力值和保证结构安全的关键。要求锚具尺寸形状准确，有足够的强度和刚度，受力后变形小，锚固可靠，不致产生预应力筋的滑移和断裂。此外还要求取材容易、加工容易、成本低、使用方便。

（2）张拉机具

1）拉杆式千斤顶

拉杆式千斤顶适用于张拉带有螺杆式和墩式锚具的单根粗钢筋、钢筋束或钢丝束。

2）穿心式千斤顶

常用的穿心式千斤顶为 YC-60 型，适用于张拉各种形式的预应力筋，是应用最广泛的张拉机具。

3）锥锚式双作用千斤顶

锥锚式双作用千斤顶适用于张拉以 KT-Z 型锚具为张拉锚具的钢筋束和钢绞线束，以及以钢质锥形锚具为张拉锚具的钢丝束。这种锚具能完成张拉和顶锚两个动作。

（3）后张法施工工艺

后张法工艺流程见图 11-12。

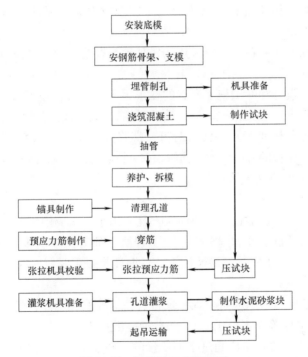

图 11-12　后张法工艺流程图

1）孔道的留设

孔道的留设是后张法构件制作的关键工序之一。有黏结预应力筋预留孔道的规格、数量、位置和形状除应符合设计要求外，尚应符合下列规定：预留孔道的定位应牢固，浇筑混凝土时不应出现移位和变形；孔道应平顺，端部的预埋锚垫板应垂直于孔道中心线；成孔用管道应密封良好，接头应严密且不得漏浆；灌浆孔的间距对预埋金属螺旋管不宜大于30m，对抽芯成形孔道不宜大于12m；在曲线孔道的曲线波峰部位应设置排气兼泌水管，必要时可在最低点设置排水孔；灌浆孔及泌水管的孔径应能保证浆液畅通。孔道留设的方

219

法有以下几种：

① 钢管抽芯法。预先将钢管埋设在模板内孔道位置处，在混凝土浇筑过程中和浇筑后，每间隔一定时间慢慢转动钢管，使之不与混凝土黏结，待混凝土初凝后、终凝前抽出钢管，形成孔道。该法只可留设直线孔道。

② 胶管抽芯法。胶管有五层或七层夹布胶管和钢丝网胶管两种，用间距不大于 0.5m 的钢筋井字架固定位置，在浇筑混凝土前胶管内充入压力为 0.6～0.8MPa 的压缩空气或压力水，此时胶管直径可增大约 3mm，待浇筑的混凝土初凝以后，放出压缩空气或压力水，管径缩小而与混凝土脱离，随即抽出胶管，形成孔道。胶管抽芯法与钢管抽芯法相比，它的弹性好，便于弯曲。因此，它不仅可留设直线孔道，也能留设曲线孔道。

③ 预埋波纹管法。金属波纹管是用 0.3～0.5mm 厚的钢带由专用的制管机卷制而成，预埋时用间距不大于 0.8m 的钢筋井字架固定。波纹管与混凝土有良好的黏结力，波纹管预埋在构件中，浇筑混凝土后永不抽出。

2）预应力筋张拉

张拉预应力筋时，构件混凝土的强度应按设计规定，如设计无规定，则不低于设计的混凝土立方体抗压强度标准值的 75%。对后张法预应力梁和板，现浇结构混凝土的龄期分别不宜小于 7d 和 5d。

后张法预应力筋的张拉程序与所采用的锚具种类有关，为减少松弛应力损失，张拉程序一般与先张法相同。

预应力筋应根据设计和专项施工方案的要求采用一端或两端张拉。采用两端张拉时，宜两端同时张拉，也可一端先张拉，另一端补张拉。当设计无具体要求时，应符合下列规定：①有黏结预应力筋长度不大于 20m 时可一端张拉，大于 20m 时宜两端张拉；预应力筋为直线形时，一端张拉的长度可延长至 35m；②无黏结预应力筋长度不大于 40m 时可一端张拉，大于 40m 时宜两端张拉。

3）孔道灌浆

预应力筋张拉后，应随即进行孔道灌浆，孔道内水泥浆应饱满、密实，以防预应力筋锈蚀，同时增加结构的抗裂性和耐久性。当工程所处环境温度高于 35℃或连续 5 日环境日平均温度低于 5℃时，不宜进行灌浆施工。冬期灌浆施工时，应对预应力构件采取保温措施或采用抗冻水泥浆。

灌浆用水泥浆的原材料除应符合国家现行有关标准的规定外，尚应符合下列规定：

① 水泥宜采用强度等级不低于 42.5 的普通硅酸盐水泥；

② 水泥浆中氯离子含量不应超过水泥质量的 0.06%；

③ 拌和用水和掺加的外加剂中不应含有对预应力筋或水泥有害的成分。

灌浆用水泥浆的性能、制备及使用应符合下列规定：

① 采用普通灌浆工艺时稠度宜控制在 12～20s，采用真空灌浆工艺时稠度宜控制在 18～25s；

② 水胶比不应大于 0.45；

③ 自由泌水率宜为 0，且不应大于 1%，泌水应在 24h 内全部被水泥浆吸收；

④ 自由膨胀率不应大于 10%；

⑤ 边长为 70.7mm 的立方体水泥浆试块 28d 标准养护的抗压强度不应低于 30MPa；

⑥ 所采用的外加剂应与水泥做配合比试验并确定掺量后使用；

⑦ 水泥浆宜采用高速搅拌机进行搅拌，搅拌时间不应超过 5min；

⑧ 水泥浆拌和后至灌浆完毕的时间不宜超过 30min。

灌浆施工应符合下列规定：

① 宜先灌注下层孔道，后灌注上层孔道；

② 灌浆应连续进行，直至排气管排除的浆体稠度与注浆孔处相同且没有出现气泡后，再顺浆体流动方向将排气孔依次封闭；全部封闭后，宜继续加压 0.5～0.7MPa，并稳压 1～2min 后封闭灌浆口；

③ 当泌水较大时，宜进行二次灌浆或泌水孔重力补浆；

④ 因故停止灌浆时，应用压力水将孔道内已注入的水泥浆冲洗干净。

11.3.3 无黏结预应力混凝土与有黏结预应力混凝土

无黏结预应力施工方法是后张法预应力混凝土的发展。在普通后张法预应力混凝土中，预应力筋与混凝土通过灌浆或其他措施相互间存在黏结力，在使用荷载作用下，构件的预应力筋与混凝土不会产生纵向的相对滑动。无黏结预应力技术在国外发展较早，近年来在我国也得到了较大的推广。

无黏结预应力施工方法是：在预应力筋表面刷涂料并包塑料布（管）后，如同普通钢筋一样先铺设在安装好的模板内，然后浇筑混凝土，待混凝土达到设计要求的强度后，进行预应力筋张拉锚固。这种预应力工艺的优点是不需要预留孔道和灌浆，施工简单，张拉时摩阻力较小，预应力筋易弯成曲线形状，适用于曲线配筋的结构。在双向连续平板和密肋板中应用无黏结预应力束比较经济合理，在多跨连续梁中也很有发展前途。

有黏结预应力混凝土施工技术是采用在结构或构件设计配筋位置预留孔道，待混凝土硬化达到设计强度后，穿入预应力筋，施加预应力，并通过专用锚具将预应力筋锚固在结构中，然后在孔道中灌入水泥浆的一种预应力混凝土施工技术。该技术可用于多高层房屋建筑的楼板、转换层和框架结构等，以抵抗大跨度或重荷载在混凝土结构中的效应，提高结构、构件性能，降低造价，也可用于电视塔、核电站、安全壳、水泥仓等特种结构，在各类大跨度桥梁结构中该技术也得到了广泛使用。

有黏结预应力筋应整束张拉；对直线形或平行编排的有黏结预应力钢绞线束，当各根钢绞线不受叠压影响时，也可逐根张拉。

11.4 钢结构工程施工

11.4.1 钢结构选材及构件的制作加工

1. 钢结构选材

结构设计和施工对钢材均有要求，必须根据需要对钢材的强度、塑性、韧性、耐疲劳性能、焊接性能、耐腐蚀性能等综合考虑优化选用。对厚钢板结构、焊接结构、低温结构和采用含碳量高的钢材制作的结构，应防止脆性破坏。

承重结构的钢材应保证抗拉强度、伸长率、屈服点和硫、磷的极限含量。焊接结构应保证碳的极限含量。必要时还应有冷弯试验的合格证。

2. 钢结构构件的制作加工

（1）钢结构放样

放样时，以 1:1 的比例在样板台上弹出大样。当大样尺寸过大时，可分段弹出。对于一些三角形构件，如只对其节点有要求的可以缩小比例弹出样子，但应注意精度。放样结束后，应进行自检。检查样板是否符合图纸要求，核对样板加工数量。本工序结束后报专职人员检验。

（2）钢材切割下料

钢材的切割可以通过切削、冲剪、摩擦机械力和热切割来实现。常用的切割方法有：机械剪切、气割和等离子切割三种方法。

（3）钢构件模具压制与制孔

1）模具压制

模具压制是在压力设备上利用模具使钢材成型的一种工艺方法。钢材及构件成型的好坏与精度，完全取决于模具的形状尺寸和制造质量。当室温低于−20℃时应停止施工，以免钢板冷脆而发生裂缝。

2）钢构件制孔

钢结构制作中，常用的制孔方法有钻孔、冲孔、铰孔、扩孔等，施工时可根据不同的技术要求合理选用。

① 钻孔。钻孔是钢结构制作中普遍采用的制孔方法，能用于任何规格的钢板、型钢的孔加工。

② 冲孔。冲孔是在冲孔机（冲床）上进行的，一般只能在较薄的钢板或型钢上冲孔。

③ 铰孔。铰孔是用铰刀对已经粗加工的孔进行精加工，以提高孔的光洁度和精度。铰孔时必须选择好铰削用量和冷却润滑液。

④ 扩孔。扩孔系将已有孔眼扩大到需要的直径，常用的扩孔工具有扩孔钻或麻花钻。扩孔主要用于构件的拼装和安装。

（4）钢构件边缘加工

对外露边缘、焊接边缘、直接传力的边缘，需要进行铲、刨、铣等再加工。根据不同要求，一般采用风铲、刨边机、碳弧气刨、端面铣床等机具设备进行。

（5）钢构件弯曲成型

弯曲加工是根据构件形状的需要，利用加工设备和一定的工具、模具把板材或型钢弯制成一定形状的工艺方法。在钢结构制造中，用弯曲方法加工构件的种类非常多，可根据构件的技术要求和已有的设备条件进行选择。工程中，常用的分类方法及其适用范围如下：

1）按钢构件的加工方法可分为压弯、滚弯和拉弯三种。压弯适用于一般的直角弯曲（V 形件）、双直角弯曲（U 形件），以及其他适宜弯曲的构件；滚弯适用于滚制圆筒形构件及其他弧形构件；拉弯主要用于将长条板材拉制成不同曲率的弧形构件。

2）按构件的加热程度可分为冷弯和热弯两种。冷弯是在常温下进行弯制加工，适用于一般薄板、型钢等的加工；热弯是将钢材加热至 950~1100℃，在模具上进行弯制加工，适用于板厚及较复杂形状构件、型钢等的加工。

（6）钢构件矫正

矫正就是通过外力或加热作用制造新的变形，去抵消已经发生的变形，使材料或结构平直或达到一定的几何形状要求，从而符合技术标准的一种工艺方法。矫正的形式主要有三种，即矫直、矫平和矫形。矫正方法有以下几种：手工矫正、机械矫正、火焰矫正和混合矫正。

11.4.2 钢结构的连接与钢构件的组装、预拼装

1. 钢结构的连接

钢结构的连接方法分为焊接、螺栓连接、铆接等。

（1）焊接

焊接连接有气焊、接触焊和电弧焊等方法。电弧焊又分为手工焊、自动焊和半自动焊三种。钢结构的焊接方法应根据结构特性、材料性能、厚度以及生产条件确定。采用电弧焊时，常用的焊条型号是 E43××型和 E50××型。

焊接是使用最普遍的方法，该方法对几何形体适应性强，构造简单，省材省工，易于自动化，工效高。但是焊接属于热加工过程，对材质要求高，对工人的技术水平要求也高，焊接程序严格，质量检验工作量大。

（2）螺栓连接

螺栓连接分为普通螺栓连接和高强度螺栓连接两种。普通螺栓连接一般有粗制螺栓和精制螺栓两种。粗制螺栓由圆钢热压而成，表面粗糙，受剪能力较差，一般用于安装连接中；精致螺栓抗剪能力好，制作比较费工，成本较高，较少采用。普通螺栓连接装卸方便，设备简单，工人易于操作。但是对于该方法，螺栓精度低时不宜受剪，螺栓精度高时加工和安装难度较大。

高强度螺栓加工方便，对结构削弱少，可拆换，能承受动力荷载，耐疲劳，塑性、韧性好，安装工艺略复杂，造价略高。

（3）铆接

铆钉连接传力可靠，韧性和塑性好，质量易于检查，抗动力荷载好。但是由于铆接时必须进行钢板的搭接，费钢、费工，现在已基本不用。

2. 钢构件的组装与预拼装

（1）钢构件组装施工

钢构件的组装是指遵照施工图的要求，把已经加工完成的各零件或半成品等钢构件采用装配的手段组合成为独立的成品。

1）钢构件组装分类

根据钢构件的特性以及组装程度，可分为部件组装、组装、预总装。

① 部件组装是装配最小单元的组合，一般是由两个或两个以上的零件按照施工图的要求装配成为半成品的结构部件。

② 组装也称拼装、装配、组立，是把零件或半成品按照施工图的要求装配成为独立的成品构件。

③ 预总装是根据施工图的要求把相关的两个以上成品构件，在工厂制作场地上，按

各个构件的空间位置总装起来，目的是客观地反映出各构件的装配节点，以保证构件安装质量。目前，这种装配方法已广泛应用在高强度螺栓连接的钢结构制造中。

2）钢构件组装方法

钢构件的组装方法较多，但较常用的是地样组装法和胎模组装法。

在选择钢构件组装方法时，必须根据钢构件的结构特性和技术要求，结合制造厂的加工能力、机械设备等情况，选择能有效控制组装精度、耗时少、效益高的方法进行。

（2）钢构件预拼装

钢构件预拼装方法有平装法、立拼法和利用模具拼装法三种。

1）平装法

平装法适用于拼装跨度较小、构件相对刚度较大的钢结构，如长 18m 以内的钢柱、跨度 6m 以内的天窗架及跨度 21m 以内的钢屋架的拼装。该拼装方法操作方便，不需要稳定加固措施，也不需要搭设脚手架。焊缝大多数为平焊缝，焊接操作简单，不需要技术很高的焊接工人，焊缝质量易于保证，校正及起拱方便、准确。

2）立拼法

立拼法主要适用于跨度较大、侧向刚度较差的钢结构，如 18m 以上的钢柱、跨度 9m 及 12m 的窗架、24m 以上的钢屋架以及屋架上的天窗架的拼装。该拼装方法可一次拼装多榀，块体占地面积小，不用铺设或搭设专用拼装操作平台或枕木墩，节省材料和工时。但需搭设一定数量的稳定支架，块体的校正、起拱较难，钢构件的连接节点及预制构件的连接件的焊接立缝较多，增加了焊接操作的难度。

3）利用模具拼装法

利用模具拼装法的模具是符合工件几何形状或轮廓的模型（内模或外模）。用模具来拼装组焊钢结构，具有产品质量好、生产效率高等许多优点。

11.4.3　钢结构单层厂房安装

单层厂房钢结构构件包括钢柱、钢屋架、吊车梁、天窗架、檩条及墙架等，构件的形式、尺寸、质量及安装标高都不同，因此所采用的起重设备、吊装方法等亦需随之变化，与其相适应，以达到经济合理。单跨结构宜按从跨端一侧向另一侧、中间向两端或两端向中间的顺序进行吊装。多跨结构，宜先吊主跨、后吊副跨；当有多台起重设备共同作业时，也可多跨同时吊装。单层钢结构在安装过程中，应及时安装临时柱间支撑或稳定缆绳，应在形成空间结构稳定体系后再扩展安装。单层钢结构安装过程中形成的临时空间结构稳定体系应能承受结构自重、风荷载、雪荷载、施工荷载以及吊装过程中冲击荷载的作用。

（1）钢柱安装

一般钢柱的刚性较好，吊装时通常采用一点起吊。常用的吊装方法有旋转法、滑行法和递送法，对于重型钢柱也可采用双机抬吊。钢柱吊装回直后，慢慢插进地脚锚固螺栓找正平面位置。经过平面位置校正、垂直度初校，柱顶四面拉上临时缆风钢丝绳，地脚锚固螺栓临时固定后，起重机方可脱钩。再次对钢柱进行复校，具体可优先采用缆风绳校正；对于不便采用缆风绳校正的钢柱，可采用调撑杆或千斤顶校正。复校的同时在柱脚底板与基础间垫紧垫铁，复校后拧紧锚固螺栓，并将垫铁点焊固定，并拆除缆风绳。

（2）钢屋架安装

钢屋架侧向刚度较差,安装前需进行吊装稳定性验算,稳定性不足时应进行吊装临时加固,通常可在钢屋架上下弦处绑扎杉木杆加固。

钢屋架的吊点必须选择在上弦节点处,并符合设计要求。吊装就位时,应以屋架下弦两端的定位标记和柱顶的轴线标记严格定位并临时固定。为使屋架起吊后不致发生摇摆,不碰撞其他构件,起吊前宜在支座节间附近用麻绳系牢,随吊随放松,控制屋架位置。第一榀屋架吊装就位后,应在屋架上弦两侧对称设缆风绳固定;第二榀屋架就位后,每坡宜用一个屋架间调整器进行屋架垂直度校正。然后固定两端支座,并安装屋架间水平及垂直支撑、檩条和屋面板等。

如果吊装机械性能允许,屋面系统结构可采用扩大拼装后进行组合吊装,即在地面上将两榀屋架及其上的天窗架、檩条、支撑等拼装成整体后一次吊装。

(3)吊车梁安装

在钢柱吊装完成经调整固定于基础上之后,即可吊装吊车梁。吊车梁均为简支梁。梁端之间留有 10mm 左右的空隙。梁的搁置处与牛腿面之间留有空隙,设钢垫板。梁与牛腿用螺栓连接,梁与制动架用高强螺栓连接。吊车梁吊装的起重机械常采用自行杆式起重机,以履带式起重机应用最多,有时也可采用塔式起重机及拔杆、桅杆式起重机等进行吊装。对质量很大的吊车梁,可用双机抬吊,个别情况下还可设置临时支架分段进行吊装。

(4)钢桁架安装

钢桁架可用自行杆式起重机(尤其是履带式起重机)、塔式起重机和桅杆式起重机等进行吊装。由于桁架的跨度、质量和安装高度不同,吊装机械和吊装方法亦随之而异。桁架多用悬空吊装,为使桁架在吊起后不致发生摇摆,不碰撞其他构件,起吊前在支座节间附近应用麻绳系牢,随吊随放松,以此保证其位置正确。桁架的绑扎点要保证桁架的吊装稳定,否则就需要在吊装前进行临时加固。

11.4.4 多层及高层、高耸钢结构安装

多层及高层钢结构宜划分为多个流水段进行安装,流水段宜以每节框架为单位。流水段划分应符合下列规定:

(1)流水段内的最重构件应在起重设备的起重能力范围内。

(2)起重设备的爬升高度应满足下节流水段内构件的起吊高度。

(3)每节流水段内的柱长度应根据工厂加工、运输堆放、现场吊装等因素确定,长度宜取 2~3 个楼层高度,分节位置宜在梁顶标高以上 1.0~1.3m 处。

(4)流水段的划分应与混凝土结构施工相适应。

(5)每节流水段可根据结构特点和现场条件在平面上划分流水区进行施工。

流水段内的构件吊装宜符合下列规定:

(1)吊装可采用整个流水段内先柱后梁或局部先柱后梁的顺序,单柱不得长时间处于悬臂状态。

(2)钢楼板及压型金属板安装应与构件吊装进度同步。

(3)特殊流水段内的吊装顺序应按安装工艺确定,并应符合设计文件的要求。

多层及高层钢结构安装时,楼层标高可采用相对标高或设计标高进行控制,并应符合下列规定:

（1）当采用设计标高控制时，应以每节柱为单位进行柱标高调整，并应使每节柱的标高符合设计要求。

（2）建筑物总高度的允许偏差和同一层内各节柱的柱顶高度差，应符合现行国家标准《钢结构工程施工质量验收规范》GB 50205—2001 的有关规定。

同一流水段、同一安装高度的一节柱，当各柱的全部构件安装、校正、连接完毕并验收合格后，应再从地面引放上一节柱的定位轴线。

高耸钢结构可采用高空散件（单元）法、整体起板法和整体提升（顶升）法等安装方法。

11.4.5 压型金属板施工

1. 压型金属板类型

压型金属板有镀锌压型钢板、涂层压型钢板和锌铝复合涂层压型钢板等。

2. 压型金属板选用

压型钢板截面形式不同，其应用范围也不相同，其要求如下：

高波板，即波高大于 50mm 的压型钢板，多用于单坡长度较长的屋面。

中波板，即波高大于 35～50mm 的压型钢板，多用于屋面板。

低波板，即波高为 12～35mm 的压型钢板，多用于墙面板和现场复合的保温屋面，也可用于墙面的内板。

彩色钢板曲面压型板多用于曲线形屋面或曲线檐口。当屋面曲率半径较大时，可用平面板的长向弯曲成型，不需另成型。当自然弯曲不能达到所需曲率时，应用曲面压型板。彩色钢板瓦形压型板是指彩色钢板经辊压成型，再冲压成瓦形或直接冲压成瓦形的产品。成型后类似黏土瓦、筒型瓦等，多用于民用建筑。

3. 压型金属板制作

压型金属板的制作是采用金属板压型机，对彩涂钢卷进行连续地开卷、剪切、辊压成型等过程。

4. 压型金属板安装

压型钢板系用 0.7mm 和 0.9mm 两种厚度的镀锌钢板压制而成，宽 640mm，板肋高 51mm。在施工期间同时起永久性模板作用。可避免漏浆并减少支拆模工作，加快施工速度，压型钢板在钢梁上搁置的情况见图 11-13。

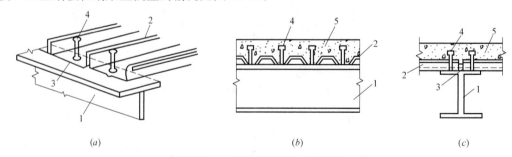

（a） （b） （c）

图 11-13 压型钢板搁置在钢梁上

（a）示意图；（b）侧视图；（c）剖面图

1—钢梁；2—压型钢板；3—点焊；4—剪力栓；5—楼板混凝土

栓钉是组合楼层结构的剪力连接件，用以传递水平荷载到梁柱框架上，它的规格、数量由楼面与钢梁连接处的剪力大小确定。栓钉直径有 13mm、16mm、19mm、22mm 四种。

铺设至变截面梁处，一般从梁中向两端进行，至端部调整补缺；等截面梁处则可从一端开始，至另一端调整补缺。压型钢板铺设后，将两端点焊于钢梁上翼缘上，并用指定的焊枪进行剪力栓焊接。

11.4.6 轻型钢结构施工

1. 轻型钢结构材料

（1）彩色涂层钢板。彩色涂层钢板可分为冷轧基板彩色涂层钢板、热镀锌彩色涂层钢板、热镀铅锌彩色涂层钢板、电镀锌彩色涂层钢板及印花彩色涂层钢板、金属压花彩色涂层钢板等。

（2）H 型钢。H 型钢的翼缘宽，侧向刚度大；抗弯能力强，比工字钢大 5%～10%；翼缘两表面相互平行，构造简单；结构强度高，自重轻；设计风格灵活、丰富；工程施工快，占地面积小，适合全天候施工；便于机械加工、结构连接和安装，易于拆除和再利用。

以热轧 H 型钢为主的钢结构，塑性和韧性良好，结构稳定性高，抗自然灾害能力强，特别适用于地震多发地带的建筑结构；与混凝土结构相比，可增加结构使用面积；与焊接 H 型钢相比，能明显地省工省料，残余应力低，外观和表面质量好。

（3）冷弯薄壁型钢。冷弯薄壁型钢是用薄钢板（厚度为 0.3～1mm，最厚为 1.6mm）在压型机上冷压而成的。具有轻质高强、便于加工、施工简便、速度快等特点，在大型工业厂房、食品加工车间、大型库房、飞机维修库等建筑中普遍使用。冷弯薄壁型钢一般有卷边 C 型和卷边 Z 型两种。

2. 轻型钢结构制作

轻型钢结构制作流程如图 11-14 所示。

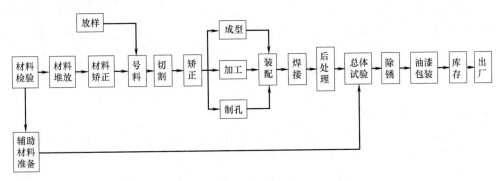

图 11-14　轻型钢结构制作流程图

3. 轻型钢结构安装

构件的安装应符合下列要求：

（1）宜采取综合安装方法，对容易变形的构件应作强度和稳定性计算，必要时应采取加固措施，以确保施工时结构的安全。

（2）刚架安装宜先立柱，然后将在地面组装好的斜梁吊起就位，并与柱连接。

（3）结构吊装时，应采取适当措施防止产生过大的弯扭变形，同时应将绳扣与构件的接触部位加垫块垫好，以防损伤构件。

（4）构件悬吊应选择好吊点。构件的捆绑和悬吊部位，应采取防止构件局部变形和损坏的措施。

（5）当山墙墙架宽度较小时，可先在地面组装好，再进行整体起吊安装。

（6）结构吊装就位后，应及时系牢支撑及其他连系构件，以保证结构的稳定性，且各种支撑的拧紧程度以不将构件拉弯为原则。

（7）所有上部结构的吊装，必须在下部结构就位、校正并系牢支撑构件以后再进行。

（8）不得利用已安装就位的构件起吊其他重物；不得在主要受力部位焊接其他物件。

（9）刚架在施工中以及人员离开现场的夜间，均应采用支撑和缆绳充分固定。

（10）根据工地安装机械的起重能力，在地面上组装成较大的安装单元，以减少高空作业的工作量。

11.4.7 钢结构涂装施工

1. 表面处理

经处理的钢材表面不应有焊渣、焊疤、灰尘、油污、水和毛刺等；对于镀锌构件，酸洗除锈后，钢材表面应露出金属色泽，并应无污渍、锈迹和残留酸液。

2. 防腐涂装施工

（1）主要施工工艺流程

基面处理→底漆涂装→中间漆涂装→面漆涂装→检查验收。

（2）涂装施工顺序

一般应按先上后下、先左后右、先里后外、先难后易的原则施涂，不漏涂、不流坠，使漆膜均匀、致密、光滑和平整。

（3）油漆防腐涂装

油漆防腐涂装可采用涂刷法、手工滚涂法、空气喷涂法和高压无气喷涂法。钢结构涂装时的环境温度和相对湿度，除应符合涂料产品说明书的要求外，还应符合下列规定：

1）当产品说明书对涂装环境温度和相对湿度未作规定时，环境温度宜为 5～38℃，相对湿度不应大于 85%，钢材表面温度应高于露点温度 3℃，且钢材表面温度不应超过 40℃。

2）被施工物体表面不得有凝露。

3）遇雨、雾、雪、强风天气时应停止露天涂装。应避免在强烈阳光照射下施工。

4）涂装后 4h 内应采取保护措施，避免淋雨和沙尘侵袭。

5）风力超过 5 级时，不宜进行室外喷涂作业。表面除锈处理与涂装的间隔时间宜在 4h 之内，在车间内作业或在湿度较低的晴天作业不应超过 12h。工地焊接部位的焊缝两侧宜留出暂不涂装的区域，应符合下列规定：钢板厚度 $t<50mm$ 时，暂不涂装的区域宽度 b 为 50mm；钢板厚度 $50mm \leqslant t \leqslant 90mm$ 时，暂不涂装的区域宽度 b 为 70mm；钢板厚度 $t>90mm$ 时，暂不涂装的区域宽度 b 为 100mm。

（4）金属热喷涂

钢结构表面处理与热喷涂施工的间隔时间，晴天或湿度不大的气候条件下应在 12h 以内，雨天、潮湿、有盐雾的气候条件下不应超过 2h。

3. 防火涂装施工

（1）涂料选用

防火涂料应呈碱性或偏碱性，实干后不得有刺激性气味。根据涂层厚度及性能特点可分为 B 类和 H 类两类。

B 类：薄涂型钢结构防火涂料，涂层厚度一般为 2～7mm，有一定的装饰效果，高温时膨胀增厚，耐火隔热，耐火极限可达 0.5～1.5h。又称为钢结构膨胀防火涂料。

H 类：厚涂型钢结构防火涂料，又称为钢结构防火隔热涂料，其涂层厚度一般为 8～50mm，粒状表面，密度较小，导热率低，耐火极限可达 0.5～3.0h。

（2）防火涂料施工

防火涂料施工可采用喷涂、抹涂或滚涂等方法。主要施工工艺流程为：基层处理→调配涂料→涂装施工→检查验收。基层表面应无油污、灰尘和泥沙等污垢，且防锈层应完整、底漆无漏刷。构件连接处的缝隙应采用防火涂料或其他防火材料填平。防火涂料涂装施工应分层进行，应在上层涂层干燥或固化后，再进行下道涂层施工。薄涂型防火涂料面层涂装施工应符合下列规定：面层应在底层涂装干燥后开始涂装；面层涂装颜色应均匀、一致，接槎应平整。

11.5　结构吊装工程施工

将建筑物设计成许多单独的构件，分别在施工现场或工厂预制结构构件或构件组合，然后在施工现场用起重机械把它们吊起并安装在设计位置上的全部施工过程，称为结构吊装工程，用这种施工方式形成的结构称为装配式结构。

11.5.1　起重机具

结构吊装工程中常用的起重机具包括索具设备与起重机械。

1. 索具设备

索具设备主要用于吊装工程中的构件绑扎、吊运。索具设备包括钢丝绳、吊索、卡环、横吊梁、卷扬机、锚碇等。

钢丝绳是起重机械中用于悬吊、牵引或捆缚重物的物件。吊索是一种用钢丝绳制成的吊装索具，主要用于绑扎构件以便起吊。卡环（卸甲）用于吊索之间或吊索与构件吊环之间的连接，固定和扣紧吊索。横吊梁又称铁扁担，主要用于柱和屋架等的吊装。常用的横吊梁包括以下几种：滑轮横吊梁，用于 8t 以下的柱子吊装；钢板横吊梁，用于 10t 以下的柱子吊装；桁架横吊梁，用于双机抬吊安装柱子；钢管横吊梁，用于屋架吊装。卷扬机又称绞车，是结构吊装中最常用的工具。锚碇又称地锚，是用来固定缆风绳和卷扬机的，是保证起重机械稳定的重要组成部分。

2. 起重机械

结构吊装工程中常用的起重机械有自行杆式起重机、塔式起重机和桅杆式起重机等。

自行杆式起重机包括履带式起重机、汽车起重机和轮胎起重机等。

（1）履带式起重机

履带式起重机由行走装置、回转机构、机身及起重杆等组成。采用链式履带的行走装置，对地面压力大为减小，装在底盘上的回转机构使机身可回转360°。机身内部有动力装置、卷扬机及操纵系统，操作灵活，使用方便，起重杆可分节接长，在装配式钢筋混凝土单层工业厂房结构吊装中得到了广泛的使用。其缺点是稳定性较差，未经验算不宜超负荷吊装。履带式起重机的主要参数有三个：起重量 Q、起重高度 H 和起重半径 R。

（2）汽车起重机

汽车起重机是一种将起重作业部分安装在通用或专用汽车底盘上，具有载重汽车行驶性能的轮式起重机。汽车起重机的主要技术性能有最大起重量、整机质量、吊臂全伸长度、吊臂全缩长度、最大起重高度、最小工作半径、起升速度、最大行驶速度等。汽车起重机作业时，必须先打开支腿，以增大机械的支承面积，保证必要的稳定性。因此，汽车起重机不能负荷行驶。汽车起重机机动灵活性好，能够迅速转移场地，广泛用于土木工程施工。

（3）轮胎起重机

轮胎起重机不采用汽车底盘，而另行设计轴距较小的专门底盘。其构造与履带式起重机基本相同，只是底盘上装有可伸缩的支腿，起重时可使用支腿以增加机身的稳定性，并保护轮胎。轮胎起重机的优点是行驶速度较快，能迅速地转移工作地点或工地，对路面破坏小。但这种起重机不适合在松软或泥泞的地面上工作。轮胎起重机的主要技术性能有额定起重量、整机质量、最大起重高度、最小回转半径、起升速度等。

（4）塔式起重机

塔式起重机具有较高的塔身，起重臂安装在塔身顶部，具有较高的有效高度和较大的工作半径，起重臂可以回转360°。因此，塔式起重机在多层及高层结构吊装和垂直运输中得到了广泛应用。塔式起重机的类型可按有无行走机构、变幅方法、回转部位和爬升方式等划分。下面简要介绍常用的轨道式、爬升式、附着式塔式起重机。

1）轨道式塔式起重机

轨道式塔式起重机是土木工程中使用最广泛的一种起重机，可带重行走，作业范围大，非生产时间少，生产效率高。轨道式塔式起重机的主要性能有吊臂长度、起重幅度、起重量、起升速度及行走速度等。

2）爬升式塔式起重机

又称内爬式塔式起重机，通常安装在建筑物的电梯井或特设的开间内，也可安装在筒形结构内，依靠爬升机构随着结构的升高而升高，一般是每建造3～8m起重机就爬升一次，塔身自身高度只有20m左右，起重高度随施工高度而定。爬升式起重机的优点是：起重机以建筑物作支承，塔身短，起重高度大，而且不占建筑物外围空间；缺点是：司机作业往往不能看到起吊全过程，需靠信号指挥，施工结束后拆卸复杂，一般需设辅助起重机拆卸。

3）附着式塔式起重机

又称自升式塔式起重机，直接固定在建筑物或构筑物近旁的混凝土基础上，随着结构的升高，不断自行接高塔身，使起重高度不断增大。为了保证塔身稳定，塔身每隔20m

左右高度用系杆与结构锚固。附着式塔式起重机多为小车变幅，因起重机械在结构近旁，司机能看到吊装的全过程，自身的安装与拆卸不妨碍施工过程。

11.5.2 混凝土结构吊装

混凝土结构吊装分为构件吊装和结构吊装两大类。其中，构件吊装包括构件的制作、运输、堆放、吊装；结构吊装分为单层工业厂房结构吊装和多层装配式框架结构吊装，吊装顺序由于吊装方案的不同而不同。

1. 预制构件吊装工艺

预制构件吊装工艺应考虑构件的制作、运输、堆放、平面布置和构件的吊装过程。

（1）预制构件的制作和运输

预制构件如柱、屋架、梁、桥面板等一般在现场预制或工厂预制。在许可的条件下，预制时尽可能采用叠浇法，重叠层数由地基承载能力和施工条件确定，一般不超过4层，上、下层间应做好隔离层，上层构件的浇筑应等到下层构件混凝土达到设计强度的30%以后才可进行，整个预制场地应平整夯实，不可因受荷、浸水而产生不均匀沉陷。

工厂预制的构件需在吊装前运至工地，构件运输宜选用载质量较大的载重汽车和半拖式或全拖式的平板拖车，将构件直接运到工地构件堆放处。对构件运输时的混凝土强度要求是：如设计无规定时，不应低于设计混凝土强度标准值的75%。

（2）预制构件的平面布置

预制构件的堆放应考虑便于吊升及吊升后的就位，特别是大型构件，应做好构件堆放的布置图，以便一次吊升就位，减少起重设备负荷开行。对于小型构件，则可考虑布置在大型构件之间，也应以便于吊装、减少二次搬运为原则。但小型构件常采用随吊随运的方法，以便减少对施工场地的占用。

（3）预制构件的吊装

预制构件的吊装过程一般包括绑扎、吊升、就位、临时固定、校正和最后固定等工序。

1）柱的吊装

① 柱的绑扎。柱身绑扎点数和绑扎位置，要保证柱在吊装过程中受力合理，不发生变形或裂缝而折断。一般中、小型柱绑扎一点；重型柱或配筋少而细长的柱绑扎两点甚至两点以上，以减少柱的吊装弯矩。必要时，需经吊装应力和裂缝控制计算后确定。一点绑扎时，绑扎位置在牛腿下面。

按柱吊起后柱身是否能保持垂直状态分为斜吊法和直吊法，相应的绑扎方法有斜吊绑扎法和直吊绑扎法。斜吊绑扎法用于柱宽面抗弯能力满足吊装要求的情况，此法无须将预制柱翻身，但因起吊后柱身与杯底不垂直，对线就位较难；直吊绑扎法用于柱宽面抗弯能力不足吊装要求的情况，必须将预制柱翻身后窄面向上，刚度增大，再绑扎起吊。它需要较长的起重杆。

② 柱的吊升。柱的起吊方法，按柱在吊升过程中柱身运动的特点分为旋转法和滑行法；按使用起重机的数量分为单机起吊和双机抬吊。起吊工艺如下：

a. 旋转法（见图 11-15）：起重机边起钩边旋转，使柱身绕柱脚旋转而逐渐吊起的方法称为旋转法。其要点是保持柱脚位置不动，并使柱的吊点、柱脚中心和杯口中心三点共圆。其特点是柱吊升中所受震动较小，但对起重机的机动性要求高。一般采用自行式起重机。

　　b. 滑行法：起吊时起重机不旋转，只起升吊钩，使柱脚在吊钩上升过程中沿着地面逐渐向前滑行，直至柱身直立的方法称为滑行法。其要点是柱的吊点要布置在杯口旁，并与杯口中心两点共圆弧。其特点是起重机只需转动吊杆即可将柱子吊装就位，较安全，但滑行过程中柱子受震动。故只有当起重机、场地受限时才采用此法（见图 11-16）。

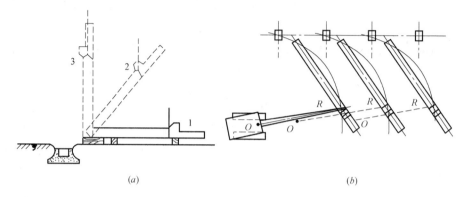

图 11-15　旋转法吊柱

（*a*）旋转过程；（*b*）平面布置

1—柱子平卧时；2—起吊中途；3—直立

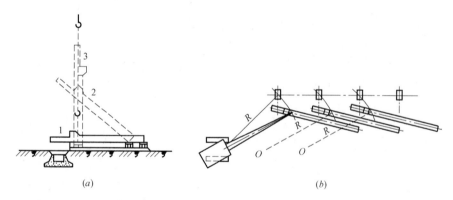

图 11-16　滑行法吊柱

（*a*）滑行过程；（*b*）平面布置

1—柱子平卧时；2—起吊中途；3—直立

　　③ 柱的就位和临时固定。柱脚插入杯口后，使柱的安装中心线对准杯口的安装中心线（吊装准线），然后用 8 个楔块从柱四周插入杯口，打紧将柱临时固定。吊装重型、细长柱时，除采用以上措施进行临时固定外，必要时还应增设缆风绳拉锚。

　　④ 柱的校正。柱的校正包括平面定位轴线、标高和垂直度的校正。

　　⑤ 柱的最后固定。柱底部四周与基础杯口的空隙之间浇筑细石混凝土，捣固密实，使柱的底脚完全嵌固在基础内作为最后固定。浇筑工作分两次进行，第一次先浇筑至楔块底面，待混凝土强度达到设计强度的 25％后，拔去楔块再第二次浇筑混凝土至杯口顶面。

　　2）吊车梁的吊装

　　吊车梁的吊装须在柱子最后固定好，接头混凝土强度达到设计强度的 70％后进行。

232

吊车梁的绑扎应使吊钩对准吊车梁的重心，起吊后使构件保持水平。吊车梁就位时应缓慢落下，争取使吊车梁的中心线与支承面的中心线能一次对准，并使两端搁置长度相等。吊车梁的校正应在屋盖结构构件校正和最后固定后进行。校正的内容有：中心线对定位轴线的位移、标高、垂直度。

3）屋盖的吊装

屋盖构件包括屋架（或屋面梁）、屋架上下弦水平支撑和垂直支撑、天沟板和屋面板、天窗架和天窗侧板等。屋盖的吊装一般都按节间逐一采用综合吊装法。吊装的施工顺序是：绑扎→扶直堆放→吊升→就位→临时固定→校正→最后固定。

2. 单层工业厂房结构吊装

单层工业厂房的主要承重结构由基础、柱、吊车梁、屋架、天窗架、屋面板等组成。一般中、小型单层工业厂房的特点：承重结构多数采用装配式钢筋混凝土结构，除基础在施工现场就地浇筑外，其他构件多采用钢筋混凝土预制构件；平面尺寸大，承重结构跨度、质量大，构件类型少，厂房内设备基础多。因此，在拟定结构吊装方案时，应着重解决起重机的选用、结构吊装方案。

（1）起重机械选择与布置

1）起重机械选择

起重机的选择要根据所吊装构件的尺寸、质量及吊装位置来确定。可选择的机械有履带式起重机、塔式起重机或自升式塔式起重机等。履带式起重机适于安装 4 层以下结构，塔式起重机适于安装 4～10 层结构，自升式塔式起重机适于安装 10 层以上结构。因此，要保证所选择的起重机的三个工作参数即起重量 Q、起重高度 H 和起重幅度 R 均满足结构吊装的要求。

① 起重量。起重机的起重量必须大于所安装构件的质量与索具质量之和。即：

$$Q \geqslant Q_1 + Q_2 \tag{11-9}$$

式中　Q——起重机的起重量，t；

　　　Q_1——构件的质量，t；

　　　Q_2——索具的质量，t。

② 起重高度。起重机的起重高度必须满足所吊构件的吊装高度要求（见图 11-17），对于吊装单层厂房应满足：

$$H \geqslant h_1 + h_2 + h_3 + h_4 \tag{11-10}$$

式中　H——起重机的起重高度，m；从停机面算起至吊钩中心；

　　　h_1——安装支座表面高度，m；从停机面算起；

　　　h_2——安装空隙，一般不小于 0.3m；

　　　h_3——绑扎点至所吊构件底面的距离，m；

　　　h_4——索具高度，m；自绑扎点至吊钩中心，视具体情况而定。

③ 起重幅度。在一般情况下，当起重机可以不受限制地开到所安装构件附近去吊装时，对起重幅度可不做要求。但是当起重机受到限制不能靠近安装位置去吊装构件时，则应该验算起重幅度为定值时的起重量和起重高度是否满足吊装要求。一般根据所需要最小起重量 Q_{min} 和最小起重高度 H_{min} 初步确定起重机型号，再对最小起重幅度 R_{min} 进行验算。

2）起重机的平面布置

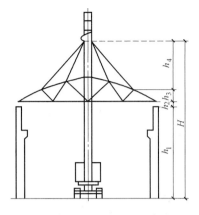

图 11-17　起重机的起重高度

起重机的布置方案主要根据房屋平面形状、构件质量、起重机性能及施工现场环境条件等确定。一般有四种布置方案，即单侧布置、双侧布置、跨内单行布置和跨内环形布置，如图 11-18 所示。

① 单侧布置。当房屋平面宽度较小，构件也较轻时，起重机可单侧布置。此时起重半径应满足：

$$R \geqslant b+a \tag{11-11}$$

式中　R——起重机吊装最大起重半径，m；

　　　b——房屋宽度，m；

　　　a——房屋外侧至起重机轨道中心线的距离，

　　　　　$a＝$外脚手架的宽度＋1/2 轨距＋0.5m。

② 双侧布置。当建筑物平面宽度较大或构件较大，单侧布置起重力矩满足不了构件的吊装要求时，起重机可双侧布置，每侧各布置一台起重机，其起重半径应满足：

$$R \geqslant b/2+a \tag{11-12}$$

采用此种布置方案时，两台起重机的起重臂高度应错开，吊装时防止相撞。

③ 跨内单行布置和跨内环形布置。如果工程不大、工期不紧，两侧各布置一台起重机将造成机械上的浪费。因此可采用环形布置，仅布置一台起重机就可兼顾两侧的运输。

当建筑物四周场地狭窄，起重机不能布置在建筑物外侧，或者由于构件较重、房屋较宽，起重机布置在外侧满足不了吊装所需要的力矩时，可将起重机布置在跨内，其布置方式有跨内单行布置和跨内环形布置两种。

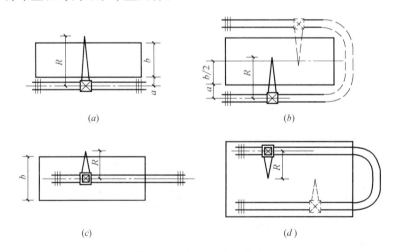

图 11-18　起重机布置方案

(a) 单侧布置；(b) 双侧布置；(c) 跨内单行布置；(d) 跨内环形布置

（2）结构吊装方法与吊装顺序

1）分件吊装法

起重机在车间内或沿着车间外每开行一次，仅吊装一种或两种构件。通常分三次开行吊装完全部构件：第一次开行，吊装全部柱子，并加以校正及最后固定；第二次开行，吊装全部吊车梁、连系梁及柱间支撑；第三次开行，分节间吊装屋架、天窗架、屋面板及屋面支撑等。吊装的顺序如图 11-19 所示。

这种方法的优点是：由于每次均吊装同类型构件，可减少起重机变幅和索具的更换次数，从而提高吊装效率，能充分发挥起重机的工作能力，构件供应与现场平面布置比较简单，也能给构件校正、接头焊接、浇筑混凝土和养护提供充分的时间。缺点是：不能为后继工序及早提供工作面，起重机的开行路线较长。分件吊装法是目前单层工业厂房结构吊装中采用较多的一种方法。

2）综合吊装法

起重机在车间内每开行一次（移动一次），就分节间吊装完节间内所有各种类型的构件。吊装的顺序如图 11-20 所示。即先吊装 4～6 根柱子，并加以校正和最后固定；随后吊装这个节间内的吊车梁、连系梁、屋架和屋面板等构件。一个节间的全部构件吊装完后，起重机移至下一个节间进行吊装，直至整个厂房结构吊装完毕。

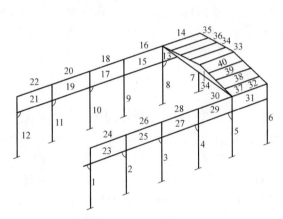

图 11-19　分件吊装时的构件吊装顺序

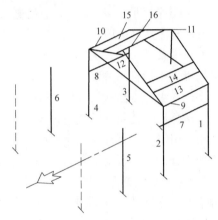

图 11-20　综合吊装时的构件吊装顺序

这种方法的优点是：开行路线短，停机点少；吊装完一个节间，其后续工种就可进入节间内工作，使各个工种进行交叉平行流水作业，有利于缩短工期。缺点是：每次吊装不同构件需要频繁变换索具，工作效率低；使构件供应紧张和平面布置复杂；构件的校正困难。因此，目前较少采用。

11.5.3　大跨度结构吊装

大跨度结构分为平面结构和空间结构两大类。平面结构有桁架、刚架与拱等结构，空间结构有网架、薄壳、悬索等结构。

大跨度结构的特点是跨度大、构件重、安装位置高。因此，合理选择安装方法是大跨度结构施工的重要环节。现就大跨度结构几种典型的吊装方法简述如下：

（1）大跨度结构整体吊装法施工

整体吊装法是焊接球节点网架吊装的一种常用方法，是在地面（单层建筑）或在网架设计位置的下层楼边上（多层建筑）将网架一次拼装成整体，然后采用吊升设备将网架整体吊升到设计位置就位固定。此法不需要高大的拼装支架，高空作业少，易保证整体焊接质量，但需要大起重量的起重设备，技术较复杂。因此，此法较适合焊接球节点网架。

根据所用设备的不同，整体吊装法可分为多机抬吊法、桅杆吊升法。不论采用哪种方法，都要合理确定网架吊点的位置。

1）多机抬吊法

多机抬吊法是利用两台以上的起重机联合作业，即将地面错位拼装（指拼装位置与安装轴线错开一定距离）好的屋盖，整体吊过柱顶后，在空中进行移位，降落就位安装固定。如网架质量较小，或起重机的起重量都满足要求时，宜将起重机布置在网架两侧。

多机抬吊法的特点是准备工作简单、吊装比较方便，但只适用于质量和高度不大的中、小型网架结构（多在 40m×40m 以内）。

2）桅杆吊升法

桅杆吊升法是将网架结构在地面上错位拼装后，用多根单柱桅杆（或称独角拔杆）将其整体提升到柱顶以上，进行空中移位或旋转，然后落位安装。采用此法时柱和桅杆应在网架拼装前竖立。

采用桅杆吊升法的优点是吊装设备较一般，且桅杆可以自制，起重量可达 100～200t，桅杆高可达 50～60m，适合于吊装高、重、大的屋盖结构，特别是网架。但由于此法所需设备数量大，劳动力耗用多，所以一般中、小型网架可利用自行式起重机吊装时，尽量不采用桅杆吊升法。

（2）大跨度结构滑移法施工

滑移法是先用起重机将网架的分块（榀）单元吊到屋盖一端搭设的拼装支架上，然后利用牵引设备将其逐步水平滑移到设计位置，就位后拼装成整体。按滑移顺序分为逐条滑移和累计滑移。逐条滑移是起吊一个单元，即将其滑移到设计位置，此法所需的牵引力小（采用滚动摩擦更为有利），且安装方便，但当高空拼装地点分散时，通常需要搭设较多的脚手架。累计滑移（见图 11-21）是吊装一网架单元，就与前一单元进行拼接，一起平移一段距离，然后再吊装拼接一个单元，如此顺序进行；每滑移一次再拼装组合上一个单元，直到远端滑移到设计位置为止。

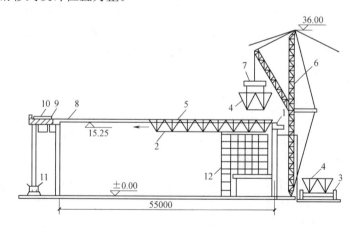

图 11-21　累计滑移法安装网架结构

1—天沟梁；2—网架；3—拖车架；4—网架分块单元；5—拼装节点；6—悬臂桅杆；7——字形铁扁担；
8—牵引滑线；9—牵引滑轮组；10—反力架；11—卷扬机；12—脚手架

滑移法所需的牵引力较大，但高空拼装作业地点集中在起点一端，搭设脚手架较少。

滑移法可采用一般土建单位常用的施工机械，同时还有利于室内土建施工平行作业，特别是场地狭窄起重机械无法出入时更为有效。故这种新工艺在大跨度桁架结构和网架结构安装中常被采用。由于在起吊和平移过程中，网架单向受力，与设计时的受力状态不同，因此网架结构形式宜采用上下弦正放类型，以减少临时加固。当网架安装跨度大于50m时，为减少网架平移时的挠度，宜在跨中增设支点。

（3）大跨度结构高空拼装法施工

高空拼装法是先在设计位置搭设满堂支架或部分拼装支架，然后直接将网架杆件和节点吊运到拼装支架上进行拼装；或先将网架杆件和节点预拼成小拼单元，再将其吊运到拼装支架上进行整体拼装。

高空拼装法对施工场地、起重设备的能力要求不高，但要搭设满堂支架或部分拼装支架，高空作业量大，且网架几何尺寸的总调整较麻烦，特别是拼装支架发生移动、沉降时，校正困难，影响网架的安装精度。

采用焊接节点的网架（如焊接球节点钢管网架）时，对安全防火应充分重视。故此法用于螺栓连接（包括螺栓球、高强螺栓）的非焊接节点的各种类型网架较为适宜。此方法目前多用于钢网架结构的吊装。

（4）大跨度结构整体顶升法施工

整体顶升法是将网架结构在地面上就位拼装或现浇后，利用千斤顶的顶升及柱块的轮番填塞，将其顶升到设计标高的一种垂直吊装方法。此法所需设备简单，顶升能力大，容易掌握。但为满足顶升需要，柱的截面尺寸一般较大。目前此法在国内还只用于净空不高和尺寸不大的薄壳结构吊装中。

根据千斤顶安放位置的不同，顶升法可分为上顶升法和下顶升法两种。

上顶升法也称为柱块法，它是将千斤顶倒置固定于柱帽（柱帽为支托屋面结构的支座）下，在顶升屋盖过程中，同时配合砌筑柱块，从而逐步将屋盖顶升至设计位置。上顶升法的稳定性好，但高空作业较多。

下顶升法的特点是千斤顶在顶升过程中始终位于柱基上，每次顶升循环即在千斤顶上面填筑一个柱块，无需临时垫块，屋盖随柱徐徐上升，直到设计标高为止。下顶升法的高空作业少，但在顶升时稳定性较差，所以工程中一般较少采用。

11.5.4 升板法施工

升板法施工是指楼板用提升法施工的板柱框架结构工程，方法是利用柱子作为导杆，配备相应的提升设备，将在地面上预制的各层楼板提升到设计标高，然后加以固定。其施工顺序是：先将预制柱吊装好，再浇筑室内地坪，然后以地坪作为胎模，就地叠层浇筑各层楼板和屋面板，待混凝土达到一定强度后，利用沿柱自升的提升机，将柱作为提升支承和导杆，把各层板逐一提升到设计标高，并加以固定。

升板结构及其施工特点：柱网布置灵活，设计结构单一；各层板叠浇制作，可节约大量模板；提升设备简单，不用大型机械；高空作业减少，施工较为安全；劳动强度减轻，机械化程度提高；节省施工用地，适宜狭窄空间施工；但用钢量较大，造价偏高。

第12章　建筑装饰装修工程施工技术

12.1　抹灰工程

（1）抹灰用的水泥宜为硅酸盐水泥、普通硅酸盐水泥，其强度等级不应小于32.5MPa。不同品种、不同标号的水泥不得混合使用。抹灰用的砂子宜选用中砂，砂子使用前应过筛，不得含有杂物。抹灰用的石灰膏的熟化期不应少于15d。罩面用的磨细石灰粉的熟化期不应少于3d。

（2）不同材料基体交接处表面的抹灰应采取防止开裂的加强措施。室内墙面、柱面和门洞口的阳角做法应符合设计要求，设计无要求时，应采用1:2水泥砂浆做暗护角，其高度不应低于2m，每侧宽度不应小于50mm。水泥砂浆抹灰层应在抹灰24h后进行养护。

（3）基层处理应符合下列规定：

1）砖砌体，应清除表面杂物、尘土，抹灰前应洒水湿润。

2）混凝土，表面应凿毛或在表面洒水润湿后涂刷1:1水泥砂浆（加适量胶粘剂）。

3）加气混凝土，应在湿润后边刷界面剂边抹强度不大于M5的水泥混合砂浆。

4）大面积抹灰前应设置标筋。抹灰应分层进行，每遍厚度宜为5～7mm；抹石灰砂浆和水泥混合砂浆每遍厚度宜为7～9mm；当抹灰总厚度超出35mm时，应采取加强措施。

5）用水泥砂浆和水泥混合砂浆抹灰时，应待前一抹灰层凝结后方可抹后一层；用石灰砂浆抹灰时，应待前一抹灰层七八成干后方可抹后一层。

12.2　吊顶工程

（1）后置埋件、金属吊杆、龙骨应进行防腐处理。木吊杆、木龙骨、造型木板和木饰面板应进行防腐、防火、防蛀处理。

（2）重型灯具、电扇及其他重型设备严禁安装在吊顶龙骨上。

（3）龙骨的安装应符合下列要求：

1）应根据吊顶的设计标高在四周墙上弹线。弹线应清晰、位置应准确。

2）主龙骨吊点间距、起拱高度应符合设计要求。当设计无要求时，吊点间距应小于1.2m，应按房间短向跨度的1‰～3‰起拱。主龙骨安装后应及时校正其位置和标高。

3）吊杆应通直，距主龙骨端部距离不得超过300mm。当吊杆与设备相遇时，应调整吊点构造或增设吊杆。

4）次龙骨应紧贴主龙骨安装。固定板材的次龙骨间距不得大于600mm，在潮湿地区和场所，间距宜为300～400mm。用沉头自攻螺钉安装饰面板时，接缝处次龙骨宽度不得小于40mm。

5）暗龙骨系列的横撑龙骨应用连接件将其两端连接在通长次龙骨上。明龙骨系列的横撑龙骨与通长龙骨搭接处的间隙不得大于1mm。

（4）纸面石膏板和纤维水泥加压板的安装应符合下列规定：

1）板材应在自由状态下进行安装，固定时应从板的中间向板的四周固定。

2）纸面石膏板螺钉与板边距离：纸包边宜为10～15mm，切割边宜为15～20mm；水泥加压板螺钉与板边距离宜为8～15mm。

3）板周边钉距宜为150～170mm，板中钉距不得大于200mm。

4）安装双层石膏板时，上下层板的接缝应错开，不得在同一根龙骨上接缝。

5）螺钉头宜略埋入板面，并不得使纸面破损。钉眼应做防锈处理并用腻子抹平。

6）石膏板的接缝应按设计要求进行板缝处理。

（5）石膏板、钙塑板的安装应符合下列规定：

1）当采用钉固法安装时，螺钉与板边距离不得小于15mm，螺钉间距宜为150～170mm，均匀布置，并应与板面垂直，钉帽应进行防锈处理，并应用与板面颜色相同的涂料涂饰或用石膏腻子抹平。

2）当采用粘接法安装时，胶粘剂应涂抹均匀，不得漏涂。

12.3 轻质隔墙工程

12.3.1 轻质隔墙分类

轻质隔墙主要有：骨架隔墙、板材隔墙、玻璃隔墙。

骨架隔墙大多为轻钢龙骨或木龙骨，饰面板有石膏板、埃特板、GRC板、PC板、胶合板等；板材隔墙大多为加气混凝土条板和增强石膏空心条板等；玻璃隔墙主要为空心玻璃砖。

12.3.2 施工环境要求

（1）主体结构完成及交接验收，并清理现场。

（2）当设计要求隔墙有地枕带时，应待地枕带施工完毕，并满足设计要求后，方可进行隔墙安装。

（3）木龙骨必须进行防火处理，并应符合有关防火规范的要求。直接接触结构的木龙骨应预先刷防腐漆。

（4）轻钢骨架隔断工程施工前，应先安排外装，安装罩面板时先安装好一面，待隐蔽工程完成，并经有关单位、部门验收合格，办理完工种交接手续后，再安装另一面。

（5）安装各种系统的管、线盒弹线及其他准备工作已到位。

12.3.3 材料技术要求

（1）板材隔墙的墙板、骨架隔墙的饰面板和龙骨、玻璃隔墙的玻璃应有产品合格证书，并符合设计要求。

（2）饰面板表面应平整，边缘应整齐，不得有污垢、裂纹、缺角、翘曲、起皮、色差和图案不完整等缺陷，胶合板不得有脱胶、变色和腐朽。

（3）复合轻质墙板的板面与基层（骨架）粘结必须牢固。

12.3.4 施工工艺

1. 轻钢龙骨罩面板施工

（1）施工流程

弹线→安装天地龙骨→安装竖龙骨→安装通贯龙骨→机电管线安装→安装横撑龙骨→门窗等洞口制作→安装罩面板（一侧）→安装填充材料（岩棉）→安装罩面板（另一侧）。

（2）施工工艺

1）弹线

在地面上弹出水平线并将线引向侧墙和顶面，并确定门洞位置，结合罩面板的长、宽分档，以确定竖向龙骨、横撑龙骨及附加龙骨的位置以控制墙体龙骨的安装位置、龙骨的平直度和固定点。设计有混凝土地枕带时，应先对楼地面基层进行清理，并涂刷界面处理剂一道。浇筑C20素混凝土地枕带，上表面应平整，两侧面应垂直。

2）安装天地龙骨

天地龙骨与建筑顶、地连接及竖龙骨与墙、柱连接可采用射钉或膨胀螺栓固定。

轻钢龙骨与建筑基体表面接触处，应在龙骨接触面的两边各粘贴一根通长的橡胶密封条，或根据设计要求采用密封胶或防火封堵材料。

3）安装竖龙骨

由隔断墙的一端开始排列竖龙骨，有门窗者要从门窗洞口开始分别向两侧排列。当最后一根竖龙骨距离沿墙（柱）龙骨的尺寸大于设计规定时，必须增设一根竖龙骨。

4）安装通贯龙骨（当采用有通贯龙骨的隔墙体系时）

通贯横撑龙骨的设置：低于3m的隔断墙安装1道；3～5m高度的隔断墙安装2～3道。在竖龙骨开口面安装卡托或支撑卡与通贯横撑龙骨连接锁紧，根据需要在竖龙骨背面可加设角托与通贯横撑龙骨固定。

5）机电管线安装

按照设计要求，隔墙中设置有电源开关插座、配电箱等小型或轻型设备末端时应预装水平龙骨及加固固定构件。消火栓、挂墙卫生洁具必须由机电安装单位另行安装独立钢支架，严禁将消火栓、挂墙卫生洁具等重末端设备直接安装在轻钢龙骨隔墙上。

6）安装横撑龙骨

隔墙骨架高度超过3m时，或罩面板的水平方向板端（接缝）未落在沿顶沿地龙骨上时，应设横撑龙骨。

选用U形横龙骨或C形竖龙骨作横向布置，利用卡托、支撑卡（竖龙骨开口面）及角托（竖龙骨背面）与竖向龙骨连接固定。

7）门窗等洞口制作

门框制作应符合设计要求，一般轻型门扇（35kg 以下）的门框可采取竖龙骨对扣中间加木方的方法制作；重型门根据门质量的不同，采取架设钢支架加强的方法，注意避免龙骨、罩面板与钢支架刚性连接。

8）安装罩面板（一侧）

① 罩面板宜竖向铺设，其长边（包封边）接缝应落在竖龙骨上。曲面墙体罩面时，罩面板宜横向铺设。

② 罩面板可单层铺设，也可双层铺设，由设计确定。安装前应对预埋隔断中的管道和有关附墙设备等，采取局部加强措施。

③ 罩面就位后，用自攻螺钉将板材与轻钢龙骨紧密连接。

④ 自攻螺钉的间距为：沿板周边应不大于 200mm，板材中间部分应不大于 300mm；双层石膏板内层板钉距为：板边 400mm，板中 600mm；自攻螺钉与石膏板边缘的距离应为 10~15mm。自攻螺钉进入轻钢龙骨内的长度以不小于 10mm 为宜。

⑤ 自攻螺钉帽涂刷防锈涂料，有自防锈的自攻螺钉帽可不涂刷。

9）安装填充材料（岩棉）

① 当设计有保温或隔声材料时，应按设计要求的材料铺设。铺放墙体内的玻璃棉、矿棉板、岩棉板等填充材料时，应固定并避免受潮。安装时尽量与另一侧纸面石膏板同时进行，填充材料应铺满铺平。

② 对于有填充要求的隔断墙体，待穿线部分安装完毕后，即先用胶粘剂按 500mm 的中距将岩棉钉固定在石膏板上，牢固后，将岩棉等保温材料填入龙骨空腔内，用岩棉钉固定，并利用其压圈压紧，每块岩棉板采用不少于 4 个岩棉钉固定。要求用岩棉板把管线裹实。

10）安装罩面板（另一侧）

① 装配的板缝与对面的板缝不得布在同一根龙骨上。板材的铺钉操作及自攻螺钉钉距等同上述要求。

② 单层纸面石膏板罩面安装后，如设计为双层板罩面，其第 1 层板铺钉安装后只需用石膏腻子填缝，尚不需进行贴穿孔纸带及嵌条等处理工作。第 2 层板的安装方法同第 1 层，但必须与第 1 层板的板缝错开，接缝不得布在同一根龙骨上。固定应用 $\phi3.5\times5mm$ 自攻螺钉。内、外层板应采用不同的钉距，错开铺钉。

③ 除踢脚板的墙端缝之外，纸面石膏板墙丁字或十字相接的阴角缝隙应使用石膏腻子嵌满并粘贴接缝带（穿孔纸带或玻璃纤维网格胶带）。

④ 隔墙两面有多层罩面板时，应交替封板，不可一侧封完再封另一侧，避免单侧受力过大造成龙骨变形。

2. 玻璃砖隔墙施工

（1）工艺流程

放线→固定周边框架→扎筋→排砖→玻璃砖砌筑→勾缝→饰边处理。

（2）施工工艺

1）放线

在墙下面弹好摆底砖线，按标高立好皮数杆，皮数杆的间距以 15~20m 为宜。砌筑前用素混凝土或垫木找平并控制好标高；在玻璃砖墙四周根据设计图纸尺寸要求弹好墙身线。

2）固定周边框架

将框架固定好，用素混凝土或垫木找平并控制好标高，骨架与结构连接牢固。同时做好防水层及保护层。固定金属型材框架用的镀锌钢膨胀螺栓直径不得小于 8mm，间距 ≤500mm。

3）扎筋

① 非增强的室内空心玻璃砖隔断尺寸应符合表 12-1 的规定。

非增强的室内空心玻璃砖隔断尺寸 表 12-1

砖缝的布置	隔断尺寸（m）	
	高度	长度
贯通的	≤1.5	≤1.5
错开的	≤1.5	≤6

室内空心玻璃砖隔断的尺寸超过表 12-1 的规定时，应采用直径为 6mm 或 8mm 的钢筋增强。

当只有隔断的高度超过规定时，应在垂直方向上每 2 层空心玻璃砖水平布一根钢筋；当只有隔断的长度超过规定时，应在水平方向上每 3 个缝垂直布一根钢筋。

当隔断的高度和长度都超过规定时，应在垂直方向上每 2 层空心玻璃砖水平布 2 根钢筋，在水平方向上每 3 个缝至少垂直布一根钢筋。

② 钢筋每端伸入金属型材框架的尺寸不得小于 35mm。用钢筋增强的室内空心玻璃砖隔断的高度不得超过 4m。

4）排砖

玻璃砖砌体采用十字缝立砖砌法。按照排版图弹好的位置线，首先认真核对玻璃砖墙长度尺寸是否符合排砖模数。如果不符合，可调整隔墙两侧的槽钢或木框的厚度及砖缝的厚度。注意隔墙两侧调整的宽度要保持一致，隔墙上部槽钢调整后的宽度也应尽量保持一致。

5）玻璃砖砌筑

① 玻璃砖采用白水泥：细砂＝1：1 的水泥浆或白水泥：108 胶＝100：7 的水泥浆（质量比）砌筑。白水泥浆要有一定的稠度，以不流淌为好。

② 按上、下层对缝的方式，自下而上砌筑。两玻璃砖之间的砖缝宽度不得小于 10mm，且不得大于 30mm。

③ 每层玻璃砖在砌筑之前，宜在玻璃砖上放置十字定位架，卡在玻璃砖的凹槽内。

④ 砌筑时，将上层玻璃砖压在下层玻璃砖上，同时使玻璃砖的中间槽卡在定位架上，两层玻璃砖的间距为 5～10mm，每砌筑完一层后，用湿布将玻璃砖面上沾着的水泥浆擦去。

⑤ 玻璃砖墙宜以 1500mm 高为一个施工段，待下部施工段胶结料强度达到设计强度后再进行上部施工。当玻璃砖墙面积过大时应增加支撑。

⑥ 最上层的空心玻璃砖应伸入顶部的金属型材框架中，伸入尺寸不得小于 10mm，

且不得大于 25mm。空心玻璃砖与顶部金属型材框架的腹面之间应用木楔固定。

6）勾缝

玻璃砖墙砌筑完成后，立即进行表面勾缝。勾缝要勾严，以保证砂浆饱满。先勾水平缝，再勾竖直缝，缝内要平滑，缝的深度要一致。勾缝与抹浆之后，应用布或棉纱将玻璃砖表面擦洗干净，待勾缝砂浆强度达到设计强度后，用硅树脂胶涂敷。也可采用矽胶注入玻璃砖间隙勾缝。

7）饰边处理

① 当玻璃砖墙没有外框时，需要进行饰边处理。饰边通常有木饰边和不锈钢饰边等。

② 金属型材与建筑墙体和屋顶的结合部，以及空心玻璃砖砌体与金属型材框架翼端的结合部应用弹性密封剂密封。

3. 板材隔墙施工

（1）工艺流程

基层处理→放线→配板、修补→支设临时方木→配制胶粘剂→安装 U 形卡件或 L 形卡件（有抗震设计要求时）→安装隔墙板→安装门窗框→设备、电气管线安装→板缝处理。

（2）施工工艺

1）基层处理

清理隔墙板与顶面、地面、墙面的结合部位，凡凸出墙面和地面的浮浆、混凝土块等必须剔除并扫净，结合部位应找平。

2）放线

在结构地面、墙面及顶面，根据图纸用墨斗弹好隔墙定位边线及门窗洞口线，并按板幅宽弹好分档线，线放好后先报相关部门验线。

3）配板、修补

① 板的长度应按楼层高度、结构类型和设计要求选择，墙板与结构连接有刚性连接和柔性连接两种。刚性连接按结构净高尺寸减 20mm；柔性连接比刚性连接高 15mm。

② 隔墙板厚度选用应按设计要求并考虑便于门窗安装，最小厚度不小于 75mm。

③ 安装前要进行选板，有缺棱掉角的，应用与板材混凝土材性相近的材料进行修补，未经修补的坏板或表面酥松的板不得使用。

4）支设临时方木（方木可选择规格 100mm×60mm）

上方木直接压墙定位线顶在上部结构底面，下方木可离楼地面约 100mm，上下方木之间每隔 1.5m 左右立竖向支撑方木，并用木模将下方木与支撑方木之间楔紧。临时方木支撑后，检查竖向方木的垂直度和相邻方木的平面度，合格后即可安装隔墙板。

5）配制胶粘剂

条板与条板拼缝、条板顶端与主体结构黏结采用胶粘剂。加气混凝土隔墙胶粘剂一般采用环保 108 建筑胶聚合砂浆，GRC 空心混凝土隔墙胶粘剂一般采用 SG791、SG792 建筑胶粘剂（791、792 胶泥），增强水泥条板、轻质混凝土条板、预制混凝土板等则采用丙烯酸类聚合物液状胶粘剂（1 号胶粘剂）。

12.4　墙面铺装工程

12.4.1　饰面工程分类

（1）按面层材料不同分为饰面板工程和饰面砖工程。

饰面板工程按面层材料不同分为石材饰面板工程、瓷饰面板工程、金属饰面板工程、木质饰面板工程、玻璃饰面板工程、塑料饰面板工程等；饰面砖工程按面层材料不同分为陶瓷面砖工程和玻璃面砖工程。

（2）按施工工艺不同分为饰面板安装工程和饰面砖粘贴工程。其中，饰面砖粘贴工程按施工部位不同分为内墙饰面砖粘贴工程、外墙饰面砖粘贴工程。

饰面板安装工程一般适用于内墙饰面板安装工程和高度不大于24m、抗震设防烈度不大于7度的外墙饰面板安装工程。饰面砖粘贴工程一般适用于内墙饰面砖粘贴工程和高度不大于100m、抗震设防烈度不大于8度、采用满粘法施工的外墙饰面砖粘贴工程。

12.4.2　施工环境要求

1. 自然环境

饰面板（砖）工程施工的环境条件应满足施工工艺的要求。环境温度及其所用材料温度的控制应符合下列要求：

（1）采用掺有水泥的拌合料粘贴（或灌浆）时，即湿作业施工现场环境温度不应低于5℃。

（2）采用有机胶粘剂粘贴时，环境温度不宜低于10℃。

（3）如环境温度低于上述规定，应采取保证工程质量的有效措施。

2. 劳动作业环境

施工现场的通风、照明、安全、卫生防护设施符合劳动作业要求。

3. 管理环境

（1）安装或粘贴饰面板（砖）的立面已完成墙面、顶棚抹灰工程，经验收合格；有防水要求的部位防水层已施工完毕，经验收合格；门窗框已安装完毕，并检验合格。

（2）水电管线、卫生洁具等预埋件、预留孔洞或安装位置线已确定，并准确留置，经检验符合要求。

12.4.3　材料技术要求

（1）饰面板（砖）工程所有材料进场时应对其品种、规格、外观和尺寸进行验收。其中室内用花岗石、粘贴用水泥、外墙陶瓷面砖应进行复验，金属材料、砂（石）、外加剂、胶粘剂等施工材料按规定进行性能试验。所用材料均应检验合格。

（2）采用湿作业法施工的天然石材饰面板应进行防碱背涂处理。采用传统的湿作业法安装天然石材时，由于水泥砂浆在水化时析出大量的氧化钙，泛到石材表面，产生不规则的花斑，俗称泛碱现象，严重影响建筑物室内外石材饰面的装饰效果。因此，在天然石材安装前，应对石材饰面采用"防碱背涂剂"进行背涂处理。背涂方法应严格按照"防碱背涂剂"涂布工艺施涂。

12.4.4 施工工艺

1. 瓷砖饰面施工

（1）工艺流程

基层处理→抹底层砂浆→排砖及弹线→浸砖→镶贴面砖→清理。

（2）施工工艺

1）基层处理

将残存在基层的砂浆粉渣、灰尘、油污等清理干净，并提前浇水湿润基层。混凝土墙面基层处理：将凸出墙面的混凝土剔平，对基体混凝土表面很光滑的要凿毛，或用可掺界面剂胶的水泥细砂浆做小拉毛墙，也可刷界面剂并浇水湿润基层。

2）抹底层砂浆

用 10mm 厚 1：3 水泥砂浆打底，应分层涂抹砂浆，随抹随刮平抹实，用木抹搓毛。

3）排砖及弹线

待底层灰六七成干时，按图纸要求、面砖规格并结合实际条件进行排砖、弹线。选砖时，应挑选颜色、规格一致的砖。用 1：3 水泥砂浆将边角瓷砖贴在墙面上作为标准点，以控制贴瓷砖的表面平整度。

4）浸砖

浸泡瓷砖时，将瓷砖表面清扫干净，放入净水中浸泡 2h 以上，取出待表面晾干或擦干净后方可使用。

5）镶贴面砖

粘贴应自下而上进行。抹 8mm 厚 1：0.1：2.5 水泥石灰膏砂浆结合层，要刮平，随抹随自上而下粘贴面砖，要求砂浆饱满，亏灰时，取下重贴，并随时用靠尺检查平整度，同时保证缝隙宽度一致。

6）清理

贴完经自检无空鼓、不平、不直后，用棉纱擦干净，用勾缝胶、白水泥或拍干白水泥擦缝，用布将缝的素浆擦匀，将砖面擦净。

2. 石材湿贴施工

（1）工艺流程

施工准备（钻孔、剔槽）→穿铜丝或镀锌铁丝与块材固定→绑扎、固定钢丝网→放线→石材表面处理→安装石材→灌浆→擦缝。

（2）施工工艺

1）施工准备（钻孔、剔槽）

安装前先将饰面板按照设计要求用台钻打眼，事先应钉木架使钻头直对板材上端面，在每块板的上、下两个面打眼，孔位打在距板宽两端 1/4 处，每个面各打两个眼，孔径为5mm，深度为 12mm，孔位距石板背面以 8mm 为宜。

2）穿铜丝或镀锌铁丝与块材固定

把备好的铜丝或镀锌铁丝剪成长 200mm 左右，一端用木楔粘环氧树脂将铜丝或镀锌铁丝伸进孔内固定牢固，另一端将铜丝或镀锌铁丝顺孔槽弯曲并卧入槽内，使大理石或磨光花岗石板上、下端面没有铜丝或镀锌铁丝凸出，以便和相邻石板接缝严密。

3）绑扎、固定钢丝网

首先剔出墙上的预埋筋，把墙面镶贴大理石的部位清扫干净。先绑扎一道竖向 $\phi6$ 钢筋，并把绑好的竖筋用预埋筋弯压于墙面。横向钢筋为绑扎大理石或磨光花岗石板材所用，如板材高度为 600mm 时，第一道横筋在地面以上 100mm 处与主筋绑牢，用于绑扎第一层石板下口的铜丝或镀锌铁丝。第二道横筋绑在 500mm 水平线上方 70~80mm，比石板上口低 2~3cm 处，用于绑扎第一层石板上口的铜丝或镀锌铁丝，再往上每 600mm 绑一道横筋即可。

4）放线

首先将要贴大理石或磨光花岗石的墙面、柱面和门窗套用大线坠从上至下找出垂直。找出垂直后，在地面上顺墙弹出大理石或磨光花岗石等外廓尺寸线。

5）石材表面处理

石材表面充分干燥（含水率应小于 8%）后，用石材防护剂进行石材六面体防护处理。

6）安装石材

按部位取石板并舒直铜丝或镀锌铁丝，将石板就位，把石板下口的铜丝或镀锌铁丝绑扎在横筋上。绑扎时不要太紧可留余量，只要把铜丝或镀锌铁丝和横筋拴牢即可，把石板竖起，便可绑扎大理石或磨光花岗石板上口的铜丝或镀锌铁丝，并用木楔子垫稳，块材与基层间的缝隙一般为 30~50mm。用靠尺板检查调整木楔，再拴紧铜丝或镀锌铁丝，依次向另一方进行。

7）灌浆

把配合比为 1：2.5 的水泥砂浆放入大桶中加水调成粥状，用铁簸箕舀浆徐徐倒入，注意不要碰到大理石，边灌边用橡皮锤轻轻敲击石板面使灌入的砂浆排气。第一层灌注高度为 150mm，不能超过石板高度的 1/3；第一层灌浆很重要，因既要锚固石板下口的铜丝或镀锌铁丝又要固定饰面板，所以要轻轻操作，防止碰撞和猛灌。如发生石板外移错动，应立即拆除重新安装。

8）擦缝

全部石板安装完毕后，清除所有石膏和余浆痕迹，用麻布擦洗干净，并按石板颜色调制色浆嵌缝，边嵌边擦干净，使缝隙密实、均匀、干净、颜色一致。

3. 石材干挂施工

（1）工艺流程

测量放线→钻孔开槽→石板安装→密封嵌胶。

（2）施工工艺

1）测量放线

先将要干挂石材的墙面、柱面、门窗套用经纬仪从上至下找出垂直。同时应考虑石材厚度及石材内皮距结构表面的间距，一般以 60~80mm 为宜。根据石材的高度用水准仪测定水平线并标注在墙上，一般板缝宽为 6~10mm。弹线要从外墙饰面中心向两侧及上下分格进行，误差要匀开。

2）钻孔开槽

安装石板前先准确测量位置，然后再进行钻孔开槽，对于钢筋混凝土或砖墙面，先在石板的两端距孔中心 80～100mm 处开槽钻孔，孔深 20～25mm，然后在墙面相对于石板开槽钻孔的位置钻直径 8～10mm 的孔，将不锈钢膨胀螺栓一端插入孔中固定，另一端挂好锚固件。对于钢筋混凝土柱、梁，由于构件配筋率高，钢筋面积较大，在有些部位很难钻孔开槽，在测量弹线时，应该先在柱或墙面上避开钢筋位置，准确标出钻孔位置，待钻孔及固定好膨胀螺栓锚固件后，再在石板的相应位置钻孔开槽。

3）石板安装

底层石板安装：底层石板应根据固定在墙面上的不锈钢锚固件位置进行安装，具体操作是将石板孔槽和锚固件固定销对位安装好，利用锚固件的长方形螺栓孔调节石板的平整，用方尺找阴阳角方正，拉垂直水平通线找石板上口平直，然后用锚固件将石板固定牢固，用嵌固胶将锚固件填堵固定。

行石板安装：先往下一行石板的插销孔内注入嵌固胶，擦净残余胶液后，将上一行石板按照安装底层石板的操作方法就位。检查安装质量，符合设计及规范要求后进行固定。对于檐口等石板上边不易固定的部位，可用同样方法对石板的两侧进行固定。

4）密封嵌胶

待石板挂贴完毕后，进行表面清洁和清除缝隙中的灰尘，先用直径 8～10mm 的泡沫塑料条填板内侧，留 5～6mm 深的缝，在缝两侧的石板上靠缝粘贴 10～15mm 宽的塑料胶带，以防打胶嵌缝时污染板面，然后用打胶枪填满密封胶，若密封胶将板面污染，必须立即擦净。最后揭掉胶带，清洁石板表面，打蜡抛光，达到质量标准后，拆除脚手架。

4．金属饰面板施工

（1）工艺流程

放线→固定骨架连接件→固定骨架→金属饰面板安装。

（2）施工工艺

1）放线

根据设计图纸的要求和几何尺寸，对要镶贴金属面板的大部面进行吊直、套方、找规矩，并进行实测和放线，确定饰面板的尺寸和数量。

2）固定骨架连接件

骨架的横竖杆件是通过连接件与结构固定的，连接件与结构之间采用膨胀螺栓固定，施工时在螺栓位置画线，按线开孔。

3）固定骨架

骨架进行防腐处理后开始安装，要求位置准确、结合牢固，安装后要全面检查中心线、表面标高。为保证饰面板的安装精度，宜用经纬仪对横竖杆件进行贯通，变形缝处需作妥善处理。

4）金属饰面板安装

墙板的安装顺序是从每面墙的边部竖向第一排下部的第一块板开始，自下而上安装，安装完该面墙的第一排再安装第二排。每安装完 10 排墙板后，应吊线检查一次，以便及时消除误差。为保证墙面外观质量，螺栓位置必须准确，并应用单面施工的钩形螺栓固定，使螺栓的位置横平竖直。固定金属板的方法有两种，一种是将板条或方板用螺栓拧到型钢或木架上，另一种是将板条卡在特制的龙骨上。饰面板安装完毕后，应用塑料薄膜覆盖保护，易被划碰的部位，应设安全栏杆保护。

5. 木饰面板施工

（1）工艺流程

放线→铺设木龙骨→木龙骨刷防火涂料→安装防火夹板→安装面层板。

（2）施工工艺

1）放线

根据图纸和现场实际测量的尺寸，确定基层木龙骨的分格尺寸，将施工面积按300～400mm均匀分格作为木龙骨的中心位置，然后用墨斗弹线，完成后进行复查，检查无误后开始安装木龙骨。

2）铺设木龙骨

用木方采用半榫扣方，做成网片安装在墙面上，安装时先在木龙骨交叉中心线位置打直径14～16mm的孔，将直径14～16mm、长50mm的木楔植入，将木龙骨网片用10cm铁钉固定在墙面上，再用靠尺和线坠检查平整和垂直度，并进行调整，以达到质量要求。

3）木龙骨刷防火涂料

铺设木龙骨后将木质防火涂料涂刷在基层木龙骨可视面上。

4）安装防火夹板

用自攻螺钉固定防火夹板，安装后用靠尺检查平整，如果不平整应及时修复直到合格为止。

5）安装面层板

面层板用专用胶水粘贴后用靠尺检查平整，如果不平整应及时修复直到合格为止。

6. 玻璃饰面安装

（1）工艺流程

基层处理→放线→玻璃安装→清洁及保护。

（2）施工工艺

1）基层处理

水泥砂浆基层：将基层的砂浆粉渣、灰尘、油污等清理干净，要求平整、无空鼓缺陷。

木龙骨夹板基层：表面应洁净、平整、垂直。

2）放线

根据设计要求，在安装基面上划出玻璃安装线。

3）玻璃安装

① 组合粘贴小块玻璃镜面时，应从下边开始，按弹线位置逐步向上粘贴，并在块与块的对缝处涂少许中性玻璃胶，对于大块玻璃镜面的安装，应按照不同的安装方式，采用相应的工艺。

② 嵌压式安装，在木压条固定时，宜使用20～25mm枪钉固定，避免使用普通圆钉震破镜面；铝压条和不锈钢压条可采用无钉工艺，先用木衬条卡住玻璃镜，再用胶粘剂将压条粘卡在木衬条上，然后在压条与玻璃镜之间的角位处封玻璃胶。

③ 柱面釉面玻璃安装时，考虑每面玻璃均用整块，45°碰角。在背面釉面上挂一层结

构胶，然后将玻璃固定到位，避免结构胶固化之前玻璃发生滑移。

④ 玻璃在墙柱面转角处应用线条压边，或磨边对角，或用玻璃胶等方法进行衔接处理，以满足设计要求。

⑤ 用线条压边衔接时，应在粘贴玻璃的面上留出线条安装位置，以便固定线条。

⑥ 用玻璃胶收边，可将玻璃胶注在线条的角位，也可注在两块镜面的对角口处。

⑦ 玻璃直接在建筑基面安装时，如其基面不平整，应重新批灰抹平，或加木夹板基面。安装前，应在玻璃背面粘贴牛皮纸保护层，线条和玻璃钉都应钉在埋入墙面的木楔上。

4）清洁及保护

安装完毕，应清洁玻璃面，必要时在玻璃面覆加保护层，以防损坏。

12.5　涂饰工程

12.5.1　涂饰工程分类

涂饰工程按采用的建筑涂料主要成膜物质的化学成分不同，分为水性涂料涂饰工程、溶剂型涂料涂饰工程、美术涂饰工程。水性涂料涂饰工程包括乳液型涂料、无机涂料、水溶性涂料等涂饰工程。溶剂型涂料涂饰工程包括丙烯酸酯涂料、聚氨酯丙烯酸涂料、有机硅丙烯酸涂料等涂饰工程。美术涂饰工程包括室内外套色涂饰、滚花涂饰、仿花纹涂饰等涂饰工程。

建筑装饰常用的涂料有：乳胶漆、美术漆、氟碳漆等。

12.5.2　施工环境要求

（1）水性涂料涂饰工程施工的环境温度应在 5～35℃ 之间，并注意通风换气和防尘。

（2）涂饰工程应在抹灰、吊顶、细部、地面湿作业及电气工程等已完成并验收合格后进行。其中新抹的砂浆常温要求 7d 以后，现浇混凝土常温要求 28d 以后，方可涂饰建筑涂料，否则会出现粉化或色泽不均匀等现象。

（3）基层应干燥，混凝土及抹灰面层的含水率应在 10％ 以下，基层的 pH 值不得大于 10。

（4）门窗、灯具、电器插座及地面等应进行遮挡，以免施工时被涂料污染。

（5）冬期施工室内温度不宜低于 5℃，相对湿度为 85％，并在采暖条件下进行，室温保持均衡，不得突然变化。同时应设专人负责测试和开关门窗，以利通风和排除湿气。

12.5.3　材料技术要求

涂饰工程应优先采用通过绿色环保认证的建筑涂料。

民用建筑工程室内装修所用的水性涂料必须有同批次产品的挥发性有机化合物（VOC）和游离甲醛含量检测报告，溶剂型涂料必须有同批次产品的挥发性有机化合物（VOC）、苯、甲苯＋二甲苯、游离甲苯二异氰酸酯（TDI）含量检测报告，并应符合设计及规范要求。

12.5.4　施工工艺

1. 乳胶漆施工

（1）工艺流程

基层处理→刮腻子→刷底漆→刷面漆。

（2）施工工艺

1）基层处理

将墙面起皮及松动处清除干净，并用水泥砂浆将墙面磕碰处及坑洼、缝隙等处补抹、找平，干燥后用砂纸将凸出处磨掉，将残留灰渣铲干净，然后将墙面扫净。

2）刮腻子

刮腻子遍数可由墙面平整程度决定，通常为三遍，第一遍用胶皮刮板横向满刮，干燥后打磨砂纸，将浮腻子及斑迹磨光，然后将墙面清扫干净。第二遍用胶皮刮板竖向满刮，所用材料及方法同第一遍腻子，干燥后用砂纸磨平并清扫干净。第三遍用胶皮刮板找补腻子或用钢片刮板满刮腻子，将墙面刮平刮光，干燥后用细砂纸磨平磨光，不得遗漏或将腻子磨穿。批刮的腻子层不宜过厚，且必须待第一遍干透后方可批刮第二遍。底层腻子未干透不得做面层。

3）刷底漆

涂刷顺序是先刷天花后刷墙面，墙面是先上后下。将基层表面清扫干净。乳胶漆用排笔（或滚筒）涂刷，使用新排笔时，应将排笔上不牢固的毛清理掉。底漆使用前应加水搅拌均匀，待干燥后复补腻子，腻子干燥后再用砂纸磨光，并清扫干净。

4）刷面漆（1～3 遍）

操作要求同底漆，使用前充分搅拌均匀。刷第二、三遍面漆时，需待前一遍漆膜干燥且用细砂纸打磨光滑并清扫干净后再进行。

2. 美术漆施工

（1）工艺流程

基层处理→刮腻子→打磨砂纸→刷封闭底漆→涂装质感涂料。

（2）施工工艺

基层处理、刮腻子以及刷封闭底漆的施工工艺与乳胶漆施工工艺相同，其中，刷封闭底漆须在基层腻子干透后，涂刷一遍。

涂装质感涂料：待封闭底漆干燥后，即可涂装质感涂料。一般采用刮涂或喷涂等施工方法。刮涂（抹涂）施工是用铁抹子将涂料均匀刮涂到墙上，并根据设计图纸的要求，刮出各种造型，或用特殊的施工工具制作出不同的艺术效果。喷涂施工是用喷枪将涂料按设计要求喷涂于基层上，喷涂施工时应注意控制涂料的黏度、喷枪的气压、喷口的大小、喷射距离以及喷射角度等。

3. 氟碳漆施工

（1）工艺流程

基层处理→铺挂玻纤网→分格缝切割→粗找平腻子施工→分格缝填充→细找平腻子施工→满批抛光腻子→喷涂底涂→喷涂中涂→喷涂面涂→罩光油→分格缝刷涂。

（2）施工工艺

1）基层处理

将墙面起皮及松动处清除干净，并用水泥砂浆将墙面磕碰处及坑洼、缝隙处补抹、找平，干燥后用砂纸将凸出处磨掉，将残留灰渣铲干净，然后将墙面扫净。

2）铺挂玻纤网

涂满批粗找平腻子一道，厚度 1mm 左右，然后平铺玻纤网，用铁抹子压实，使玻纤网和基层紧密连接，再在上面涂满批粗找平腻子一道。铺挂玻纤网后，干燥 12h 上，可进入下道工序。

3）分格缝切割

依图纸或甲方要求给分格缝定位，宽度为 2.0cm 的分格缝，要求用墨线弹出宽度为 1.6cm 的定位线。用切割机沿定位线切割分格缝，切割深度为 1.5cm。切割后，用锤、凿等工具，将缝芯挖掉，将缝的两边修平。

4）粗找平腻子施工

挑刮。涂完第一遍满批腻子后，用刮尺对每一块由下至上刮平，待干燥后，进行打磨，除去刮痕印。涂完第二遍满批腻子后，用刮尺对每一块由左至右刮平，以上打磨使用 80 号砂纸或砂轮片施工。涂完第三遍满批腻子后，用批刀收平，待干燥后，用 120 号以上砂纸仔细打磨，除去批刀印和接痕。每遍腻子施工完成后，洒水养护 4 次，每次养护间隔 4h。

5）分格缝填充

填充前，先用水润湿缝芯。将配好的浆料填入缝芯后，干燥约 5min，用直径 2.5cm（或稍大）的圆管在填缝料表面拖出圆弧状的造型。

6）细找平腻子施工

批涂。满批后，用批刀收平，待干燥后，用 280 号以上砂纸仔细打磨，除去批刀印和接痕。细腻子施工完成后，干燥发白时即可打磨，洒水养护，两次养护间隔 4h，养护次数不少于 4 次。

7）满批抛光腻子

批涂。满批后，用批刀收平。干燥后，用 300 号以上砂纸打磨；打磨后，用抹布除尘。

8）喷涂底涂

腻子层表面形成可见涂膜，无漏喷现象。施工完成后，至少干燥 24h（晴天），方可进入下道工序。

9）喷涂中涂

喷涂两遍。先进行第一遍喷涂（薄涂）。充分干燥后进行第二遍喷涂（厚涂）。干燥 12h 以后，用 600 号以上砂纸打磨，打磨必须认真彻底，但不可磨穿中涂。打磨后，必须用抹布除尘。

10）喷涂面涂

两遍喷涂（薄涂）。第一遍充分干燥后进行第二遍。

11）罩光油

施工方法同面涂。

12）分格缝刷涂

施工方法为刷涂。用美纹纸胶带沿缝两边贴好保护，刷涂两遍分格着色涂料。待干燥后，撕去美纹纸。

12.6 地面铺装工程

12.6.1 地面铺装工程分类

按面层材料不同分为：石材面层，瓷砖面层，竹、木面层，地毯面层，塑料面层。

12.6.2 施工环境要求

（1）材料检验完毕并符合要求。

（2）已对所覆盖的隐蔽工程进行验收且合格，并进行隐检会签。

（3）施工前，应做好水平标志，以控制铺设的高度和厚度，可采用树尺、拉线、弹线等方法。

（4）对所有作业人员已进行了技术交底，特殊工种必须持证上岗。

（5）作业时的环境如天气、温度、湿度等状况应满足施工质量可达到标准的要求。

（6）竖向穿过地面的立管已安装完毕，并装有套管。如有防水层，基层和构造层已找坡，管根已作防水处理。

（7）门框安装到位，并通过验收。

（8）基层洁净，缺陷已处理完毕，并作了隐蔽验收。

12.6.3 材料技术要求

地面铺装工程采用的材料应按设计要求和《建筑地面工程施工质量验收规范》GB 50209—2010 的规定选用，并应符合现行国家、行业材料标准的规定；进场材料应有中文质量合格证明文件及规格、型号和性能检测报告，对重要材料应有复验报告。

12.6.4 施工工艺

1. 石材面层施工

（1）工艺流程

基层处理→放线→试拼石材→铺设结合层砂浆→铺设石材→养护→勾缝。

（2）施工工艺

1）基层处理

把沾在基层上的浮浆、落地灰等用錾子或钢丝刷清理掉，再用扫帚将浮土清扫干净。

2）放线

根据水平标准线和设计厚度，在四周墙、柱上弹出面层的水平标高控制线。

3）试拼石材

将房间依照石材的尺寸排出石材的放置位置，并在地面上弹出十字控制线和分格线。

4）铺设结合层砂浆

铺设前应将基底湿润，并在基底上刷一道素水泥浆或界面结合剂，随刷随铺设搅拌均匀的干硬性水泥砂浆。

5）铺设石材

将石材放置在干拌料上，用橡皮锤敲打找平，之后将石材拿起，在干拌料上浇适量素水泥浆，同时在石材背面涂厚度约 1mm 的素水泥膏，再将石材放置在找过平的干拌料上，用橡皮锤将石材按标高控制线和方正控制线坐平坐正。

6）养护

大石材面层铺贴完毕后应进行养护，养护时间不得少于 7d。

7）勾缝

当石材面层的强度达到可上人的时候（结合层抗压强度达到 1.2MPa）进行勾缝，勾缝采用同种、同强度等级、同色的掺色水泥膏或专用勾缝膏。颜料应使用矿物颜料，严禁使用酸性颜料。缝要求清晰、顺直、平整、光滑、深浅一致，缝色与石材颜色一致。

2. 瓷砖面层施工

（1）工艺流程

基层处理→放线→浸砖→铺设结合层砂浆→铺砖→养护→勾缝→检查验收。

（2）施工工艺

1）基层处理

把沾在基层上的浮浆、落地灰等用錾子或钢丝刷清理掉，再用扫帚将浮土清扫干净。

2）放线

根据水平标准线和设计厚度，在四周墙、柱上弹出面层的上平标高控制线。

3）浸砖

瓷砖铺贴前应在水中充分浸泡，以保证铺贴后不致吸走灰浆中的水分而粘贴不牢。浸水后的瓷砖应阴干备用，阴干的时间视气温而定，一般为 3～5h，以瓷砖表面有潮湿感但手按无水迹为准。

4）铺设结合层砂浆

铺设前应将基底湿润，并在基底上刷一道素水泥浆或界面结合剂，随刷随铺设搅拌均匀的干硬性水泥砂浆。

5）铺砖

将瓷砖放置在干拌料上，用橡皮锤敲打找平，之后将瓷砖拿起，在干拌料上浇适量素水泥浆，同时在瓷砖背面涂厚度约 1mm 的素水泥膏，再将瓷砖放置在找过平的干拌料上，用橡皮锤将瓷砖按标高控制线和方正控制线坐平坐正。

6）养护

当瓷砖面层铺贴完 24h 内应进行养护，养护时间不得少于 7d。

7）勾缝

当瓷砖面层的强度达到可上人的时候进行勾缝，勾缝采用同种、同强度等级、同色的水泥膏或 1∶1 水泥砂浆，缝要求清晰、顺直、平整、光滑、深浅一致，缝应低于瓷砖面 0.5～1mm。

3. 竹、木面层施工

（1）工艺流程

基层处理→安装木格栅→铺毛地板→铺竹、木地板→刨平磨光。

（2）施工工艺

1）基层处理

把沾在基层上的浮浆、落地灰等用錾子或钢丝刷清理掉，再用扫帚将浮土清扫干净。

2）安装木格栅

先在楼板上弹出各木格栅的安装位置线（间距300mm或按设计要求）及标高，将格栅（断面为梯形，宽面在下）放平、放稳，并找好标高，用膨胀螺栓和角码（角钢上钻孔）把格栅牢固地固定在基层上，木格栅与基层间缝隙应用干硬性砂浆填密实。

3）铺毛地板

根据木格栅的模数和房间的情况，将毛地板下好料。将毛地板牢固钉在木格栅上，钉法采用直钉和斜钉混用，直钉钉帽不得凸出板面。毛地板可采用条板，也可采用整张的细木工板或中密度板等类产品。采用整张板时，应在板上开槽，槽的深度为板厚的1/3，方向与格栅垂直，间距200mm左右。

4）铺竹、木地板

从墙的一边开始铺钉企口竹地板，靠墙的一块板应离开墙面10mm左右，以后逐块排紧。钉法采用斜钉，竹地板面层的接头应按设计要求留置。铺竹地板时应从房间内退着往外铺设。

5）刨平磨光

需要刨平磨光的地板应先粗刨后细刨，使面层完全平整后再用砂带机磨光，最后进行油漆。不符合模数的板块，其不足部分在现场根据实际尺寸将板块切割后镶补，并应用胶粘剂加强固定。

4. 地毯面层施工

（1）工艺流程

基层处理→放线→地毯剪裁→钉倒刺板→铺衬垫→铺设地毯→细部收口。

（2）施工工艺

1）基层处理

把沾在基层上的浮浆、落地灰等用錾子或钢丝刷清理掉，再用扫帚将浮土清扫干净。如条件允许，用自流平水泥将地面找平为佳。

2）放线

严格依照设计图纸对各个房间的铺设尺寸进行度量，检查房间的方正情况，并在地面上弹出地毯的铺设基准线和分格定位线。活动地毯应根据地毯的尺寸，在房间内弹出定位网格线。

3）地毯剪裁

根据放线定位的数据，剪裁出地毯，长度应比房间长度大20mm。

4）钉倒刺板

沿房间四周踢脚边缘，将倒刺板牢固钉在地面基层上，倒刺板应距踢脚8~10mm。

5）铺衬垫

将衬垫采用点粘法粘在地面基层上，要离开倒刺板10mm左右。

6）铺设地毯

先将地毯的一条长边固定在倒刺板上，毛边掩到踢脚板下，用地毯撑子拉伸地毯，直到拉平为止；然后将另一端固定在另一边的倒刺板上，毛边掩到踢脚板下。一个方向拉伸完，再进行另一个方向的拉伸，直到四个边都固定在倒刺板上。当地毯边长较长时，应多人同时操作，拉伸完毕时应确保地毯的图案无扭曲变形。

当地毯需要接长时，应采用缝合或烫带黏结（无衬垫时）的方式，缝合应在铺设前完成，烫带黏结应在铺设的过程中进行，接缝处应与周边无明显差异。

7）细部收口

地毯与其他地面材料交接处和门口等部位，应用收口条作收口处理。

5. 塑料面层施工

（1）工艺流程

基层处理→弹线→刷底胶→铺塑料板。

（2）施工工艺

1）基层处理

把基层上的浮浆、落地灰等用錾子或钢丝刷清理掉，再用扫帚将浮土清扫干净。用自流平水泥将地面找平，养护至达到强度要求。然后打磨及清洁，不得残留白灰。

2）弹线

将房间依照塑料板的尺寸，排出塑料板的放置位置，并在地面上弹出十字控制线和分格线。

3）刷底胶

铺设前应将基底清理干净，并在基底上刷一道薄而均匀的底胶，底胶干燥后，按弹线位置沿轴线由中央向四周铺贴。

4）铺塑料板

将塑料板背面用干布擦净，在铺设塑料板的位置和塑料板的背面各涂刷一道胶。在涂刷基层时，应超出分格线 10mm，涂刷厚度应小于 1mm。在粘贴塑料板时，应待胶干燥至不沾手为宜，按已弹好的线铺贴，应一次就位准确，粘贴密实。基层涂刷胶粘剂时，涂刷面积不得过大，要随贴随刷。

铺塑料板时应先在房间中间按照十字线铺设十字控制板块，之后按照十字控制板块向四周铺设，并随时用 2m 靠尺和水平尺检查平整度。大面积铺贴时应分段、分部位铺贴。

塑料卷材的铺贴：预先按已计划好的卷材铺贴方向及房间尺寸裁料，按铺贴顺序编号，刷胶铺贴时，将卷材的一边对准所弹的尺寸线，用压滚压实，要求对线连接平顺，不卷不翘。然后依以上方法铺贴。

当板块缝隙需要焊接时，宜在 48h 以后施焊。焊条成分、性能与被焊的板材性能要相同。冬期施工时，环境温度不应低于 10℃。

12.7 幕墙工程

建筑幕墙是建筑物主体结构外围的围护结构，具有防风、防雨、隔热、防火、抗震和避雷等多种功能。按幕墙材料可分为玻璃幕墙、石材幕墙、金属幕墙、混凝土幕墙和组合幕墙。建筑幕墙材料及技术要求高，相关构造特殊，工程造价要高于一般做法的外墙。建筑幕墙具有新颖耐久、美观时尚、装饰感强、施工快捷、便于维修等特点，是一种广泛应用于现代建筑的结构构件。

12.7.1 建筑幕墙施工前的准备工作

1. 预埋件制作

常用建筑幕墙预埋件有平板型和槽型两种，其中平板型预埋件应用最为广泛。

（1）平板型预埋件的加工要求

1）锚板宜采用 Q235B 级钢，锚筋采用 HPB235 级（光圆）钢筋或 HRB335 级、HRB400 级（带肋）热轧钢筋，严禁使用冷加工钢筋。除受压直锚筋外，当采用光圆钢筋时，钢筋末端应做 $180°$ 弯钩。

2）直锚筋与锚板应采用 T 形焊。当锚筋直径不大于 20mm 时，宜采用压力埋弧焊；当锚筋直径大于 20mm 时，宜采用穿孔塞焊。不允许把锚筋弯成 Ⅱ 形或 L 形与锚板焊接。当采用手工焊时，焊缝高度不宜小于 6mm 及 $0.5d$（HPB235 级钢筋）或 $0.6d$（HRB335 级、HRB400 级钢筋），d 为锚筋直径。

3）当预埋件采用热镀锌防腐处理时，锌膜厚度应大于 $45\mu m$。

4）预埋件制作允许偏差：预埋件制作时，锚板、锚筋及锚筋与锚板的垂直度等允许偏差应按规范要求控制，其中锚筋长度不允许有负偏差。

（2）槽型预埋件的加工要求

1）材料同平板型预埋件。

2）加工精度，预埋件长度、宽度和厚度，槽口、锚筋尺寸以及锚筋与锚板的垂直度等允许偏差应按规范要求控制，其中锚板尺寸、槽口尺寸及锚筋长度不允许有负偏差。

3）预埋件表面及槽内应进行防腐处理。

2. 预埋件安装

（1）预埋件应在主体结构浇捣混凝土时按照设计要求的位置、规格埋设。

（2）为保证预埋件与主体结构连接的可靠性，连接部位的主体结构混凝土强度等级不应低于 C20。

（3）预埋件的锚筋应置于混凝土构件最外排主筋的内侧。为防止预埋件在混凝土浇捣过程中产生位移，应将预埋件与钢筋或模板连接固定；在混凝土浇捣过程中，派专人跟踪观察，若有偏差应及时纠正；梁板顶面的预埋件，一般与混凝土浇捣同步预埋，随捣随埋，预埋板下面的混凝土应注意振捣密实。

（4）浇捣混凝土前，应进行隐蔽工程验收。验收内容包括预埋件的规格、型号、位置、数量、锚固方式、防腐处理等。

（5）在已埋入混凝土结构构件的预埋件锚板面上施焊时，应避免高温灼伤混凝土。外露结构构件的预埋件锚板表面，在焊接幕墙连接件后，应及时涂刷防腐涂料。

（6）幕墙与砌体结构连接时，宜在连接部位的主体结构上增设钢筋混凝土或钢结构梁、柱。轻质填充墙不应作幕墙的支承结构。

3. 施工测量

（1）根据土建施工单位给出的标高基准点和轴线位置，对已施工的主体结构与幕墙有关的部位进行全面复测。复测的内容包括：轴线位置、各层标高、垂直度、混凝土结构构件（梁、柱、墙、板等）局部偏差和凹凸程度等。

（2）根据主体结构实际偏差程度，绘制测量成果图。对微小的偏差，可采取调整幕墙的分格和平面位置分段进行消化，避免偏差积累。并且应将施工图调整意见提交给建设、设计等有关单位，经洽商同意并修改施工图后，方可进行施工。

（3）在测量主体结构的同时应对预埋件的实际位置进行测绘，给出预埋件位置（上下、左右、进出）偏差的数据。预埋件位置偏差过大或未设预埋件时，应制定补救措施或可靠连接方案，经与建设、设计单位洽商同意后方可实施，并将施工图调整意见提交给建设、设计等有关单位，经图纸修改后，方可进行施工。

（4）由于主体结构施工偏差而妨碍幕墙施工时，应会同建设、土建施工单位采取相应措施，并在幕墙安装前实施。

（5）在幕墙安装过程中，应定期对安装定位的基准进行校核。

（6）对高层建筑的测量应在风力不大于 4 级时进行，以保证施工安全和测量数据的准确。

4. 后置埋件（锚栓）施工要求

（1）锚栓的类型、规格、数量、布置和锚固深度必须符合设计和有关标准规定。

（2）埋设锚栓的基体混凝土应满足设计要求。如混凝土强度达不到设计要求，应报设计单位修改锚固参数。风化混凝土、严重裂损混凝土、不密实混凝土、结构抹灰层、装饰层等，均不得作为锚固基材。

（3）混凝土应坚实、平整，不应有起砂、起壳、蜂窝、麻面、油污等影响锚固承载力的缺陷。

（4）锚栓不得布置在混凝土保护层中，锚固深度不得包括混凝土的饰面层或抹灰层。

（5）锚栓不宜设置在钢筋密集的区域（如承重梁的底部），应避开受力主钢筋，钻孔不得伤及钢筋。对于废孔，应用化学锚固胶或高强度的树脂水泥砂浆填实。

（6）对于扩孔型锚栓的锚孔，应用空压机或手动气筒吹净孔内粉屑，孔道应基本干燥；对于化学植筋的锚孔，应先用空压机或手动气筒吹净孔内碎渣和粉尘，再用丙酮擦拭孔道，并保持孔道干燥。膨胀型锚栓不应用在有抗震要求的建筑幕墙与主体结构的连接上。

（7）在与化学植筋或化学锚栓连接件进行焊接操作时，应充分考虑焊接对锚栓承载力和锚固性能的影响，必要时，增加锚栓的数量。

（8）碳素钢锚栓应经过防腐处理。

（9）每个连接节点应少于 2 个锚栓。

（10）锚栓直径应通过承载力计算确定，并不应小于 10mm。

（11）扩孔型锚栓的埋设应牢固、可靠。

（12）化学植筋或化学锚栓植入锚孔后，应按生产厂家提供的养护条件进行养护固化，固化期间禁止扰动。

（13）有明确耐火极限要求的幕墙，不应使用化学锚栓。

（14）后加锚栓施工后，应按 5‰ 比例随机抽样进行现场承载力试验，锚栓的极限承载力应大于设计值的一倍。必要时，还应进行极限拉拔试验。

（15）锚栓在可变荷载作用下的承载力设计值应取其承载力标准值除以系数 2.15；在永久荷载作用下的承载力设计值应取其承载力标准值除以系数 2.5。

12.7.2 玻璃幕墙工程施工方法和技术要求

1. 半隐框、隐框玻璃幕墙玻璃板块制作

（1）半隐框、隐框玻璃幕墙的玻璃板块制作是保证玻璃幕墙工程质量的一项关键性工作，而在注胶前对玻璃面板及铝框的清洁工作又是关系到玻璃板块加工质量的一个重要工序。清洁工作应采用"两次擦"的工艺进行，即用一块干净的布把黏结在玻璃面板和铝框上的尘埃、油渍等污物清除干净，在溶剂完全挥发前，用第二块干净的布将表面擦干。每清洁一个构件或一块玻璃，应更换清洁的干擦布；一块布只能用一次，不许重复使用，或应洗净晾干后再使用；不应将擦布浸泡在溶剂里，应将溶剂倾倒在擦布上；玻璃槽口可用干净的布包裹油灰刀进行清洗。使用和贮存溶剂，应用干净的容器。

（2）玻璃面板和铝框清洁后应在 1h 内注胶；注胶前再度污染时，应重新清洁。

（3）硅酮结构密封胶注胶前必须取得合格的相容性检验报告，根据检验报告要求，必要时应加涂底漆。不得使用过期的密封胶。

（4）玻璃板应在洁净、通风的室内注胶。室内的环境温度、湿度条件应符合结构胶产品的规定。要求室内洁净，温度宜在 15～30℃ 之间，相对湿度不宜低于 50%。

（5）低辐射镀膜（Low-E）玻璃的镀膜层在空气中非常容易氧化，其膜层易与结构胶发生化学反应，与结构胶的相容性较差，故应根据其镀膜材料的黏结性能和其他的技术要求，制定加工工艺，必要时采取除膜、加底漆或其他措施。镀膜层与硅酮结构密封胶不相容时，应在注胶部位除去镀膜层。

（6）玻璃板块制作时，应正确掌握玻璃朝向。单片镀膜玻璃的镀膜面一般应朝向室内一侧；阳光控制镀膜中空玻璃的镀膜面应朝向中空气体层，即在第二面或第三面上；低辐射镀膜中空玻璃的镀膜面位置应按设计要求确定。

（7）填注硅酮结构密封胶：硅酮结构密封胶有单组分和双组分两种。注胶必须饱满、密实、均匀、无气泡，胶缝表面应平整、光滑；收胶缝的余胶不得重复使用。

（8）与单组分硅酮结构密封胶相比，双组分硅酮结构密封胶具有固化时间短、成本较低的优越性，对于工程量大、工期紧的幕墙工程尤其适用。它是由密封胶的基剂和固化剂两个组分组成的，所以在使用双组分硅酮结构密封胶时，还应进行混匀性（蝴蝶）试验和拉断（胶杯）试验。混匀性（蝴蝶）试验旨在检验结构胶的混匀程度；拉断（胶杯）试验则是检验结构胶两个组分的配合比是否正确。

（9）加工好的玻璃板块，随机进行剥离试验，以判断硅酮结构密封胶与铝框的黏结强度及结构密封胶的固化程度。

（10）做好板块生产记录和硅酮结构密封胶剥离试验、混匀性（蝴蝶）试验及拉断（胶杯）试验等报告。板块生产记录应包括生产日期，黏结面的清洁情况，环境温度、湿度，每批产品规格、数量，操作人员姓名等。

（11）板块的养护：板块在填注硅酮结构密封胶后，应在温度 20℃、湿度 50% 以上的

干净室内养护。单组分硅酮结构密封胶靠吸收空气中的水分而固化，固化时间一般为14～21d；双组分硅酮结构密封胶固化时间一般为 7～10d。

（12）硅酮结构密封胶承受永久荷载的能力很低，规范要求隐框或横向半隐框玻璃幕墙每块玻璃下端应设置两个铝合金或不锈钢托条。托条应能承受该分格玻璃的自重，其长度不应小于 100mm，厚度不应小于 2mm，高度不应超出玻璃外表面，托条上应设置衬垫。托条应在玻璃板块制作时设置。明框幕墙中的隐框开启扇玻璃下端也应设置托条。

（13）严格遵守所用溶剂产品要求注意的事项。使用溶剂的场所严禁烟火。

2. 玻璃幕墙其他构件制作

（1）铝合金构件的截料，钻孔，槽、豁、榫的加工和构件的装配都应根据有关幕墙技术规范的规定加工。

（2）玻璃的加工包括玻璃的深加工（钢化、夹层、中空等），一般由玻璃生产厂家根据施工单位委托的加工单和技术要求进行加工。施工单位应根据玻璃幕墙技术规范和检验标准进行验收。

（3）隐框、半隐框及点支承玻璃幕墙用中空玻璃的两道密封应采用硅酮结构密封胶，隐框、半隐框玻璃幕墙用中空玻璃胶缝尺寸应通过设计计算确定，在委托加工时应明确。

（4）钢结构构件包括钢型材立柱、横梁、点支承玻璃幕墙的支承结构和连接件，这些构件都应根据《钢结构工程施工规范》GB 50755—2012、《钢结构工程施工质量验收规范》GB 50205—2001、《玻璃幕墙工程技术规范》JGJ 102—2003 等的有关规定进行加工。

3. 构件式玻璃幕墙安装

构件式玻璃幕墙是在现场依次安装立柱、横梁和玻璃面板的框支承玻璃幕墙，包括明框玻璃幕墙、隐框玻璃幕墙和半隐框玻璃幕墙三类。

（1）立柱安装

1）立柱可采用铝合金型材或钢型材。铝合金型材截面开口部位的厚度不应小于3.0mm，闭口部位的厚度不应小于 2.5mm；钢型材截面受力部位的厚度不应小于 3.0mm。

2）铝合金立柱通常是一层楼高为一整根，接头应有一定空隙，每根之间通过活动接头连接。当每层设两个支点时，一般宜设计成受拉构件，不设计成受压构件。上支点宜设圆孔，在上端悬挂，采用长圆孔或椭圆孔与下端连接，形成吊挂受力状态。

3）铝合金立柱与钢镀锌连接杆（支座）接触面之间应加防腐隔离柔性垫片，以防止不同金属接触产生双金属腐蚀。

4）为了防止偶然因素的影响而使连接破坏，每个连接部位至少需要布置 2 个受力螺栓。螺栓直径不宜小于 10mm。

5）立柱应先与连接件（角码）连接，然后连接件再与主体结构预埋件连接。立柱与主体结构连接必须具有一定的适应位移能力。采用螺栓连接时，应有可靠的防松、防滑措施。

6）立柱先进行预装，初步定位后，应进行自检，不符合规范之处应进行调校修正。自检合格后，报请质检、监理部门检验，检验合格后，才能将连接件正式焊接牢固。立柱安装就位、调整后，也应及时紧固。

7）立柱上、下柱之间应留有不小于 15mm 的缝隙，闭口型材可采用长度不小于

250mm 的芯柱连接，芯柱与立柱应紧密配合。芯柱与上柱或下柱之间可用不锈钢螺栓连接。开口型材上柱与下柱之间可采用等强型材机械连接。上、下柱之间的缝隙应填注耐候密封胶密封。

8）立柱安装轴线偏差、相邻两根立柱安装标高偏差、同层立柱的最大标高偏差及相邻两根立柱固定点的间距偏差等应符合规范要求。

9）玻璃幕墙工程采用后置埋件，在开始安装幕墙与主体结构之间的连接件前，应按规范要求的比例对后置锚栓的承载力进行现场抽样检验，合格后方能进行幕墙安装。

（2）横梁安装

1）横梁可采用铝合金型材或钢型材。当铝合金型材横梁跨度不大于 1.2m 时，其截面主要受力部位的厚度不应小于 2.0mm；当铝合金型材横梁跨度大于 1.2m 时，其截面主要受力部位的厚度不应小于 2.5mm。采用钢型材时，其截面主要受力部位的厚度不应小于 2.5mm。

2）横梁一般分段与立柱连接。为了防止幕墙构件连接部位产生摩擦噪声，横梁与立柱连接处应设置柔性垫片或预留 1～2mm 的间隙，间隙内填注硅酮建筑密封胶。

3）当横梁安装完成一层高度时，应及时进行检查、校正和固定。

4）横梁与立柱间的连接紧固件应按设计要求采用不锈钢螺栓、螺钉等连接。不锈钢宜采用奥氏体，且含镍量不应小于 8%。

5）明框幕墙横梁及组件上的导气孔和排水孔位置应符合设计要求，安装时应保证导气孔和排水孔通畅。

6）同一根横梁两端或两根横梁水平标高偏差和同层横梁标高偏差应符合规范要求。

7）横梁与立柱的连接应采取加强措施，尤其是对分格大、玻璃层数多的幕墙，应采用可靠的加强措施，防止横梁受扭外倾。

（3）玻璃面板安装

1）玻璃面板出厂前，应按规格编号。运到现场后应分别放置在其所在楼层的室内，靠墙（或用专用钢架）放置，并加强保护，防止碰撞损坏、面板涂膜层被划伤及面板滑动倾倒等现象。

2）半隐框、隐框玻璃幕墙的玻璃板块在经过硅酮结构密封胶剥离试验和质量检验（抽样检验）合格后，方可运输到现场。

3）玻璃面板一般采用机械或人工吸盘安装，要求玻璃板面必须擦拭干净，避免吸盘漏气，保证施工安全。

4）半隐框、隐框玻璃幕墙的玻璃板块安装前，应对四周的立柱、横梁和板块铝合金副框进行清洁工作，以保证嵌缝密封胶的黏结强度。隐框玻璃幕墙玻璃板块安装完成后，应按规范要求对"隐框玻璃板块固定"项目进行隐蔽工程验收。验收后应及时进行密封胶嵌缝。

5）固定半隐框、隐框玻璃幕墙玻璃板块的压块或勾块，其规格和间距应符合设计要求。固定点的间距不宜大于 300mm。不得采用自攻螺钉固定玻璃板块。

6）隐框玻璃幕墙采用挂钩固定玻璃板块时，挂钩接触面宜设置柔性垫片，以防止产生摩擦噪声。

7）明框玻璃幕墙的玻璃不得与框构件直接接触，玻璃四周与构件凹槽底部保持一定的空隙，每块玻璃下面应至少放置两块宽度与槽口宽度相同、长度不小于100mm的弹性定位垫块，玻璃四边嵌入量及空隙应符合规范和设计要求。

8）明框玻璃幕墙玻璃面板的朝向同隐框玻璃幕墙，但应在面板安装时注意掌握。

9）明框玻璃幕墙橡胶条镶嵌应平整、密实，橡胶条的长度宜比框内槽口长1.5%～2%，斜面断开，断口应留在四角；拼角处应采用胶粘剂黏结牢固。

10）不得采用自攻螺钉固定承受水平荷载的玻璃压条。

11）幕墙开启窗的开启角度不宜大于30°，开启距离不宜大于300mm。开启扇周边缝隙宜采用氯丁橡胶、三元乙丙橡胶或硅橡胶密封条制品密封。

12）焊接作业时，应采取保护措施，防止烧伤型材、玻璃和外墙保温层。

（4）密封胶嵌缝

1）硅酮耐候密封胶嵌缝前应将板缝清洁干净，并保持干燥。

2）为保护已安装好的玻璃表面不被污染，应在缝两侧粘贴纸基胶带，胶缝嵌好后，及时将胶带除去。

3）密封胶的施工厚度应大于3.5mm，一般控制在4.5mm以内。太薄对保证密封质量不利；太厚容易被拉断或破坏，失去密封和防渗漏作用。密封胶的施工宽度不宜小于厚度的2倍。

4）密封胶在接缝内应在相对的两面黏结，不应三面黏结，否则，胶在反复拉压时容易被撕裂。为了防止形成三面黏结，可用无黏结胶带置于胶缝（槽口）的底部，将缝底与胶分开。较深的槽口可用聚乙烯发泡垫杆填塞，既可控制胶缝的厚度，又起到了与缝底的隔离作用。

5）不宜在夜晚、雨天打胶；打胶温度应符合设计要求和产品要求。

6）严禁使用过期的密封胶；硅酮结构密封胶与硅酮耐候密封胶的性能不同，二者不能互换。硅酮结构密封胶不宜作为硅酮耐候密封胶使用。

7）密封胶注满后，应检查胶缝，如有气泡、空心、断缝、夹杂等缺陷，应及时处理。应保证胶缝饱满、密实、连续、均匀、无气泡，宽度和厚度符合设计和标准的规定；胶缝外观横平竖直、深浅一致、宽窄均匀、光滑顺直。

4. 全玻璃幕墙安装

全玻璃幕墙，简称全玻幕墙，是由玻璃肋和玻璃面板构成的玻璃幕墙。

（1）全玻幕墙玻璃面板厚度不宜小于10mm；夹层玻璃单片厚度不应小于8mm；玻璃肋截面厚度不应小于12mm，截面高度不应小于100mm。

（2）当幕墙玻璃高度超过4m（玻璃厚度10mm、12mm）、5m（玻璃厚度15mm）、6m（玻璃厚度19mm）时，全玻幕墙应悬挂在主体结构上。

（3）吊挂全玻幕墙的主体结构构件应有足够的刚度，采用钢桁架或钢梁作为受力构件时，其中心线必须与幕墙中心线相一致，椭圆螺孔中心线应与幕墙吊杆锚栓位置一致。

（4）吊挂式全玻幕墙的吊夹与主体结构之间应设置刚性水平传力结构。吊夹安装应通顺平直，要分段拉通线校核，对焊接造成的偏位要进行调直。每块玻璃的吊夹应位于同一平面，吊夹的受力应均匀。

（5）所有钢结构焊接完毕后，应进行隐蔽工程验收，验收合格后再涂刷防锈漆。

（6）吊挂玻璃下端与下槽底应留空隙，以满足玻璃伸长变形要求。玻璃下端与下槽底之间的空隙应采用弹性垫块支承或填塞。垫块长度不宜小于 100mm，厚度不宜小于 10mm。槽壁与玻璃之间应采用硅酮建筑密封胶密封。

（7）吊挂玻璃的夹具不得与玻璃直接接触，夹具衬垫材料应与玻璃平整结合、紧密牢固。

（8）全玻幕墙安装前，应清洁镶嵌槽，以保证密封胶黏结牢固；中途暂停施工时，应对槽口采取保护措施。

（9）吊挂玻璃的夹具等支承装置应符合现行行业标准《吊挂式玻璃幕墙支承装置》JG 139—2001 的规定。

（10）全玻幕墙玻璃面板的尺寸一般较大，宜采用机械吸盘安装。

（11）全玻幕墙玻璃两边嵌入槽口的深度及预留空隙应符合设计和规范的要求，以防止玻璃弯曲变形后从槽内拔出或因空隙不足而使玻璃变形受到限制造成破损。嵌入左右两边槽口的空隙宜相同。

（12）全玻幕墙安装过程中，应随时检测和调整玻璃面板、玻璃肋的水平度和垂直度，使幕墙安装平整。每次调整后应采取临时固定措施，并在完成注胶后进行拆除，同时对胶缝进行修补处理。

（13）全玻幕墙玻璃面板承受的荷载和作用通过胶缝传递到玻璃肋上去，其胶缝必须采用硅酮结构密封胶。胶缝的尺寸应通过设计计算决定，施工中必须保证胶缝尺寸，不得削弱胶缝的承载能力。

（14）全玻幕墙允许在现场打注硅酮结构密封胶。

（15）由于酸性硅酮结构密封胶对各种镀膜玻璃的膜层、夹层玻璃的夹层材料和中空玻璃的合片胶缝都有腐蚀作用，所以使用上述几种玻璃的全玻幕墙，不能采用酸性硅酮结构密封胶嵌缝。

（16）全玻幕墙的玻璃面板不得与其他刚性材料直接接触。玻璃面板与装修面或结构面之间的空隙不应小于 8mm，且应采用密封胶密封。

（17）全玻幕墙安装质量要求：墙面外观应平整，胶缝应饱满、密实、均匀、连续、平整光滑、无气泡。幕墙平面垂直度、平面度、胶缝的直线度、胶缝宽度、相邻玻璃面板的平面高低差、玻璃面板与玻璃肋之间的垂直度均应符合规范要求。

5. 点支承玻璃幕墙制作安装

点支承玻璃幕墙是由玻璃面板、点支承装置和支承结构构成的玻璃幕墙，其支承结构形式有玻璃肋支承、单根型钢或钢管支承、桁架支承及张拉索杆体系支承等。张拉索杆支承体系中，常用的有索桁架、自平衡、单层平面索网、单层曲面索网和单向竖网 5 类。

（1）点支承玻璃幕墙的玻璃面板厚度：采用浮头式连接件时，不应小于 6mm；采用沉头式连接件时，不应小于 8mm。安装连接件的夹层玻璃和中空玻璃，其单片厚度也应符合上述要求。沉头式连接件应采用锥形孔洞，使连接件"沉入"玻璃面板，与面板平齐。

（2）点支承玻璃幕墙的玻璃面板应采用钢化玻璃或由钢化玻璃合成的夹层玻璃和中空玻璃；玻璃肋应采用钢化夹层玻璃。

（3）玻璃支承孔边与板边的距离不宜小于 70mm。孔洞边缘应倒棱和磨边。倒棱宽度不小于 1mm，磨边宜细磨。

（4）夹层玻璃、中空玻璃的钻孔可采用大、小孔相对的方式，使合片时多孔可完全对位。

（5）矩形玻璃面板一般采用 4 点支承，但当需要加大玻璃面板尺寸而导致玻璃面板跨中挠度过大时，也可采用 6 点支承；三角形玻璃面板可采用 3 点支承。

（6）点支承装置应符合现行行业标准《建筑玻璃点支承装置》JG/T 138—2010 的规定。支承头应能适应支承点处的转动变形。安装时，支承头的钢材与玻璃之间宜设置厚度不小于 1mm 的弹性材料衬垫或衬套。

（7）点支承玻璃幕墙的支承钢结构安装过程中，制孔、组装、焊接、螺栓连接和涂装等工序均应符合《钢结构工程施工规范》GB 50755—2012 和《钢结构工程施工质量验收规范》GB 50205—2001 的有关规定。

（8）点支承玻璃幕墙的支承钢结构加工要点：

1）应合理划分拼装单元。

2）管桁架应按计算的相贯线，采用数控机床切割加工。

3）管件连接焊缝应沿全长连续、均匀、饱满、平滑、无气泡和夹渣。

4）拉杆、拉索应进行拉断试验。

5）拉索下料前应进行调直预张拉，张拉力可取破断拉力的 50％，持续时间可取 2h。

6）截断后的钢索应采用挤压机进行套筒固定。

7）拉杆与端杆不宜采用焊接连接。

8）拉索结构应在工作台座上进行拼装，并应防止表面损伤。

9）分单元组装的钢结构，宜进行预拼装。

10）构件加工的允许偏差应符合规范要求。

（9）拉杆和拉索预拉力的施加要求：

1）钢拉杆和钢拉索安装时，必须按设计要求施加预拉力，并宜设置预拉力调节装置；预拉力宜采用测力计测定；采用扭力扳手施加预拉力时，应事先进行标定。

2）施加预拉力应以张拉力为控制量；拉杆、拉索的预拉力应分次、分批对称张拉；在张拉过程中，应对拉杆、拉索的预拉力随时调整。

3）张拉前必须对构件、锚具等进行全面检查，并应签发张拉通知单；张拉通知单应包括张拉日期、张拉分批次数、每次张拉控制力、张拉用机具、测力仪器及安全措施和注意事项。

4）应建立张拉记录。

5）拉杆、拉索实际施加的预拉力值应考虑施工温度的影响。

6）拉索在安装过程中应采取措施防止损坏，并应防止雨水进入索体及锚具内。

（10）支承大型钢结构构件安装

1）大型钢结构构件应进行吊装设计，并应试吊。钢结构安装就位、调整后应及时紧固，并应进行隐蔽工程验收。

2）支承大型钢结构的安装偏差应符合规范要求。

（11）玻璃面板安装

点支承玻璃幕墙爪件安装前，应精确定出其安装位置，通过爪件三维调整，使玻璃面板位置准确，爪件表面与玻璃面平行。

6. 单元式玻璃幕墙制作安装

单元式玻璃幕墙是将玻璃面板和金属框架（横梁、立柱）在工厂组装为幕墙单元，并以幕墙单元形式在现场完成安装施工的框支承玻璃幕墙。它与构件式玻璃幕墙都属于框支承玻璃幕墙，但两者的制作和安装施工方法不同。

（1）单元式玻璃幕墙构件加工制作技术要点

1）单元式玻璃幕墙板块加工前应对主体结构进行测量，掌握预埋件位置、主体结构垂直度、水平度和平整度等数据，对照施工图的板块规格，绘制板块加工图，对各板块进行编号，并应标注板块所在的楼层、部位及加工、运输、安装方向和顺序。对需要调整的板块规格和后置埋件，应通过设计变更程序，确定后方可实施。

2）单元板块的构件连接应牢固，构件连接处的缝隙应采用硅酮建筑密封胶密封。板块的吊挂件、支撑件应具备可调整范围，并用不锈钢螺栓将吊挂件与立柱固定牢固。

3）隐框单元式玻璃幕墙组件的硅酮结构密封胶不宜外露。明框单元板块在搬动、运输、吊装过程中，应采取措施防止玻璃滑动和变形。

4）单元板块组装完成后，工艺孔宜封堵，通气孔、排水孔应畅通。

5）单元板块组装螺钉孔规格、数量及拧入扭矩应符合规范要求。单元组件框加工制作和组装的允许偏差应符合规范要求。

（2）单元式玻璃幕墙安装施工要点

1）严格按照施工组织设计设置板块堆放场地。应依照安装顺序先出后进的原则，按板块的编号排列放置。

2）板块宜存放在专用周转架上。周转架应有足够的承载力和刚度，不得直接叠层堆放，以防止板块变形。板块应相互隔开，并相对固定，不得相互挤压和串动。板块进场后，应一次放置在组织设计规定的堆放点，避免多次搬运和频繁装卸。

3）楼层上的接料平台应选用规格和承载力符合要求的产品。采用自制接料平台时，应进行专项设计，经相关方审核同意后才可使用。接料平台周围应设置符合安全要求的栏杆。

4）安装单元板块应选用合适的吊装机具，其起重量、回转半径、起重高度和速度等性能应满足本工程单元构件吊装的要求，安全装置应完整、有效。未经工程所在地建设主管部门批准，不得使用自制吊装机具。

5）单元板块起吊和就位时，吊点和挂点应符合设计要求。吊点不应少于 2 个。必要时可增设吊点加固措施并进行试吊。

6）吊装升降和平移应使单元板块不摆动、不撞击其他物体，并应采取措施保证装饰面不受磨损和挤压。

7）单元板块就位时，应先将其挂到主体结构的挂点上，及时进行校正和固定，并应进行隐蔽工程验收。

8）单元板块采用悬挂方式固定时，挂钩连接部位的接触面应设置柔性垫片。

9）插接型单元部件之间应有一定的搭接长度。竖向搭接长度不应小于 10mm，横向搭接长度不应小于 15mm。

10）单元板块对插组件横、竖向接缝之间，应采用等电位金属材料跨接，贯通电气通路。

11）单元板块吊装固定后方可拆除吊具，并应及时清洁单元板块的型材槽口。

12）单元板块连接安装及单元式玻璃幕墙安装固定后的允许偏差应符合规范要求。

12.7.3 金属与石材幕墙工程施工方法和技术要求

1. 金属与石材幕墙面板加工制作要求

（1）金属板加工制作

1）金属板材的品种、规格和色泽应符合设计要求。铝合金板材（单层铝板、铝塑复合板、蜂窝铝板）表面氟碳树脂厚度应符合设计要求。规范要求，海边及严重酸雨地区，可采用三道或四道氟碳树脂涂层，其厚度应大于 $40\mu m$；其他地区，可采用两道氟碳树脂涂层，其厚度应大于 $25\mu m$。

2）单层铝板、蜂窝铝板、铝塑复合板和不锈钢板在制作构件时，应四周折边；蜂窝铝板、铝塑复合板应采用机械刻槽折边。

3）金属板应按需要设置边肋、中肋等加劲肋，铝塑复合板折边处应设置边肋，加劲肋可采用金属方管、槽形或角形型材。

4）幕墙用单层铝板厚度不应小于 2.5mm；单层铝板折弯加工时折弯外圆弧半径不应小于板厚的 1.5 倍；加劲肋可采用电栓钉固定，但应确保铝板外表面不变形、褪色，固定应牢固；固定耳子的规格、间距应符合设计要求，可采用焊接、铆接或直接在铝板上冲压而成；板块四周应采用铆接、螺栓连接或黏结与机械连接相结合的形式固定。

5）铝塑复合板在切割内层铝板和聚乙烯塑料时，应保留不小于 0.3mm 厚的聚乙烯塑料，并不得划伤铝板的内表面；打孔、切口等外露的聚乙烯塑料应采用中性硅酮耐候胶密封。在加工过程中铝塑复合板严禁与水接触。

6）蜂窝铝板在切除铝芯时不得划伤外层铝板的内表面；各部位外层铝板上，应保留 0.3~0.5mm 的铝芯；直角构件的折角应弯成圆弧状，角缝应用硅酮耐候密封胶密封。

（2）石板加工制作

1）石材幕墙的石板厚度不应小于 25mm，为满足等强度计算要求，火烧石板的厚度应比抛光石板厚 3mm；石板连接部位应无崩坏、暗裂等缺陷，其加工尺寸允许偏差及外观质量均应符合现行国家标准《天然花岗石建筑板材》GB/T 18601—2009 的要求。其他材质的面板厚度应按设计要求施工。

2）单块花岗石石板面积不宜大于 $1.5m^2$，其他材质的石板单块面积限值应根据设计要求施工。

3）石板与骨架的连接方式，通常有通槽式、短槽式和背栓式三种。其中，通槽式较为少用。短槽式使用最多，但短槽式应用面最广的 T 形挂件，已列为不应采用的挂件；目前可用的有 L 形、SE 形等挂件。背栓式连接方式正被一些标准列入应用范围。其他背卡式、背槽式连接方式尚无成熟的实践经验，宜慎用。

4）通槽式、短槽式和背栓式安装的石板，均宜在工厂（车间）加工。背栓式石板应采用专用设备加工。通槽、短槽和背栓的槽、孔位置、尺寸及技术要求均应符合现行行业标准《金属与石材幕墙工程技术规范》JGJ 133—2001 和设计的要求。

5）石板加工后其表面应用高压水冲洗或用水和刷子清理，严禁用溶剂型的化学清洁剂清洗石板。

2. 金属与石材幕墙骨架安装施工方法和技术要求

（1）金属与石材幕墙的骨架最常用的材料是钢管或型钢，较少采用铝合金型材。当采用钢型材时，立柱和横梁的截面主要受力部分的厚度不应小于 3.5mm。当采用铝合金型材时，其截面主要受力部分的最小厚度，立柱和跨度大于 1.2m 的横梁为 3mm，跨度不大于 1.2m 的横梁为 2.5mm（铝合金型材骨架的安装要求与构件式玻璃幕墙相同）。

（2）金属与石材幕墙的框架安装前，应对进场构件进行检验和校正，不合格的构件不得安装使用。在进行测量放线、墙面基体偏差修整及预埋件调整增补后，先将立柱上墙安装。

（3）幕墙支承结构与主体结构的连接可采用螺栓连接或焊接。采用螺栓连接时，螺栓直径不宜小于 10mm，螺栓数量不应少于 2 个。立柱可每层设一个支承点，也可设两个支承点。在混凝土实体墙面上，支承点可加密。砌体结构上不宜设支承点，需要设支承点时，宜在连接部位加设钢筋混凝土或钢结构梁、柱。

（4）上下立柱之间应有不小于 15mm 的缝隙。

（5）横梁安装时，应将横梁两端的连接件及垫片安装在立柱的预定位置，并安装牢固、接缝严密。

（6）立柱、横梁安装的轴线、标高以及相邻两根立柱的距离偏差均应符合规范要求。

（7）幕墙钢构件施焊后，其表面应采取有效的防腐措施。

3. 金属与石材幕墙面板安装要求

（1）金属板与石板通常由加工厂一次加工成型后运抵现场安装。应按照板块规格及安装顺序分别送到各楼层适当位置。

（2）将金属板用紧固件固定在骨架上，其位置、规格及紧固件的品种、规格和间距均应符合设计要求。

（3）石板经切割或开槽等工序后均应将石屑用水冲干净，石板与不锈钢或铝合金挂件间应用环氧树脂型石材专用结构胶黏结，不应使用不饱和聚酯类胶粘剂。

（4）不锈钢挂件的厚度不宜小于 3.0mm，铝合金挂件的厚度不宜小于 4.0mm。不锈钢挂件的材质，开放式板缝的幕墙应采用 06Cr17Ni12Mo2（S31608）；封闭式板缝的幕墙可采用 06Cr19Ni10（S30408）。背栓连接件的材质均不得低于 06Cr17Ni12Mo2（S31608）。短槽连接的构件式石材幕墙，每个连接挂件只应连接一块石板，不应采用一钩双挂的 T 形挂件。

（5）短槽式石板安装，应先按幕墙面基准线安装好第一层石板，然后依次向上逐层安装，槽内注胶，以保证石板与挂件的可靠连接。安装到每一楼层标高时应及时调整垂直度偏差，避免误差积累。

（6）石板转角部位及石板装饰线的安装应牢固、可靠。不应采用上斜式挂件、销钉、胶粘等连接方式，应按照规范要求采用不锈钢或铝合金专用连接件连接。当板块较小、设置连接点较少时，应采取附加措施确保连接的安全性。凸出幕墙面较多的装饰线条宜采用长螺栓等连接方式。应尽量避免采用倒挂式石板，如天棚、窗盘等，必须采用时，宜在石板背面粘贴加强网，并采用背栓连接等措施。

（7）金属板、石板空缝安装时，必须有防水措施，并应有排水出口。

（8）金属板的安装应注意与产品指示箭头方向保持一致。

（9）金属与石材幕墙的板缝尺寸及填充材料应符合设计要求，嵌缝方法与玻璃幕墙相同。要求胶缝饱满、密实、连续、均匀、无气泡，外观横平竖直、宽窄均匀、深浅一致、光滑顺直。阴阳角石板压向正确，板边合缝顺直，凸凹线出墙厚度一致，上下口平直。

（10）金属与石材幕墙板面嵌缝应采用中性硅酮耐候密封胶，因石板内部有孔隙，为防止密封胶内的某些物质渗入板内，要求采用经耐污染性试验合格的石材专用硅酮耐候密封胶。嵌缝前应将槽口清洗干净，完全干燥后方可注胶。

（11）金属与石材幕墙上的滴水线、流水坡向应正确、顺直。

（12）金属与石材幕墙面板安装使用铝合金材料作挂件时，在与钢材接触处应衬隔离垫片，以避免双金属腐蚀。

（13）金属与石材幕墙面板安装的允许偏差应符合规范要求。

（14）设计中要求对石板进行防护处理时，应根据石材的种类、污染源的类型合理选用石材防护剂。石材防护处理宜在工厂进行。防护剂涂装应在面板加工完成并充分自然干燥后进行，涂装时应采取措施确保石板被防护表面清洁、无污染。防护处理后的石板，在防护作用生效前不得淋水或遇水。

第13章 建筑工程防水工程施工技术

防水工程是房屋建筑的一项重要工程，且其施工技术要求比较高，不同部位施工技术有所不同。主要包括屋面防水、地下室防水及楼面、淋浴间、厨房防水。

13.1 屋面防水工程施工

屋面防水工程一般包括屋面卷材防水、屋面涂膜防水、屋面刚性防水、瓦屋面防水、屋面接缝密封防水。屋面防水层严禁在雨天、雪天和五级以上大风天气时施工。其施工的环境气温条件要求应与所使用的防水层材料及施工方法相适应。

13.1.1 屋面卷材防水施工

屋面卷材防水是采用沥青油毡、再生橡胶、合成橡胶或合成树脂类等柔性材料粘贴而成的一整片能防水的屋面覆盖层。一般屋面铺三层沥青两层油毡，通称"二毡三油"，表面还粘有小石子，通称绿豆砂，作为保护层。重要部位及严寒地区须做"三毡四油"。屋面的油毡防水层要求铺设在一个平整的表面上，一般做法是在结构层或保温层上用水泥砂浆找平，干燥后再分层铺设油毡。为了使第一层热沥青能和找平层牢固地结合，在找平层上须涂刷一层冷底子油。卷材防水层应采用沥青防水卷材、高聚物改性沥青防水卷材和合成高分子防水卷材。

1. 找平层

找平层的排水坡度应符合设计要求。平屋面采用结构找坡不应小于3%，采用材料找坡宜为2%；天沟、檐沟纵向找坡不应小于1%，沟底水落差不得超过200mm。基层与凸出屋面结构（女儿墙、山墙、天窗壁、变形缝、烟囱等）的交接处和基层的转角处，找平层均应做成圆弧形。内部排水的水落口周围，找平层应做成略低的凹坑。找平层宜设分格缝，并嵌填密封材料。分格缝应留设在板端缝处，其纵横缝的最大间距：水泥砂浆或细石混凝土找平层，不宜大于6m；沥青砂浆找平层，不宜大于4m。

2. 保温层

屋面保温层干燥有困难时，宜采用排气屋面排气道从保温层开始断开至防水层止。排气道设置间距宜为6m，屋面每36m²宜设置一个排气孔，排气孔应作防水处理。

3. 卷材铺贴方向

屋面坡度小于3%时，卷材宜平行于屋脊铺贴；屋面坡度在3%～15%时，卷材可平行或垂直于屋脊铺贴；屋面坡度大于15%或屋面受震动时，沥青防水卷材应垂直于屋脊铺贴，高聚物改性沥青防水卷材和合成高分子防水卷材可平行或垂直于屋脊铺贴；上下层卷材不得相互垂直铺贴。

4. 卷材的铺贴方法

卷材防水层上有重物覆盖或基层变形较大时，应优先采用空铺法、点粘法、条粘法或机械固定法，但距屋面周边 800mm 内以及叠层铺贴的各层卷材之间应满粘；防水层采用满粘法施工时，找平层的分格缝处宜空铺，空铺的宽度宜为 100mm；在坡度大于 25% 的屋面上采用卷材作防水层时，应采取防止卷材下滑的固定措施。

5. 卷材铺贴顺序

屋面卷材防水层施工时，应先做好节点、附加层和屋面排水比较集中等部位的处理；然后，由屋面最低处向上进行铺贴。铺贴天沟、檐沟处的卷材时，宜顺天沟、檐沟方向铺贴，减少卷材的搭接。当铺贴连续多跨的屋面卷材时，应按先高跨后低跨、先远后近的次序进行铺贴。

6. 卷材搭接

平行于屋脊的搭接缝，应顺流水方向搭接；垂直于屋脊的搭接缝，应顺年最大频率风向搭接。叠层铺贴的各层卷材，在天沟与屋面的交接处，应采用叉接法搭接，搭接缝应错开；搭接缝宜留在屋面或天沟侧面，不宜留在沟底。上下层及相邻两幅卷材的搭接缝应错开，各种卷材的搭接宽度应符合表 13-1 的要求。

卷材搭接宽度（mm）　　　　　　　　　　表 13-1

铺贴法		短边搭接		长边搭接	
卷材种类		满粘法	空铺、点粘、条粘法	满粘法	空铺、点粘、条粘法
沥青防水卷材		100	150	70	100
高聚物改性沥青防水卷材		80	100	80	100
自粘聚合物改性沥青防水卷材		60	—	60	—
合成高分子防水卷材	胶粘剂	80	100	80	100
	胶粘带	50	60	50	60
	单缝焊	60，有效焊接宽度不小于 25			
	双缝焊	80，有效焊接宽度 10×2+空腔宽			

7. 卷材收头

天沟、檐沟、檐口、泛水和立面卷材收头的端部应裁齐，塞入预留凹槽内，用金属压条钉压固定，最大钉距不应大于 900mm，并用密封材料嵌填封严。

8. 卷材防水保护层

卷材防水层完工并经验收合格后，应做好成品保护。保护层的施工应符合下列规定：

（1）绿豆砂应清洁、预热、铺撒均匀，并使其与沥青玛琋脂黏结牢固，不得残留未黏结的绿豆砂。

（2）云母或蛭石保护层不得有粉料，铺撒应均匀，不得露底，多余的云母或蛭石应清除。也可以用附有铝箔或石英颗粒的卷材为面层卷材，直接作为防水保护层。

（3）水泥砂浆保护层的表面应抹平压光，并设表面分格缝，分格面积宜为 1m²。

（4）块体材料保护层应留设分格缝，分格面积不宜大于 100m²，分格缝宽度不宜小于 20mm。

（5）细石混凝土保护层，混凝土应密实，表面抹平压光，并留设分格缝。

（6）浅色涂料保护层应与卷材黏结牢固，厚薄均匀，不得漏涂。

（7）水泥砂浆、块体材料或细石混凝土保护层与防水层之间应设置隔离层。

（8）刚性保护层与女儿墙、山墙之间应预留宽度为 30mm 的缝隙，并用密封材料嵌填严密。

13.1.2 屋面涂膜防水施工

涂膜防水屋面是在屋面基层上涂刷防水涂料，经固化后形成一层有一定厚度和弹性的整体结膜，从而达到防水的目的。

1. 涂膜防水有关技术要求

（1）屋面找平层及保温层的要求同屋面卷材防水施工，基层的干燥程度应视所用涂料特性确定。当采用溶剂型涂料时，屋面基层应干燥。

（2）防水涂膜应分遍涂布，不得一次涂成。应待先涂布的涂料干燥成膜后，方可涂布后一遍涂料，且前后两遍涂料的涂布方向应相互垂直。

（3）需铺设胎体增强材料时，当屋面坡度小于 15％时，可平行于屋脊铺设；当屋面坡度大于 15％时，应垂直于屋脊铺设，并由屋面最低处向上进行。胎体增强材料长边搭接宽度不得小于 50mm，短边搭接宽度不得小于 70mm。采用两层胎体增强材料时，上下层不得相互垂直铺设，搭接缝应错开，其间距不应小于幅宽的 1/3。

（4）涂膜防水层的收头，应用防水涂料多遍涂刷或用密封材料封严。

（5）涂膜防水屋面应设置保护层。保护层材料可采用细砂、云母、蛭石、浅色涂料、水泥砂浆、块体材料或细石混凝土等。采用水泥砂浆、块体材料或细石混凝土时，应在涂膜与保护层之间设置隔离层。水泥砂浆保护层厚度不宜小于 20mm。

2. 涂膜防水层施工工艺

（1）涂刷基层处理剂。基层处理剂有水乳型防水涂料、溶剂型防水涂料和高聚物改性沥青防水涂料三种。水乳型防水涂料可用掺 0.2％～0.5％乳化剂的水溶液或软化水将涂料稀释；溶剂型防水涂料，由于其渗透能力较强，可直接薄涂一层涂料作为基层处理，如涂料较稠，可用相应的溶剂稀释后使用；高聚物改性沥青或沥青基防水涂料也可用沥青溶液（即冷底子油）作为基层处理剂。

基层处理剂应配比准确，充分搅拌；涂刷时应用刷子用力涂薄，使其尽量刷进基层表面的毛孔中，并涂刷均匀，覆盖完全；基层处理剂干燥后方可进行涂抹施工。

（2）涂布防水涂料。涂布防水涂料时，厚质涂料宜采用铁抹子或胶皮板刮涂施工；薄质涂料可采用棕刷、长柄刷、圆滚刷等进行人工涂布，也可采用机械喷涂，用刷子刷涂一般采用蘸刷法，也可边倒涂料边刷子刷匀。

涂布防水涂料时应先涂立面，后涂平面，涂立面最好采用蘸刷法。屋面转角及立面的涂膜应薄涂多遍，不得有流淌和堆积现象。平面涂布应分条或按顺序进行，分条进行时，每条宽度应与胎体增强材料宽度相一致。

涂膜层致密是保证防水的关键。涂布防水涂料时应按规定的涂层厚度（控制涂料的单方用量）分遍涂刷。每层涂刷的厚薄应均匀、不露底、无气泡、表面平整，然后待其干燥。涂布后遍防水涂料前应检查前遍涂层是否有缺陷，如有缺陷应先进行修补。各道涂层之间的涂刷方向应相互垂直，以提高防水层的整体性和均匀性。涂层之间的接槎，在每遍涂刷时应退槎 50～100mm，接槎时应超过 50～100mm，避免在搭接处发生渗漏。

（3）铺设胎体增强材料。在第二遍涂料涂刷时或第三遍涂料涂刷前，即可加铺胎体增强材料。胎体增强材料可采用干铺法或湿铺法铺贴。湿铺法施工时，先在已干燥的涂层上，用刷子或刮板将涂料仔细涂布均匀，然后将成卷的胎体增强材料平放在屋面上，逐步推滚铺贴并用滚刷滚压一遍，使全部布眼浸满涂料，以保证上下两层涂料能良好结合。干铺法施工是在上道涂层干燥后，边干铺胎体增强材料，边在已展平的表面上用刮板均匀满刮一道涂料，应使涂料浸透胎体到已固化的涂膜上并覆盖完全，不得有胎体外露现象。

胎体增强材料铺设后，应严格检查其质量，胎体应铺贴平整，排除气泡，并与涂料粘贴牢固。最上面的涂层厚度：高聚物改性沥青防水涂料不应小于 1.0mm，合成高分子防水涂料不应小于 0.5mm。

（4）收头处理。为了防止收头部位出现翘边现象，所有收头处应用密封材料压边，压边宽度不小于 10mm。收头处的胎体增强材料应剪裁整齐，如有凹槽时应压入凹槽内，不得出现翘边、皱折、露白现象。

（5）涂抹保护层施工。涂膜防水层施工完毕经质量检查合格后，应进行保护层的施工。采用细砂、云母或蛭石等撒布材料作保护层时，应边涂布边撒布均匀，不得露底，然后进行辊压粘牢，待干燥后将多余的撒布材料清除。当采用浅色反射涂料作保护层时，应在涂膜固化后进行。当采用预置块体材料、水泥砂浆、细石混凝土作保护层时，其施工方法与卷材防水层保护层相同。

13.1.3 屋面刚性防水施工

刚性防水屋面一般是用普通细石混凝土、补偿收缩混凝土、块体刚性材料、钢纤维混凝土作屋面防水层。刚性防水屋面所用材料易得，施工工艺简单，造价较低，耐久性好，维修方便，所以被广泛用于防水等级为Ⅲ级的建筑物。但所用材料的表观密度大，抗拉强度低，极限拉应变小，当结构产生位移变形时，易产生裂缝。混凝土或砂浆干缩、温差变形时也易产生裂缝。因此，刚性防水层应尽可能在建筑物沉降基本稳定后再施工，同时必须采取和基层隔离的措施，把大面积混凝土板块分为小板块，板块与板块的接缝用柔性密封材料嵌填，以柔补刚来适应各种变形。细石混凝土防水层不得有渗漏或积水现象；密封材料嵌填必须密实、连续、饱满、黏结牢固，无气泡、开裂、脱落等缺陷。

刚性防水屋面主要适用于屋面防水等级为Ⅲ级，无保温层的工业与民用建筑的屋面防水。对于屋面防水等级为Ⅱ级及以上的重要建筑物，只有与卷材刚柔结合做两道以上防水时方可使用。采取刚柔结合、相互弥补的防水措施，将起到良好的防水效果。刚性防水不适用于设有松散材料保温层的屋面、受较大震动或冲击的屋面以及坡度大于 15% 的屋面。

1. 刚性防水屋面的一般要求

（1）刚性防水层与山墙、女儿墙以及凸出屋面结构的交接处应留缝隙，并应做柔性密封处理。

（2）刚性防水层应设分格缝，分格缝内嵌填密封材料。分格缝应设在屋面板的支撑端、屋面转角处、防水层与凸出屋面结构的交接处，并应与板缝对齐。普通细石混凝土和补偿收缩混凝土防水层的分格缝，其纵横间距不宜大于 6m，宽度宜为 5～30mm。

（3）细石混凝土防水层与基层间宜设置隔离层。

（4）细石混凝土防水层厚度不应小于 40mm。

（5）为了使混凝土抵御温度应力，防水层内应配置直径为 4～6mm、间距为 100～200mm 的双向钢筋网片，钢筋网片在分格缝处应断开，以利于各分格中的防水层自由伸缩，互不制约。钢筋网片的保护层厚度不应小于 10mm，不得出现露筋现象，也不能贴靠屋面板。

2. 刚性防水屋面对基层坡度和强度的要求

（1）对基层坡度的要求

刚性防水层常用于平屋面防水，坡度不宜过小，也不能过大，一般可为 2%～5%，并且应采用结构找坡。天沟、檐沟应用水泥砂浆找坡。当找坡厚度（即分线处的厚度）大于 20mm 时，为防止开裂、起壳，宜采用细石混凝土找坡。

（2）对强度的要求

普通细石混凝土、补偿收缩混凝土的强度等级不应小于 C20，以满足防水要求并与结构层的强度等级趋于一致。补偿收缩混凝土内膨胀剂的掺量，应根据膨胀剂的类型、水泥品种、配筋含量、约束条件等，经试验确定，使混凝土最终产生少量的压应力，从而防止干缩。

13.1.4 瓦屋面防水施工

1. 瓦屋面卷材防水施工

（1）平瓦屋面应在基层上面先铺设一层卷材，其搭接宽度不宜小于 100mm，并用顺水条将卷材压钉在基层上；顺水条的间距宜为 500mm，再在顺水条上铺钉挂瓦条。

（2）油毡瓦屋面应在基层上面先铺设一层卷材，卷材铺设在木基层上时，可用油毡钉固定卷材；卷材铺设在混凝土基层上时，可用水泥钉固定卷材。天沟、檐沟的防水层，可采用防水涂膜，也可采用金属板材或成品天沟。

2. 瓦屋面涂膜防水施工

所有阴阳角、预埋筋穿出处应事先做好圆弧；圆弧处粘贴附加层，涂刷严密。涂刷前，基层应干燥、平整。涂刷厚度应符合设计要求。成膜前不得污染、踩踏或淋水。

13.2 地下防水工程施工

13.2.1 地下防水工程的一般要求

（1）地下工程的防水等级分为四级，各级标准应符合表 13-2 规定。

地下工程防水等级　　　　　　　　　　　　　　　　表 13-2

防水等级	标　准
一级	不允许漏水，结构表面无湿渍
二级	不允许漏水，结构表面可有少量湿渍； 房屋建筑地下工程：总湿渍面积不应大于总防水面积（包括顶板、墙面、地面）的 1/1000；任意 100m² 防水面积上的湿渍点数不超过 2 处，单个湿渍最大面积不大于 0.1m²

防水等级	标　准
三级	有少量漏水点,不得有线流和漏泥沙; 任意 100m² 防水面积上的漏水点或湿渍点数不超过 7 处,单个漏水点的最大漏水量不大于 2.5L/d,单个湿渍最大面积不大于 0.3m²
四级	有漏水点,不得有线流和漏泥沙; 整个工程平均漏水量不大于 2L/(m²·d);任意 100m² 防水面积的平均漏水量不大于 4L/(m²·d)

（2）地下防水工程施工前,施工单位应进行图纸会审,掌握工程主体及细部构造的防水技术要求,并编制防水工程的施工方案。

（3）地下防水工程必须由具备相应资质的专业防水施工队伍进行施工,主要施工人员应持有建设行政主管部门或其指定单位颁发的执业资格证书。

13.2.2　防水混凝土

1. 防水混凝土配合比

防水混凝土的配合比,应符合下列规定:

（1）胶凝材料用量不得少于 320kg/m³;掺有活性掺合料时,水泥用量不得少于 260kg/m³。

（2）砂率宜为 35%～40%,泵送时可增至 45%。

（3）灰砂比宜为 1:1.2～1:2.5。

（4）水灰比不得大于 0.50,有侵蚀性介质时水胶比不宜大于 0.45。

（5）掺加引气剂或引气型减水剂时,混凝土含气量应控制在 3%～5%。

（6）防水混凝土配料应按配合比准确称量,其计量允许偏差应符合表 13-3 的规定。

防水混凝土配料计量允许偏差　　　　　　表 13-3

混凝土组成材料	每盘计量(%)	累积计量(%)
水泥、掺合料	±2	±1
粗、细骨料	±3	±2
水、外加剂	±2	±1

2. 防水混凝土施工缝要求

防水混凝土应连续浇筑,宜少留施工缝。当留设施工缝时,应符合下列规定:

（1）墙体水平施工缝不应留在剪力与弯矩最大处或底板与侧墙的交接处,应留在高出底板表面不小于 300mm 的墙体上;拱（板）墙结合的水平施工缝,宜留在拱（板）墙接缝线以下 150～300mm 处;墙体有预留孔洞时,施工缝距孔洞边缘不应小于 300mm。

（2）垂直施工缝应避开地下水和裂隙水较多的地段,并宜与变形缝相结合。

（3）水平施工缝浇筑混凝土前,应将其表面的浮浆和杂物清除干净,然后铺设净浆或涂刷混凝土界面处理剂、水泥基渗透结晶型防水涂料等材料,再铺 30～50mm 厚 1:1 水泥砂浆,并及时浇筑混凝土。

（4）垂直施工缝浇筑混凝土前,应将其表面清理干净,再涂刷混凝土界面处理剂或水泥基渗透结晶型防水涂料,并应及时浇筑混凝土。

3. 大体积防水混凝土施工要求

大体积防水混凝土的施工，应符合下列规定：

（1）宜选用水化热低和凝结时间长的水泥。

（2）宜掺入减水剂、缓凝剂等外加剂和粉煤灰、磨细矿渣粉等掺合料。

（3）炎热季节施工时，应采取措施降低原材料温度、减少混凝土运输时吸收外界热量等，入模温度不应大于 30℃。

（4）混凝土内部预埋管道，宜进行水冷散热。

（5）应采取保温保湿养护。混凝土中心温度与表面温度的差值不应大于 25℃，表面温度与大气温度的差值不应大于 20℃，温降梯度不得大于 3℃/d，养护时间不少于 14d。

4. 防水混凝土冬期施工要求

防水混凝土的冬期施工，应符合下列规定：

（1）混凝土入模温度不应低于 5℃。

（2）混凝土养护应采用综合蓄热法、蓄热法、暖棚法、掺化学外加剂等方法，不得采用电热法或蒸汽直接加热法。

（3）应采取保温保湿措施。

13.2.3 卷材防水施工

地下室卷材防水构造分为外防内贴和外防外贴两种类型，如图 13-1、图 13-2 所示。

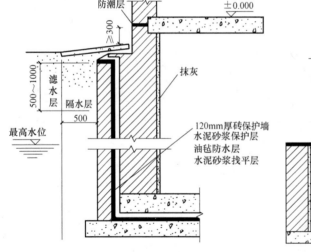

图 13-1 地下室外防内贴防水构造

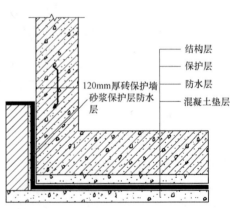

图 13-2 地下室外防外贴防水构造

地下防水卷材施工时，应符合下列规定：

（1）防水卷材的品种规格和层数，应根据地下工程防水等级、地下水位高低及水压力状况、结构构造形式和施工工艺等因素确定。

（2）防水卷材施工前，基层应干净、干燥，并应涂刷基层处理剂；当基层潮湿时，应涂刷湿固化型胶粘剂或潮湿界面隔离剂。

（3）铺贴卷材严禁在雨天、雪天、五级及以上大风中施工；冷粘法、自粘法施工的环境气温不宜低于 5℃，热熔法、焊接法施工的环境气温不宜低于 −10℃。施工过程中下雨或下雪，应做好已铺卷材的保护工作。

（4）阴阳角处应做成圆弧或45°坡角，其尺寸应根据卷材品种确定。在阴阳角等特殊部位，应增做卷材加强层，加强层宽度宜为300～500mm。

（5）卷材防水层应铺设在混凝土结构主体的迎水面上。铺贴高聚物改性沥青防水卷材应采用热熔法施工，铺贴合成高分子防水卷材应采用冷粘法施工。

（6）采用外防外贴法铺贴卷材防水层时，应符合下列规定：

1）应先铺平面，后铺立面，交接处应交叉搭接。

2）临时性保护墙宜采用石灰砂浆砌筑，内表面宜做找平层。

3）从地面折向立面的卷材与永久性保护墙的接触部位，应采用空铺法施工；卷材与临时性保护墙或围护结构模板的接触部位，应将卷材临时贴附在该墙上或模板上，并应将顶端临时固定。

4）当不设保护墙时，从地面折向立面的卷材接槎部位应采取可靠的保护措施。

5）混凝土结构完成，铺贴立面卷材时，应先将接槎部位的各层卷材揭开，并应将其表面清理干净，如卷材有局部损伤，应及时进行修补；卷材接槎的搭接长度，高聚物改性沥青类防水卷材应为150mm，合成高分子类防水卷材应为100mm；当使用两层卷材时，卷材应错槎接缝，上层卷材应盖过下层卷材。

（7）采用外防内贴法铺贴卷材防水层时，应符合下列规定：

1）混凝土结构的保护墙内表面应抹厚度为20mm的1：3水泥砂浆找平层，然后铺贴卷材。

2）卷材宜先铺立面，后铺平面；铺贴立面时，应先铺转角，后铺大面。

（8）卷材防水层经检查合格后，应及时做保护层，保护层应符合下列规定：

1）底板卷材防水层上的细石混凝土保护层厚度不应小于50mm。

2）侧墙卷材防水层宜采用软质保护材料或抹20mm厚1：2.5水泥砂浆层。

3）顶板卷材防水层上的细石混凝土保护层，当采用机械碾压回填土时，保护层厚度不宜小于70mm；当采用人工回填土时，保护层厚度不宜小于50mm。防水层与保护层之间宜设置隔离层。

13.2.4 涂料防水施工

防水涂料包括无机防水涂料和有机防水涂料。无机防水涂料宜用于结构主体的背水面，有机防水涂料可用于结构主体的迎水面。用于背水面的有机防水涂料应具有较高的抗渗性，且与基层有较强的黏结性。防水涂料施工时应符合下列规定：

（1）涂料施工前，基层阴阳角应做成圆弧形，阴角直径宜大于50mm，阳角直径宜大于10mm。涂料涂刷前应先在基面上涂一层与涂料相容的基层处理剂。

（2）涂膜应分多遍完成，后遍涂刷应待前遍涂层干燥成膜后进行。每遍涂刷时应交替改变涂层的涂刷方向，同层涂膜的先后接槎宽度宜为30～50mm。涂料防水层的施工缝（甩槎）应注意保护，搭接缝宽度应大于100mm，接涂前应将其甩槎表面处理干净。

（3）涂刷程序为先做施工缝、阴阳角、穿墙管道、变形缝等细部薄弱部位的涂料加强层，后进行大面积涂刷。

（4）涂料防水层中铺贴的胎体增强材料，同层相邻的搭接宽度应大于10mm，上下层

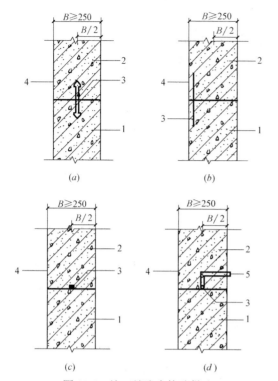

图 13-3　施工缝防水构造做法

(a) 施工缝防水构造（一）；(b) 施工缝防水构造（二）；
1—先浇混凝土；2—后浇混凝土；　1—先浇混凝土；2—后浇混凝土；
3—中埋式止水带；4—结构迎水面　3—外贴止水带；4—结构迎水面
(c) 施工缝防水构造（三）；(d) 施工缝防水构造（四）
1—先浇混凝土；2—后浇混凝土；　1—先浇混凝土；2—后浇混凝土；
3—膨胀止水带；4—结构迎水面　3—预埋注浆管；4—结构迎水面
　　　　　　　　　　　　　　　　5—注浆导管

接缝应错开 1/3 幅宽。

13.2.5　防水特殊部位细部构造

1. 施工缝

防水混凝土水平施工缝应加设止水钢板，垂直施工缝加设止水钢板或遇水膨胀止水条。选用的遇水膨胀止水条应具有缓胀性能，其 7d 的膨胀率不应大于最终膨胀率的 60%；遇水膨胀止水条应牢固地安装在缝表面或预留槽内；采用中埋式止水带时，应确保位置准确、固定牢靠。施工缝防水构造形式宜按图 13-3 选用，当采用两种以上构造措施时可进行有效组合。

2. 后浇带

（1）后浇带宜用于不允许留设变形缝的工程部位。

（2）后浇带应在其两侧混凝土龄期达到 42d 后再施工，高层建筑的后浇带施工应按规定时间进行。

（3）后浇带应采用补偿收缩混凝土浇筑，其抗渗和抗压强度等级不应低于两侧混凝土。

（4）后浇带及施工缝处应先做防水附加层，再做大面积防水施工。

（5）后浇带两侧可做成平直缝或阶梯缝，其防水构造做法见图 13-4。

3. 穿墙螺杆

防水混凝土结构内部设置的各种钢筋或绑扎钢丝，不得接触模板。固定模板用的螺栓必须穿过混凝土结构时，可采用工具式螺栓或螺栓加堵头，螺栓上应加焊止水片，止水片必须双面焊严。拆模后应采取加强防水措施，将留下的凹槽封堵密实。防水混凝土穿墙螺栓的防水构造如图 13-5 所示。

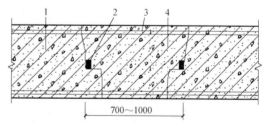

图 13-4　后浇带防水构造做法
1—现浇混凝土；2—遇水膨胀止水条（胶）；
3—结构主筋；4—后浇补偿收缩混凝土

4. 穿墙管（盒）

（1）穿墙管（盒）应在浇筑混凝土前预埋。

（2）穿墙管与内墙角、凹凸部位的距离应大于 250mm。

（3）浇筑墙体混凝土时应预埋带有止水环的穿墙管，在进行大面积防水卷材铺贴前，穿墙管应先灌实缝隙，做一层矩形加强层防水卷材。

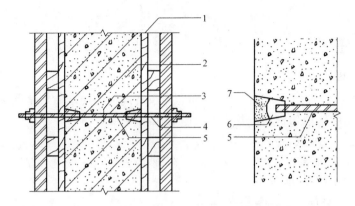

图 13-5　防水混凝土穿墙螺栓的防水构造

1—模板；2—结构混凝土；3—止水环；4—工具式螺栓；5—固定模板用螺栓；

6—密封材料；7—聚合物水泥砂浆

固定式穿墙管防水构造形式见图 13-6。

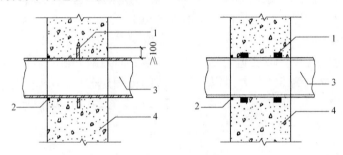

图 13-6　固定式穿墙管防水构造

1—止水环；2—密封材料；　　　1—遇水膨胀止水圈；2—密封材料；

3—主管；4—混凝土结构　　　　3—主管；4—混凝土结构

13.3　楼面、淋浴间、厨房防水

建筑楼面、淋浴间、厨房、浴室、水池、游泳池等防水工程属于室内防水工程。

13.3.1　防水材料

1. 防水材料选择

防水材料应符合设计要求，也可按工程需要选用合成高分子防水涂料、聚合物水泥防水涂料、水泥基渗透结晶型防水材料、界面渗透型防水材料与涂料复合等多种防水材料，以实施冷作业、对人身健康无危害、符合环保要求及安全施工为原则。所有防水材料进场使用前均应进行复试。

2. 防水材料搅拌

JS 等防水涂料需双组分（液料与粉料）按质量比进行混合，丙烯酸等防水涂料需加水稀释，此类防水材料使用时应严格按照产品使用说明进行施工，需采用手持电动搅拌器将其搅拌均匀。

13.3.2　基层处理

1. 楼地面结构层

预制钢筋混凝土圆孔板板缝通过厕浴间时，板缝间应用防水砂浆堵严抹平，缝上加一层宽度 250mm 的胎体增强材料，并涂刷两遍防水涂料。

2. 防水基层（找平层）

卫生间防水基层应采用 1∶2.5 或 1∶3 水泥砂浆进行找平处理，厚度 20mm，找平层应坚实无空鼓，表面应抹平压光。

3. 管根、墙角处理

管根及墙角处抹圆弧，半径 101mm。管根与找平层之间应留出宽 20mm、深 10mm 的凹槽。

4. 含水率要求

聚氨酯防水涂料施工要求防水基层干燥，聚合物水泥（JS）、聚合物乳液（丙烯酸）等防水涂料可在潮湿基层上施工，但基层不得有明水。

5. 坡度要求

防水找平层施工应在找坡层施工之后进行。地面向地漏处排水坡度为 2%；地漏边缘向外 50mm 内排水坡度为 5%；大面积公共厕浴间地面应分区，每一个分区设一个地漏，区域内排水坡度为 2%，坡度直线长度不大于 3mm，公共厕浴间的门厅地面可以不设坡度。

6. 门口防水

卫生间防水找平层应向卫生间门口外延伸 250～300mm，以防止卫生间内的水通过卫生间外楼板渗漏。

13.3.3　防水层施工

1. 防水层高度

地面四周与墙体连接处，防水层应往墙面上翻 250mm 以上；有淋浴设施的厕浴间墙面，防水层高度不应小于 1.8m，并与楼地面防水层交圈。

2. 防水层施工工艺

（1）聚氨酯类防水涂料应采用橡胶刮板刮涂，管根、转角处采用刷涂；JS、丙烯酸类防水涂料应采用油漆刷或滚筒刷刷涂；水泥基渗透结晶型防水涂料应采用较硬的尼龙刷刷涂；界面渗透型防水液应采用喷雾器进行喷涂。

（2）防水涂料应分遍涂刷，每遍不能涂刷过厚。下一遍涂刷应在上一遍涂膜固化后进行，以手摸不粘手为准。下一遍涂刷方向应与上一遍涂刷方向垂直，涂刷遍数以达到设计要求的涂膜厚度为准。使用高分子防水涂料、聚合物水泥防水涂料时，防水层厚度不应小于 1.2mm；水泥基渗透结晶型防水膜厚度不应小于 0.8mm 或用料控制不应小于 0.8kg/m²；界面渗透型防水液与柔性防水涂料复合施工时，厚度不应小于 0.8mm；聚乙烯丙纶防水卷材与聚合物水泥黏结料复合时，厚度不应小于 1.8mm。

（3）施工顺序

先做地面与墙面阴阳角及管根处附加层处理，再做四周立墙防水层。

（4）管根防水

1）管根孔洞在立管定位后，楼板四周缝隙用 1∶3 水泥砂浆堵严。缝宽大于 20mm 时，可用细石防水混凝土堵严，并做底模。

2）在管根与混凝土（或水泥砂浆）之间预留的凹槽内嵌填密封膏。管根平面与管根周围立面转角处应做涂膜防水附加层。

3）必要时在立管外设置套管，一般套管高出铺装层地面 20～50mm，套管内径要比立管外径大 2～5mm，空隙嵌填密封膏。套管周边预留的凹槽内嵌填密封膏。

13.3.4 防水保护层

在蓄水试验合格后，应立即进行防水保护层施工。防水保护层采用 20mm 厚 1∶3 水泥砂浆，其上做地面砖等饰面层，材料由设计选定。防水层最后一遍施工时，在涂膜未完全固化时，可在其表面撒少量干净粗砂，以增强防水层与防水保护层之间的黏结；也可采用掺建筑胶的水泥浆在防水层表面进行拉毛处理后，再做保护层。

参 考 文 献

［1］ 全国一级建造师执业资格考试用书编写委员会. 建筑工程管理与实务［M］. 北京：中国建筑工业出版社，2016.

［2］ 全国造价工程师执业资格考试培训教材编审委员会. 建设工程技术与计量［M］. 北京：中国建筑工业出版社，2013.

［3］ 李必瑜，魏宏杨. 建筑构造（上、下册）［M］. 北京：中国建筑工业出版社，2012.

［4］ 中国建筑科学研究院. 混凝土结构设计规范 GB 50010—2010（2015 年版）［S］. 北京：中国建筑工业出版社，2015.

［5］ 中国建筑科学研究院. 建筑结构荷载规范 GB 50009—2012［S］. 北京：中国建筑工业出版社，2012.

［6］ 赵研. 建筑识图与构造［M］. 第 3 版. 北京：中国建筑工业出版社，2014.

［7］ 徐剑等. 建筑识图与房屋构造［M］. 北京：金盾出版社，2004.

［8］ 魏艳萍. 建筑识图与构造［M］. 北京：中国电力出版社，2006.

［9］ 张小平. 建筑识图与房屋构造［M］. 武汉：武汉理工大学出版社，2013.

［10］ 董黎. 房屋建筑学［M］. 北京：高等教育出版社，2016.

［11］ 房志勇，邱苋. 简编房屋建筑学［M］. 北京：中国建筑工业出版社，2004.

［12］ 罗福周. 建筑工程概论［M］. 北京：中国建材工业出版社，2002.

［13］ 周士琼. 土木工程材料［M］. 北京：中国铁道出版社，2004.

［14］ 吴科如，张雄. 土木工程材料［M］. 上海：同济大学出版社，2013.

［15］ 王伯林，刘晓敏. 建筑材料［M］. 北京：科学出版社，2004.

［16］ 林贤根. 土木工程力学［M］. 北京：机械工业出版社，2013.

［17］ 张毅. 建筑力学（上、下册）［M］. 北京：清华大学出版社，2016.

［18］ 刘明. 建筑结构抗震［M］. 北京：中国建筑工业出版社，2004.

［19］ 马成松，苏原. 结构抗震设计［M］. 北京：北京大学出版社，2006.

［20］ 江见鲸，陆新征，江波. 钢筋混凝土基本构件设计［M］. 第 2 版. 北京：清华大学出版社，2006.

［21］ 王萱，王旭光. 建筑装饰构造［M］. 北京：化学工业出版社，2012.

［22］ 王文军. 建筑装饰基础［M］. 北京：机械工业出版社，2006.